江苏省"十四五"时期重点出版物出版专项规划项目

南京近代建筑史
卷三

Modern Architectural History in Nanjing
Volume 3

周 琦 等著

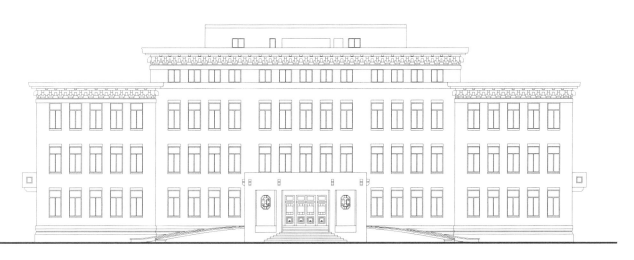

东南大学出版社
南京

目　录

卷三

第十四章
长江路 292 号建筑群

图 14-1-1 总统府航拍图
图片来源：东南大学周琦建筑工作室，阮若辰、胡惠超摄

第一节　南京长江路 292 号建筑群的历史沿革

一、积累与形成阶段（1853 年前）

追根溯源，南京长江路 292 号建筑群最初以两江总督署的面貌出现在历史上。因此其最初的起源应与清两江总督官职的确立息息相关。以顺治四年（1647 年）首任总督（时年官名为江南江西河南总督）马国柱入驻江宁修建总督衙署开始，对其进行历史沿革的梳理。

（一）清康熙（建）两江总督署前身

南京长江路 292 号建筑群（图 14-1-1）最初作为两江总督署而建立，是平地而起还是在原有基础上进行加、改建，在对建筑本身追根溯源的层面需要进行探讨与研究。

根据考古发现及推断，六朝宫城的中心位置很有可能正位于该建筑群区域。

在目前阶段，尚有一些关于两江总督署之前身的推断和研究，但对于其确切的前身都莫衷一是。20 世纪 80 年代至今，诸多文献中，论及清康熙两江总督前身，均会以明朝陈理的汉王府、明朝朱高煦的汉王府及明黔宁王府，以及清朝时期的江宁织造署和康熙、乾隆两帝数次南巡的江宁行宫一笔带过。然而中国近代史遗址博物馆的研究员高丹予，则对其前身进行了考据，对诸多文献论述中所给出的几种可能性进行一一甄别，提出其前身可能为武定侯园的看法。

明顾起元撰《客座赘语》［明万历四十六年（1618 年）刻本］中记载了金陵十六园，其中"十三曰武定侯竹园，在竹桥西，汉府之后"，竹桥，即今竺桥，在长江后街太平桥南东段。

清吕燕昭、姚鼐编纂的《新修江宁府志》中对汉府与江宁织造局的关系进行了记载："汉府今驻防城西华门尚衣局，本汉府旧址。明洪武初封陈友谅子理为汉王，建府西华门外，后徙高丽。永乐封高煦为汉王，居之，后为织局。"清《钟南淮北区域志》中也描述了汉府及织局的关系："明武定侯竹园在竹桥西汉府之后，汉府者，洪武初封陈友谅子理为汉王，建府西华门外，后徙高丽。永乐中封子高煦为汉王，亦居之，旋以反诛。清初改为织局。"西华门，即今中山东路西安门处。在这两篇方志的记载中，语言用法极其相似，应是《钟南淮北区域志》沿用了《新修江宁府志》中的叙述。

汉府先后为明陈友谅之子陈理及朱高煦所居，封为汉王府，其后于清初改为江宁织造局。清康熙朝江宁知府陈开虞纂修的《江宁府志》中对总督衙门、江宁府署及沐英府即黔宁王府的位置加以描述："总督部院衙门在府治东北沐府东门……织造府在督院前。"府治，即江宁府衙。除此之外，在清袁枚纂修的《江宁县新志》［乾隆十三年（1748 年）刻本］卷首刊载的《上江分界全图》中标有总督署与织造署的位置；另在《钟南淮北区域志》［光绪二十六年（1900 年）刊本］卷首刊有《金陵全图》（图 14-1-2），图中显示出了总督衙门、沐英府、织造署及大行宫等的位置。

根据方志所载，织造署、总督署、行宫、沐英府等是同时存在的，因此彼此之间并没有承袭关系。根据位置判断，武定侯竹园说更符合地理方位。

本章作者为阮若辰。

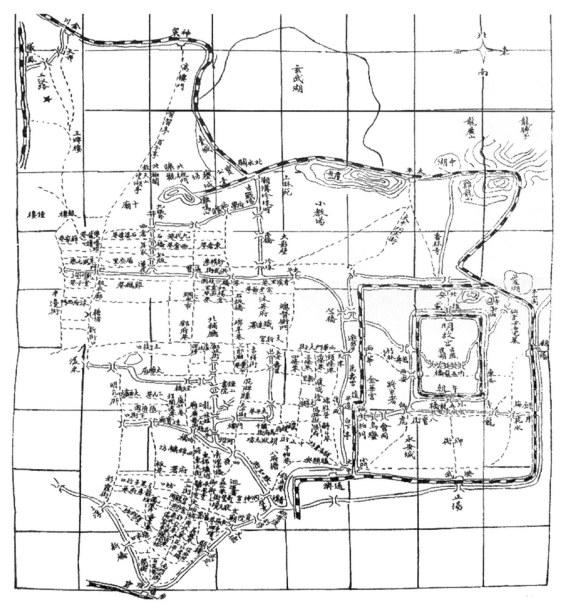

图 14-1-2 钟南淮北区域全图

图片来源：陈作霖，陈诒绂 . 金陵琐志九种［M］. 南京：南京出版社，2008.

（二）清两江总督官职的确立

据赵尔巽主编的《清史稿》载，清顺治元年（1644 年）始，清军挥师南下，顺治帝福临以豫亲王多铎为定国大将军，率师征江南。于顺治二年（1645 年）四月庚午，豫亲王多铎师至扬州，谕告书命明朝阁部史可法、翰林学士卫胤文等降，史可法、卫胤文等不从。丁丑，清军克扬州，史可法誓死不屈，壮烈殉职。及至五月丙申，多铎师至南京，福王朱由崧及大学士马士英逃亡太平（即今安徽省当涂县），忻城伯赵之龙、大学士王铎、礼部尚书钱谦益等 31 人以城降。闰六月癸巳，大学士洪承畴接受顺治帝任命招抚江南各省。乙巳，改南京为江南省、应天府为江宁府。秋七月壬子，贝勒勒克德浑为平南大将军，同固山额真叶臣等往江南代多铎主官江南省军政事务。三年（1646 年）二月甲申，顺治帝罢江南旧设部院，差在京户、兵、工三部满、汉侍郎各一人驻江宁，分理部务。四年（1647 年）秋七月戊午，改马国柱为江南江西河南总督。马国柱作为首任总督辖江南江西河南三省事务，驻江宁。

自此时，江南省正式为清朝政府所统辖，且对于统辖官务者，正式有了江南江西河南总督的官名称谓。两江总督职官名称及管辖范围在清朝260年来屡屡更改，所驻州府也几经更换。虽然如此，南京，即江宁是最初及最长久的总督驻地。

两江者，江南江西两省也。后江南省又分为江苏省与安徽省，所以两江地区涵盖了江苏、安徽、江西三省，两江总督是清代光绪朝以前唯一统辖三省的总督。《清史稿》"职官志"中对两江总督这一职官的管辖事务内容及变化等有详尽的描述：

"总督两江等处地方提督军务、粮饷、操江、统辖南河事务一人。顺治二年，以内阁大学士洪承畴总督军务，招抚江南各省。寻改应天府为江宁，罢南直隶省府尹。四年，置江南江西河南三省总督，驻江宁。九年，徙南昌，时号江西总督；已，复驻江宁。十八年，江南、江西分置总督。康熙元年，加江南总督操江事务。初置凤庐巡抚，驻淮安，以操江管巡抚事领之。六年省归漕督。至是始来隶。四年，复并为一。十三年，复分置。二十一年仍合。寻定名两江总督。雍正元年，以综治江苏、安徽、江西三省，加兵部尚书兼都察院右都御史衔。道光十一年，兼两淮盐政。同治五年，加五口通商事务，授为南洋通商大臣，与北洋遥峙焉。"

两江总督自清顺治四年（1647年）初设，至康熙二十一年（1682年）定名为两江总督，并成为定制，及至宣统三年（1911年）随清政府灭亡而消失，共经历了264年，先后有83位总督上任署理，共99任。在这些上任署理的两江总督中，不乏名臣廉官，如一代廉臣于成龙，康熙曾为其题"高行清粹"，乾隆曾为其题"清风是式"；又如"惠洽两江""秉钺三江"的尹继善以及"勋高柱石"的曾国藩等。这些官员总督江南军务、粮饷、操江事宜，为江南省的发展劳心劳力，同时也在驻江宁期间，主理对总督衙署进行的扩建和休整等。总督衙署的逐渐形成与积累，离不开每一任使用者对其所进行的建筑活动。

二、太平天国天朝宫殿阶段（1853—1864年）

（一）太平天国攻陷南京，兴建天朝宫殿

自咸丰三年二月初十（1853年3月19日[①]），以洪秀全为首的太平军自水西门攻入南京城，改南京名为天京。早在咸丰元年（1851年）八月初一，洪秀全等破永州城时，便已自立为王，称国号为太平天国，洪秀全改称为天王。并在城中设男女馆，界限甚严[②]。及至占领南京城，天王2天后便布告在南京建都。同时，将在永州建国时期的政策一一落实。

太平军初至南京，洪秀全暂以藩司衙署为居，此衙署曾为明初大将徐达府址所在，今为瞻园[③]，随后迁入清两江总督署。天王所封众王也均在南京城内，或居衙署官廨旧址，或扩建新居，一一成立自己的王府。其中，规模最大的府邸便是东王杨秀清在黄泥岗北改建前山东盐运使何其兴住宅所成的东王府。此外南王冯云山则改清巡道署为南王府，燕王秦日纲改清上元县衙为燕王府，豫王胡以晃改清江宁府署为豫王府等。图14-1-3为天京诸王府衙馆分布图。

太平天国新朝初建，尚未安定，尤其是洪秀全等人一路久经战火，不敢草率定都。及至攻陷南京定都天京之时，仍旧心有余悸，以致全民男女分置，作战时考虑，以达到可以随

---

① 公历日期为英国人吟唎（Lindley）记载于《太平天国革命亲历记》中。
② 李圭：《金陵兵事汇略：思痛记》，收于《近代中国史料丛刊》（沈云龙主编）。
③ 陈宁骏.十年壮丽天王府，化作荒庄野鸽飞——太平天国天朝宫殿探秘[J].东方收藏，2010（12）：24-28.

时起兵开拔的可能。因此一应府衙库营，均沿用清时南京之所，甚少起建；此外还因之前始终在草莽中度日，初到江宁，见宫室富庶，器用华美，因此心生羡慕之意，因而公然夺取自用①。是时入驻两江总督署，惶惶度日。太平军破城之后，即二月二十七日，清军领帅向荣率兵迫近南京城，数度传说即将破城，因此太平军上下无安居意，到两三月中，总督署外的辕门等仍全都保持原来的样子，未加任何休整②。

癸丑（咸丰三年，即1853年）四月，时至太平军攻破南京城已过去近两月，早在入住督署次日，杨秀清等便奏请天王盖造天朝宫殿："小弟杨秀清立在陛下，暨小弟韦昌辉、石达开跪在陛下，奏为起造天朝宫殿，先期奏明事缘，弟等前奉二兄诏旨命招木工泥工起盖天朝宫殿……"③因此众王便开始兴师动众招募抑或"挟掳"安徽、湖北等地的工匠，广集人才。对于所募工匠，虽有官职称之，但不论其意愿，强迫使之建造天朝宫殿，日夜催工④，僭从工役日必千人⑤，更有"以金陵文弱之人，逼令挑砖运土，稍不遂意，则鞭捶立下，妇孺惨遭凌虐，亘古罕闻，茹苦含冤……"⑥

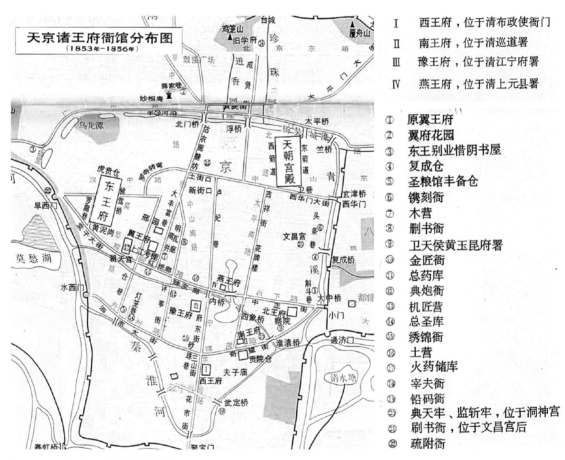

I	西王府，位于清布政使衙门
II	南王府，位于清巡道署
III	豫王府，位于清江宁府署
IV	燕王府，位于清上元县署

① 原翼王府
② 翼府花园
③ 东王别业惜阴书屋
④ 复成仓
⑤ 圣粮馆丰备仓
⑥ 镌刻衙
⑦ 木营
⑧ 删书衙
⑨ 卫天侯黄玉昆府署
⑩ 金匠衙
⑪ 总药库
⑫ 典炮衙
⑬ 机匠营
⑭ 总圣库
⑮ 绣锦衙
⑯ 土营
⑰ 火药储库
⑱ 宰夫衙
⑲ 铅码衙
⑳ 典天牢、监斩牢，位于洞神宫
㉑ 刷书衙，位于文昌宫后
㉒ 疏附衙

图 14-1-3 天京诸王府衙馆分布图

图片来源：http://blog.sina.com.cn/s/blog-406290f50102w72r.html/.《太平天国历史地图集》一书中也有收录，郭毅生主编，中国地图出版社,1989.

---

① 张德坚在《贼情汇纂》卷六"伪宫室"中记载："及踞江宁，见宫室之富，器用之美，益侈然自得。"
② 张汝南在《金陵省难纪略》中记载："二十七日，向帅薄城，数传说即破城，贼无安居意，两三月中辕门等俱仍旧。"
③ 见《杨秀清等奏请兴工盖造天朝宫殿本章》。
④ 《金陵杂记》中记载："……有伪土营泥水匠、伪典木匠、伪典油漆匠三项伪职，皆係两湖掳来匠人，现授伪职，到处裹挟各行匠人，于省时已不少，入城后凡省城各匠又被掳挟殆尽，为首逆等营造巢穴，强授伪职，无有愿者；日夜催工，逃亡已过半矣。"
⑤ 李圭：《金陵兵事汇略》，收于《近代中国史料丛刊》（沈云龙主编）。
⑥ 张德坚：《贼情汇纂》卷六"伪宫室"，收于《近代中国史料丛刊》（沈云龙主编）。

清张德坚编撰的《贼情汇纂》中对其建造过程有如下叙述："癸丑四月，伪天王洪秀全改两江总督署为伪天朝宫殿，毁行宫及寺观，取其砖石木植，自督署直至西华门一带，所坏官廨民居不可胜记，以广基址，日趋男妇万人，拼力兴筑，半载方成，穷极壮丽。"

在天朝宫殿建造的过程中，还经历了一次大火。这大火发生的时间有两种不同的说法，一是清张德坚编撰的《贼情汇纂》中，"是以工甫成，即毁于火"，推断大火发生在十月左右，此外涤浮道人在《金陵杂记》中也提到"……去冬洪逆①住处失火，烧去楼房数间……"；二是张汝南的《金陵省难纪略》中"（癸丑）五月署内火，贼众颇惶惶，惧兵乘势入"。"五月"与"去冬"明显不是同一个时间，而"去冬"与十月相吻合。不论关于火灾时间的记忆是否相同，二者的叙述中，都对火后的后续建造过程给了描述，一说四年（1854 年）正月复兴土木，于原址重建伪宫；一说嗣后乃改造署门楣……而对于最终建成时间，则均未有确切记载，仅在英国人富礼赐（Forrest）在 1861 年游历天京宫殿时有记载："天宫工程只完其一半，全宫面积将倍于现在，但现在那里做工的兵只得寥寥十数人，究未知何时全部方竣工也……"②施工人数从日役千人到寥寥十数人，虽工程未就，但可见各项事务已然力不从心。

（二）太平天国天朝宫殿的范围与布局

对于太平天国天朝宫殿的范围，各历史文献都略有提及，如《贼情汇纂》中，张德坚所描述的为"自督署直至西华门一带，所坏官廨民居不可胜记，以广基址"；又杨新华、卢海鸣主编的《南京明清建筑》"宫衙建筑篇"中论及天朝王宫时提到："堕（明皇城）西华门一面城，自西安门至北安门南北十余里，穷砖石，筑宫垣九重……"记载最为详细且全面的当属涤浮道人在《金陵杂记》中所书内容："东边黄家塘移至利济巷，西首由箭道绕至北首外，围墙民房全行拆毁，平地又挖成沟渠，南首民房由卫巷等处拆至大行宫长街。"可见，天朝王宫乃是在两江总督署遗址上向东西南北四个方向都有扩展延伸——东至利济巷；西首所提箭道，即为今西箭道，位置相当于大行宫十字路口以北、太平北路东面一带；南首所提卫巷今已不存，位置约为大行宫长街（今大行宫十字路口）；至于北至，文字记载中没有提及，但朱偰先生在《南京的名胜古迹》中提及："（天朝宫殿）以地势及东西南三面所至远近考之，当北至杨吴城壕（从浮桥东至太平桥一段），不特便于守卫，且有现成城壕，不必另挖沟壕。"有关于天王洪秀全筑高墙挖壕沟的说法见诸多种文献资料，如张汝南《金陵省难纪略》中提到"筑围墙厚三尺，高三丈，碎磁椀布墙头……"；在《金陵杂记》中，涤浮道人记载洪秀全迁入督署后"深藏督署，周围加砌高墙，据称有二丈高四尺宽，墙头嵌砌磁瓦锋，墙外令掳得城中妇女挑挖壕沟……"；《贼情汇纂》中也提到"城周围十余里，墙高数丈……"。以此为据，洪秀全初改造两江总督署为天朝宫殿时，既把其作为一个用以居住的宫殿，又层层设防，将其作为一个堡垒。如此看来，朱偰先生所推断的，为了节约人力物力没有重新另挖沟壕，而以现有的杨吴城壕为北至范围，此说法虽为推据，但所推甚为在理。

天朝王宫的整体大致布局在《贼情汇纂》中被描述为"……内外两重，外曰太阳城，内曰金龙城，殿曰金龙殿，苑曰后林苑……"，《金陵省难纪略》中也提到"墙成两道"，因而整体布局大致为"双重城"。

---

① 洪逆指洪秀全。

② （英）富礼赐：《天京游记》，收于《近代中国史料丛刊》（沈云龙主编）。

（三）太平天国天朝宫殿还原探析

历史文献对于天朝宫殿的描述，大多记录的是其大门之外的情况。大约是记录者多为清朝廷一方人员，天朝宫殿层层守卫，他们难以进入，即便如此，自外向内已可见许多端倪，如英国人富礼赐在《天京游记》中提到："现在我们又转而参观天王洪秀全之天宫。我们虽不能进去，但从外面也可看见许多东西。"据文献记载，对于天朝宫殿金龙城大门以外的空间，从外到内基本为照壁、天（父）台、东西朝房直到大门等。

对于照壁，张德坚叙述为："过桥一里砌大照壁，高数丈，宽十余丈。"而涤浮道人《金陵杂记》记载为："桥之南又数十丈旧基，将至大行宫街处，砌一照墙，其高宽倍于小营之大影壁，壁上绘双龙双凤，每于洪逆发伪官黄榜时，其榜即钉于此壁……照壁两旁又竖立左右两牌坊，上书左旁门右旁门字样。共计洪逆门前牌坊三座，如品字式，坊柱上皆涂黄色，上贴砆书黄纸对句，无非狂悖词句，亦殊工稳，不知何人所撰也。"《天京游记》中，英国人富礼赐（Forrest）所描述的照壁长约三百码（约合270米），且为黄色，上涂丑怪不堪之龙多条。时人对距离的记忆应是有误差，长约三百码与宽十余丈（20丈才约合67米）明显是两个数量级内容，同样，过桥一里（约合500米）砌大照壁与桥之南又数十丈（90丈才约合300米）旧基也大有出入。时人对距离的评估，大约均为估算，然270米宽基本可以直接从太平北路到东箭道，横越整个建筑群。一般照壁的作用仅是风水上避免气冲，只要遮挡住大堂直对大门的位置即可；而对于天朝宫殿来说，此照壁还用作张贴文书黄榜之所，因而可能略长于一般照壁。但"三百码"过长，张德坚所述"宽十余丈"更加可信。

由照壁往北，是天朝新建的一天台，又称天父台，是洪秀全逢生日时，与一干王臣等礼拜上帝之所。对于这一天台建筑，也是众多记载着笔墨之处，如《金陵省难纪略》中："时令建台，照壁外名曰天台，高二三丈，方广四五丈，四围设阑干，用黄布遮，台脚支梯倚台，宽余丈，长五六丈，亦有阑名天桥。"《金陵杂记》中，涤浮道人记载："桥前又起高望楼一座，洪逆谓之天台，并以为每于洪逆生日，即同杨秀清等登台礼拜天父之处。台前又筑一坛，约数尺高宽，云係礼拜时焚烧贼衣并牲品之所。"且有张德坚所述："照壁适中搭造高台，名曰天台，为洪逆十二月初十日生日登台谢天之所。台傍数丈，外建木牌楼二，左书'天子万年'，右书'太平一统'。牌楼外有下马牌，东西各一。"其中，张汝南在《金陵省难纪略》中还对洪秀全的一次登台礼拜上帝进行了详述："某月日连大罏置台上，焚檀香，洪贼率东北翼贼顶天侯秦日刚负幼主登台拜上帝，余贼皆远跪台下，礼毕各回。"

大门外两侧为东西朝房，对于东西朝房的叙述，则有："门之两傍设东西朝房二所，内外各三层，亦皆宽敞高广；门外东西新盖平房二所，每处约房五六间，其式外墙内厅，中悬灯彩，贼谓之东西朝房……凤门前有贼看守，为伪黄门官，东西两朝房，有伪节气侍卫，轮班住宿，传递内外言语……"其中，李圭在《金陵兵事汇略》以及毛祥麟在《甲子冬闱赴金陵书见》中均提到，二门内伪朝房东西各数十间，西有一井，以五色石为阑，上镂双龙，石质人工俱坚致，非近时物。这可能是现今长江路292号建筑群中，西厢房以西的主计处办公楼北楼一楼办公室中发现的那一口井。由此将天朝宫殿与现今的建筑群格局进行对位联系从而帮助推测还原图。

及至对大门的描述，则多在描述其装饰及门外装置的大锣。如《金陵兵事汇略》中："两旁悬金锣数十，有事则鸣，以达门以内。"又如《金陵省难纪略》中："署前两旁向置锣数十面，伪王来朝即鸣锣。是日（即前文所述的天台礼拜上帝日）登台，锣鸣不已，声彻满城。"《金陵杂记》中："凤门前摆列大锣数十对，早晚洪逆在内吃饭，门前即齐击大锣，声响无数；

又放炮数十响，亦不计数；大约系首逆之仪注如是也。"富礼赐在《天京游记》中也提到："……忽然间声音杂起，鼓声、钹声、锣声与炮声交作——是天王进膳了，直至膳毕各声始停。可见当时天王洪秀全用膳，均是厨师从门外将餐食经大门传入门内，且天王在用膳时，喜欢听着锣鼓齐鸣，直至用完方止。"

至于大门以内的叙述，可从寥寥的记录中显露端倪。如在李圭的叙述——府前有牌楼一，上横四大字曰"天堂路通"，大门额曰"荣光门"，二门曰"圣天门"，皆冠以真神两字——可知大门名为真神荣光门，二门名为真神圣天门。对于内部大殿的情况，"内室多至千数百间"。张汝南在《金陵省难纪略》中提到"……后又造大殿于署后，名金龙殿，柱槛皆雕龙，藻饰皆以黄。撤前台重建于殿后，改用楼阁式三层，顶层四面绕以阑，阑内置长窗，屋上覆黄瓦，四角悬檐铃，登眺可及数十里。"这里所说的大殿，即金龙殿，应为天朝宫殿里规格最高的宫殿建筑，一般是天王用以颁布诏书、议政决策之所，李圭对其的描述为："伪殿尤高广，梁栋涂赤金，文以龙凤，四壁彩画龙虎狮象。"亦有《天京游记》中，富礼赐只是从宫外望见墙内有"黄色绿色的屋瓦，又有两座很美的亭子"显露出来，这两个亭子，应是东、西吹鼓亭。在吴绍箕的《游梦倦谈·伪王宫》中提到："大殿之后则为穿堂，穿堂以后至末层尚有七八进，最后为三层大楼。"由此大约可知，中轴线上，包含金龙殿，共有九进房屋，其中最后一进为三层的高楼，这与以上《金陵省难纪略》中提到的"改用楼阁式三层"重建于殿后相符。

此外，文献大都记录了有关石舫的内容：殿东有墙一围，鏊（凿）池于中，池中以青石砌一船，长十数丈，广六七丈，备（备）极工巧。可见此石舫为新建，而非两江总督署原有的石舫，因而可知整个天朝宫殿范围内共有一西一东两处石舫。图 14-1-4 天朝宫殿推测复原图根据历史文献对有记载的单体建筑进行复位，呈现出较为完整的天朝宫殿整体空间格局关系。

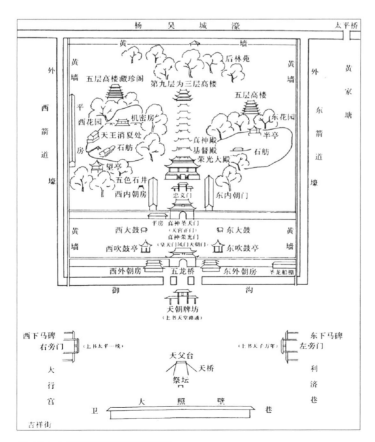

图 14-1-4 天朝宫殿推测复原图

图片来源：杨新华，卢海鸣.南京明清建筑 [M].南京：南京大学出版社，2001.

三、曾国藩重建两江总督署（1864—1912 年）

（一）湘军攻克南京，焚毁天朝宫殿

自太平军占领南京后，十年内两江总督便徙于常州、苏州等地，多地奔波。咸丰十年（1860 年）四月，时任两江总督且驻扎于常州的何桂清放弃常州，逃往上海，导致苏州、常州失陷于太平军之手。是时清廷命曾国藩赴江苏总领两江军务，直至六月，实授两江总督之职，以钦差大臣身份督办江南军务。

同治三年（1864 年）正月，湘军统领曾国藩率领湘军攻克钟山逼近天京，外围要塞尽数攻陷，及至对天京城展开合围之势，控制京城粮草运输，导致城中苦缺粮食，最终六月十六日，攻破天京城。

在清吴嘉猷绘编的《平定粤匪功臣战绩图》中，有文字记载了当天的情况：“同治三年（1864 年）六月十六日下午，湘军炸塌太平门城墙，冲入城内，湘军一队人马直向天朝宫殿，同时，仪凤门、钟阜门、金川门、神策门、朝阳门、洪武门、通济门、聚宝门、水西门、旱西门相继被湘军攻破。是夜，湘军攻入天朝宫殿，大肆抢掠焚毁，屠杀官员宫女。”

曾国藩攻入天朝宫殿最终以“焚毁殆尽”作结，以至后世对此感叹道：“十年壮丽天王府，化作荒庄野鸽飞。”曾国藩纵容兵将对天朝宫殿及至南京城进行大肆抢夺与焚烧的行为多有争议，然而对于建筑追根溯源的思考及至之后的建筑重建而言，更重要的是此次大肆劫掠与焚烧，是否真的“殆尽”，是否有些许建筑遗存，或者能给后续的重建提供一些可以依据的定位点。

周馥在《周悫慎公自著年谱》中对天朝宫殿进行了叙述，在叙述的最后，提到“二堂以后，屋全焚”[①]，因而可以判断，至少在改建之前，大堂、二堂抑或大门等仍是有所保留。在曾国藩攻入天京城之前，洪秀全已在六月初一因“多日以野草充饥”后病逝，据传依照基督教教规，人死后不用棺木，其臣工便将其全身以绣龙黄缎包裹，埋于金龙殿下。在曾国藩破天朝王宫而入时，更是命其军士将其尸首挖出，对其进行羞辱并焚毁。根据这一传闻，有《洪逆首锉尸焚毁图》记录：“曾大臣荡扫安庆叹复金陵，时逆首洪秀全已死，莫知尸处，有湖南黄姓女曾入伪宫，吴悉伪冢所在，即于六月二十七日伪宫内掘出尸，验毕行戮举火焚之……”

（二）曾国藩重建两江总督

在湘军攻破天京后，两江总督曾国藩即上奏朝廷要求“拨款鸠工，依照原式建筑俾复旧观”，从而开始了一系列重建天京城各大官署衙门的工作，其中多是通过处理太平天国时期遗留的王府建筑，用所得的材料对清廷所需行政部门进行整修，对于天朝宫殿所在的两江总督署却不甚在意。如同治三年（1864 年）八月“撤伪王府材修贡院”，以及江宁诸多衙署，例如织造署、将军署、都统署、藩司署、粮道署等“亟待重建”，同治四年（1865 年）五月又“立民房及贼所遗屋章八条”，因而总督衙署直至九年（1870 年），都只一直“先清理官界，参差不齐配买民基，筑砌围墙一周共折方五百六十丈有奇”，“仍就旧基建造”。

《同治上江两县志》之“建置”中，记录了总督衙署的重建，摘抄全文如下：

---

① 《周悫慎公自著年谱》民国十一年 (1922 年) 辑录。

"总督衙署：复城后总督以下皆寓行辕。九年仍就旧基建造，先清理官界，参差不齐配买民基，筑砌围墙一周共折方五百六十丈有奇。（同治）十年正月开工，升卑为高。十一年四月工竣。新造正宅大小房屋四百八十七间，门楼穿堂走廊四百一十八号，厨房披屋七十六间，厕屋十三号，又花园厅楼亭阁六十三间，披房游廊平台一百四号，箭道房屋八间，披廊二十号，总共一千一百八十九间。又吹鼓楼二座，牌坊四架，墙垣折方三千三百四十丈零，墁地折方一千四百二十丈零。花园荷花池驳岸一周水沟五百六十余丈，有石船一座，署前有二坊，曰'两江保障''三省均衡'。"

即两江总督署于同治十年（1871年）正月开工建设，历时14个月，于同治十一年（1872年）四月重修工竣。新造大小房屋共计1189间。因"依照原式建筑俾复旧观"以及"就旧基建造"，可见所建格局应是循着被改造为天朝宫殿以前的两江总督署旧貌所建——大门对面是贪兽照壁，门外走廊两端与辕门相近处有吹鼓亭两座，大门内甬道两旁是东西朝房，迎面而来的是大堂。东边是司道官厅，西边是镇将官厅，再往后便是二门。进二门不数步，便是东西花厅的两个门。现今西门犹存，门额上有"煦园"二字。三门内便是总督内宅。

曾国藩在同治十年（1871年）十一月二十二日自盐道署迁入新署之时，两江总督署尚未最后竣工，曾公也在日记中对迁入时督署工程的形貌给予了描述："……本年重新建造，自三月兴工至是粗竣，惟西花园工尚未毕，虽未能别出丘壑，而已备极宏壮矣。早饭后移居至新署，仪门行礼，大堂行拜师礼，旋至各处观览。"可见是时两江总督署主体部分已经初步完成，仅有西花园部分尚未完工。然而迁入新督署后的曾国藩，只在新署中居住了88天便与世长辞了，未能亲见2个月后督署的正式完工。

（三）两江总督署的格局及变迁

自曾国藩之后还有22位两江总督，其中的11位为以其他职位暂为署理。在任职两江总督入驻两江总督署的时间上，连续时间最长的有12年之久[1]。建筑是为人所使用的，对于两江总督署来说，历任的主官在入驻时，可能会根据自己的想法和要求对建筑群进行一些添建和改造，因而两江总督署作为一个使用者更替频繁、历史悠久的建筑群，始终是处于一种格局在不断变迁的状态。

时任主官对于督署内房屋的添建具有绝对的主权，而通常建造房屋也是有确定的缘由，因而会根据使用所需，对建筑进行一定的规划与设计。此外，现南京长江路292号建筑群遗存中，有一座重要的建筑，曾经作为孙中山临时大总统府办公室，并且可以说是有记载以来的，该建筑群中年代最为久远的现代西式建筑，此便由时任两江总督端方[2]主持在1908年前后修建完成的西花厅。

西花厅建造于1908年前后，即端方在任两江总督之时。建筑位于建筑群的西南侧，与中轴线主体建筑分置于太平湖的两侧。端方曾于光绪三十一年（1905年）与载泽、戴鸿慈、徐世昌和绍英五大臣出使西方考察宪政[3]，一行历访日本、美国、英国、法国、德国、丹麦、

① 刘坤一先后两次授任为两江总督，第一次于1879年12月27日任职至1881年8月22日被召回京城为结束，第二次于1890年11月22日任职直至1902年10月7日去世，在职时间共长达14年之久。
② 托忒克·端方（1861—1911年），字午桥，号陶斋，清末大臣，金石学家。官至直隶总督、北洋大臣。
③ 《清史稿·卷四百六十九·列传二百五十六》："端方，字午桥，托忒克氏，满州正白旗人……二十八年，摄闽浙广总督。三十年，调江苏，摄两江总督。寻调湖南。颇志兴学，资遣出洋学生甚众。逾岁，召入觐。擢闽浙总督，未之官，诏赴东西各国考政治。既还，成欧美政治要义，献上，议立宪自此始。三十二年，移督两江，设学堂，办警察，造兵舰，练陆军，定长江巡缉章程，声闻益著。"

瑞典、挪威、奥地利、俄国十国,于次年八月回国。作为一个具有留洋经历的两江总督,对于其主持修建的西花厅呈现出完全有别于传统建筑的西式形貌,也是有据可循的。

(四)两江总督署还原探析

因新建的两江总督署为因循旧例而建,如今格局等也已基本留存下来,因而对于其格局的认知,一是可以从目前的中国近代史遗址博物馆遗存中窥见端倪,二是可以通过对清咸丰三年(1853 年)之前的两江总督署格局进行考证得到印证,三是可以与直隶总督署等督署建筑进行对比可以得到督署建筑格局的一般规律。

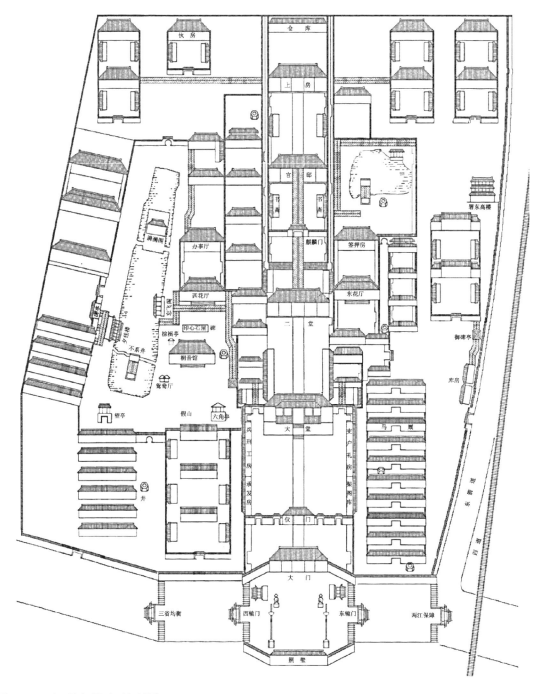

图 14-1-5 两江总督署平面复原图
图片来源:刘刚. 我在总督署说古建[M]. 南京:江苏人民出版社,2017.

图 14-1-5 为根据中国近代史遗址博物馆所展陈的两江总督署复原模型转绘的平面图，绘者为中国近代史遗址博物馆展览部部长刘刚及其助手。该图基本是以目前的建筑群空间格局为基底，以史实资料及实景照片为依据进行推演。因建筑群中轴线及煦园太平湖部分的建筑改动最少，且改建基本依照原先的空间格局，因此根据现状所绘的平面复原图在中轴线及煦园太平湖部分得到最大程度的还原。只是实际上以两江总督署官界为限，建筑群中轴线末端应在上房位置就已结束，仓库已经在原始官界以外，因而在两江总督署时期这一仓库是不存在的。此外，根据 1929 年航拍图所示，以及公署建筑的一般规律，仪门开间数应大于大门开间数，应是七开间而不是图中所绘的三开间。除中轴线及煦园太平湖建筑群以外，其他区域的建筑群空间格局大多已不可考，此处的复原虽为主观臆测，但仍能够构成建筑群空间组团及轴线的空间特征。

四、近代建筑的建设格局形成（1912—1949 年）

（一）政权更替（1912—1949 年）

自宣统三年八月十九（1911 年 10 月 10 日）辛亥革命爆发以来，湖南、陕西、江西、山西、云南、上海、浙江等相继宣告独立，宣布脱离清政府。不久后，江苏巡抚程德全[①] 在苏州宣布独立，并于当日组建江苏都督府。1911 年 12 月 2 日，以徐绍桢[②] 为总司令的江浙联军攻占南京。清末任两江总督的张人骏弃署逃离，直到下关江面进入日舰为止。至此，南京长江路 292 号建筑群作为两江总督署的历史正式宣告终结。

南京长江路 292 号建筑群的主官及名称更替简表（1911 年 12 月至 1949 年 4 月）　　表 14-1-1

开始时间	结束时间	主官		建筑群名称	主官在府时长
1911 年 12 月 3 日	1911 年 12 月 31 日	程德全		江苏都督府	28 天
1912 年 1 月 1 日	1912 年 4 月 1 日	孙中山		临时大总统府	91 天
1912 年 4 月 1 日	1912 年 6 月 1 日	黄 兴		南京留守府	61 天
1912 年 6 月 14 日	1913 年 7 月 15 日	程德全		江苏都督府	396 天
1913 年 7 月 15 日	1913 年 7 月 29 日	黄 兴		讨袁军总司令部	14 天
1913 年 7 月 29 日	1913 年 9 月 1 日	程德全		江苏都督府	34 天
1913 年 9 月 1 日	1914 年 6 月 30 日	张 勋		江苏都督府	302 天
1914 年 6 月 30 日	1916 年 7 月 6 日	冯国璋		将军行署	
1916 年 7 月 6 日	1916 年 10 月 30 日	冯国璋		督军公署	1 102 天
1916 年 10 月 30 日	1917 年 7 月 6 日	冯国璋		副总统府	
1917 年 8 月 6 日	1920 年 10 月 12 日	李 纯		江苏督军府	1 163 天
1920 年 10 月 15 日	1924 年 11 月 13 日	齐燮元		督军公署	1 480 天
1924 年 12 月 14 日	1925 年 1 月 16 日	卢永祥		督办公署	33 天
1925 年 10 月 15 日	1925 年 11 月 25 日	孙传芳		督办公署	
1925 年 11 月 25 日	1927 年 2 月 28 日	孙传芳		五省联军总司令部	526 天，其中直鲁联军司令部存在 10 天
1927 年 2 月 28 日	1927 年 3 月 25 日	孙传芳	张宗昌	直鲁联军司令部 七省联军总司令部	
1927 年 4 月 18 日	1931 年 12 月 15 日	蒋介石		南京国民政府	1 702 天
1931 年 12 月 28 日	1937 年 11 月 19 日	林 森		南京国民政府	2 166 天
1937 年 12 月 13 日	—	日军第 16 师团		日军第 16 师团司令部	—
1938 年 3 月 28 日	1940 年 3 月 30 日	梁鸿志		中华民国维新政府	733 天
1940 年 3 月 30 日	1945 年 8 月 15 日	汪精卫		日据时期国民政府	1 964 天
1946 年 5 月 5 日	1948 年 5 月 20 日	蒋介石		国民政府	1 084 天
1948 年 5 月 20 日	1949 年 4 月 23 日	蒋介石	李宗仁	总统府	

---

① 程德全（1860—1930 年），曾担任清朝奉天巡抚、江苏巡抚，辛亥革命中"反正"加入革命军，任江苏都督、南京临时政府内务总长等职务。

② 徐绍桢（1861—1936 年），字固卿，生于 1861 年，原籍浙江钱塘（今杭州）。中国近代民主革命家，中华民国开国元勋。

辛亥革命后，南京长江路 292 号建筑群，即原两江总督署，作为南京象征最高权力的督署衙门，在动荡中一再易主。根据高丹予的《南京民国总统府遗址考实》及张祖方的《南京长江路 292 号大院建筑遗存考》2 篇文章中对 1911 年 12 月至 1949 年 4 月间南京长江路 292 号建筑群相关的历史事件的梳理，绘制表 14-1-1，以表达建筑群的主官及名称的更替。

短短 30 余年间，南京长江路 292 号建筑群作为南京这样的首府都会中的最高官署，见证了中国近代尤其是中华民国发端以来的历史更迭。同样，建筑本身的建筑活动也叙说着建筑使用者，即各界政要首脑对于建筑及使用的思考与政治显现的需求等。

（二）建设的高潮阶段（1912—1937 年）

1912 年 1 月 1 日，孙中山由上海抵达南京，晚 10 时，在长江路 292 号建筑群中轴线上的大堂宣誓就任临时大总统，并发表就职宣言。此时作为临时大总统府的建筑群，整体格局与两江总督署时期尚未有较大改变。这一阶段中，孙中山将建筑群中西花园的西花厅选为自己的办公场所，此建筑为清两江总督端方在两江总督署时主持修建，建造于 1908 年左右，风格有别于建筑群内的其他中国传统式建筑，为西式风格。孙中山选择此建筑为办公场所，可能也是出于与封建传统割裂，重开一个新的中国的考虑。

由"南京长江路 292 号建筑群的主官及名称更替简表（1911 年 12 月至 1949 年 4 月）"中所见，自 1912 年以来，及至 1914 年冯国璋作为主官进驻官署内为止，各方势力的博弈，使得每一任主官在建筑群中所驻时间都不长，少至十多天，最多也只有一年多。且时局动荡，人人自危，并没有长驻于此的打算。因此在此期间，建筑群中可能有些许改动，但应不会进行较大型的建筑活动，整体格局不会有大的变动，此时的建筑空间格局应与两江总督署时期无异。

1917 年 4 月 1 日，时为冯国璋副总统府的南京长江路 292 号建筑群内由于电线橡皮老化，发生大火。对此，1917 年 4 月 2 日的《民国日报》有记载称："副总统府于昨日（一日）下午五时，忽而失慎，火光直射空中，立时全城震动，五区警察消防队，极力飞奔直入府中，第七十五旅全部军队，禁卫、拱士、各营兵士三千余名亦飞奔至，帮同扑救，无如天阴风猛，火势大炽，不可向近。又以取水不便，外间所来洋龙又被军警阻止，或不得入，遂无法扑灭，自五时烧至八时，除大堂、参谋厅、御书楼三处外，其余房屋百余间，均成焦土……"[1]除此之外，《申报》及《时报》等都对副总统府发生大火一事进行连续报道，其中《申报》1917 年 4 月 4 日版一说"延烧内宅各房间及签押房、办公室共计六十余间"[2]，亦有说"上房全部烧烬，所余者东之参谋厅、西之洋花厅及大堂花园而已"[3]，亦有说"府内之上房及西边大厅、戏台俱遭焚毁"[4]。

南京长江路 292 号建筑群已多次经过大火的侵袭，然而每次大火之后，都会出现一次重建的契机。在 1917 年大火之后，建筑群中大多数建筑被毁，此时的重建亦是更改整体空间格局的一次重要的建筑活动。

《民国日报》曾载"大约被焚之上房、密电处、办公厅、签押房重新建造，非数月不能

① 《民国日报》，1917 年 4 月 2 日。
② 《申报》，1917 年 4 月 4 日。
③ 刘刚. 我在总督署说古建［M］. 南京：江苏人民出版社，2017：77.
④ 同上。

竣工。又闻冯副总统昨日已通电大总统、段总理，既各省督军长，报告府中因电线走火，焚烧上房、签押房、办公厅、密电处，一俟将西花园修理工竣即迁回府照常办公云云"①。并且载有"冯副座派员赴沪召雇良匠，估计工程，赶紧建造副总统府。闻周夫人主张一律改筑洋式房屋""闻副总统建筑工程五月底即可告竣""冯副座决即将府中被焚之屋宇估工建筑，闻需款约在四万元"等字样，可见在大火之后，作为主官的冯国璋确实有重修建筑群的计划，并且进行了实施。周夫人，即冯国璋夫人周砥②，她主张新建建筑采取洋式房屋，一是由于时年整个国家西风东渐，对外有限开放，建筑群中原本就有座西式的西花厅，当时的南京城也有诸如江苏省咨议局等西洋式建筑，因此在重建时以此为契机重建西式建筑，也有据可循；二是周砥身为北洋女子师范学堂优秀毕业生，且做过袁世凯的家庭教师，学问以及眼界都高于常人，生性也乐于接受新鲜事物，因而有这样的主张也情有可原。

及至1917年7月为止，冯国璋在原地重建平房40余间③，几乎已补齐七成所毁建筑。不难猜测，目前建筑群中除大堂、西花厅之外的大部分建筑，均为当时所建，尤其是建筑群中轴线上，自二堂之后的两座西式建筑——八字厅与政务局办公楼极有可能是在当时完成的。

1927年4月18日，南京国民政府发表定都南京宣言，正式宣布南京国民政府成立。国民政府最初的办公地址设于丁家桥江苏省议会内，1927年9月20日迁至南京长江路292号建筑群内办公。④

1928年10月，新任国民政府委员会主席的蒋介石，命令"办理国都设计事宜"，为了学习借鉴欧美规划经验，本着"用材于外"的原则，特聘于城市设计及宫廷建筑均在国际上享有盛誉的美国人墨菲⑤、古力治⑥为国民政府建筑顾问，同时也聘请曾留学美国康奈尔大学的国内建筑师吕彦直等相助。成立首都建设委员会，以孙科负责。1929年4月，国民政府颁布墨菲主持制订的《中华民国首都建设计划》⑦。

时任外交部长的王正廷曾向蒋介石建议，国民政府为首都的中心，中外观瞻所系，屋宇太差，有失"国体"，亟待重新改建，首先拆造大门，以壮观瞻。蒋介石采纳了他的建议，决定将大门改造翻新，遂令参军处负责招工承办这个工程。⑧1929年7月，根据建设计划，国民政府开始改扩建南京长江路292号建筑群。原两江总督署的围墙、隔墙、圆门、二门、东西辕门等均被拆除。在此之前，大门是两边灰色围墙当中一个矮矮的圆门，门前一对石狮子和两个木岗棚。此次翻修扩大了圆门原址，重建钢筋混凝土门楼⑨，设计师为姚彬。门楼上方塑有谭延闿⑩所书"国民政府"四个字。门楼对面新砌一大照壁。新门楼于1929年10月10日开始建造，于1929年12月20日落成。

1929年10月，经典礼局呈请蒋介石批准，国民政府决定改扩建原总督衙署的旧花厅为

① 刘刚. 我在总督署说古建 [M]. 南京：江苏人民出版社，2017：77.
② 周砥（1873—1917年），字道如，江苏宜兴人。1906年北洋女子师范学堂首届学生。曾为袁世凯的家庭教师。
③ 高丹予. 南京民国总统府遗址考实 [J]. 东南文化，2000（S2）：6-95.
④ 缪晖. 南京国民政府行政院增建修葺工程考 [J]. 档案与建设，2013(11)：36-38.
⑤ 亨利·墨菲（Henry Killam Murphy，1877—1954年），又译茂飞，美国建筑设计师，1928年墨菲受聘于国民政府"首都建设委员会"，参与拟订了南京建设纲领性文献《首都计划》，并主持了首都南京的城市规划。
⑥ 古力治（Ernest P. Goodrich，1894-1955）
⑦ 中华民国建设委员会：《中华民国首都建设计划》[民国十八年（1929年）四月版]。
⑧ 汤又新，丁绍兰. 南京国民政府、总统府见闻数则 [J]. 东南文化，2000（S2）：153-157.
⑨ 高丹予. 南京民国总统府遗址考实 [J]. 东南文化，2000（S2）：6-95.
⑩ 谭延闿（1880—1930年），字组庵，曾任南京国民政府主席、行政院院长。

国民政府礼堂①，设计师为卢树森②。新礼堂在原花厅基础上进行屋面翻盖，延伸到花厅外的天井，面积扩大约三分之一。同时将中间穿堂和西边通礼堂的走廊两边装上固定的毛玻璃长窗③。

1929年12月，文官处拟建造图书馆一栋，选址为中轴线以西，西花园内太平湖以北的一块空地中，即现在位于南京长江路292号建筑群的"总统府"图书馆。其建筑形式和风格与总统府政务局大楼较为相似，呈外廊式样。整个建筑为3层，砖木结构，红瓦覆顶，黄色粉墙，线条简洁明快。南面和北面均有半敞开长廊式阳台。该建筑于1930年年底建成④，起初为文官处所有，后改为军事委员会参谋本部。

国民政府行政院成立于1928年10月25日，是国民政府全国最高行政机关。根据1928年10月18日公布的《中华民国国民政府组织法》规定："国民政府以行政院、立法院、司法院、考试院、监察院五院组织之。"行政院位居五院之首。1925年10月8日，国民政府任命谭延闿为首任行政院院长。行政院最初的办公地点在当时的国民政府内东花园中，即今东箭道19号。抗战期间迁往重庆，抗战胜利后，迁至中山北路61号（今中山北路254号解放军南京政治学院东院内）原国民政府铁道部旧址。

在现今的南京长江路292号建筑群中，东北角紧靠东箭道的区域便是曾经的行政院范围，在民国二十五年（1936年）三月十七日所制的《行政院地产登记审查用图》中（图14-1-6），可清晰看出其范围。

其中，主要的办公建筑分为两栋，一栋位于北侧，呈一字型布局，被称为行政院北楼，建于1929年上半年，在1929年9月的南京城市航拍图中可以清晰地看到这栋楼，可见1929年9月之前，该楼已经落成；另一栋位于南侧，呈工字形布局，现被称为"国民政府行政院南楼"，在当时被称为"行政院新办公楼"，1933年始建，1934年竣工，建筑设计师为赵深⑤。该建筑的设计及招标过程颇值得玩味，最初于民国二十二年（1933年）七月二十七日与建筑师赵深订立设计合同，并且于二十二年九月一日在国民政府内大礼堂开标，最终于二十二年九月二日与华基公司订立承建合同，期限95天竣工。⑥

1932年1月28日，日军在上海挑起"一·二八"事变⑦，当日晚突然向上海闸北的国民党第十九路军发起攻击，因上海迫近当时的首都南京，国民政府恐日军逼近首都，决定"国府移驻洛阳办公"。1月30日起搬迁，1 000余名国民党军政要员以洛阳河洛图书馆为国民党中央党部及国民政府所在地，行政院及中央政治会迁入洛阳职业学校⑧。5月5日，南京政府代表郭泰祺与日本特命全权公使重光葵分别代表中日双方签订了《淞沪停战协定》。1932年12月1日，国民政府又从洛阳迁回南京原址⑨。

---

① 《国民政府公报》，民国十八年（1929年）十月八日，第289号，国民政府文官处印铸局印行。
② 卢树森（1890—1954年），字奉璋，浙江桐乡乌镇人，建筑师。主要建筑作品有南京中山陵藏经楼。
③ 汤又新，丁绍兰.南京国民政府、总统府见闻数则 [J].东南文化，2000（S2）：153-157.
④ 《国民政府文官处图书馆概况》弁言："文官处图书馆：建筑于国府西花园内，十九年岁杪落成……民国二十二年国庆日许静芝识。"
⑤ 赵深（1898—1978年），字渊如，中国建筑师，江苏无锡人。1919年毕业于清华大学，1923年毕业于美国宾夕法尼亚大学建筑系。1927年回国后至1952年，曾先后自己与童寯、陈植合作开设建筑事务所。
⑥ 《行政院报告》，载于刘刚所著《我在总督署说古建》第178页。
⑦ "一·二八"事变，又称"上海事变"或"淞沪战争"。
⑧ 南京《中央日报》，民国二十一年（1932年）一月三十一日，第四版。
⑨ 南京《中央日报》，民国二十一年（1932年）十二月二日，第一版。

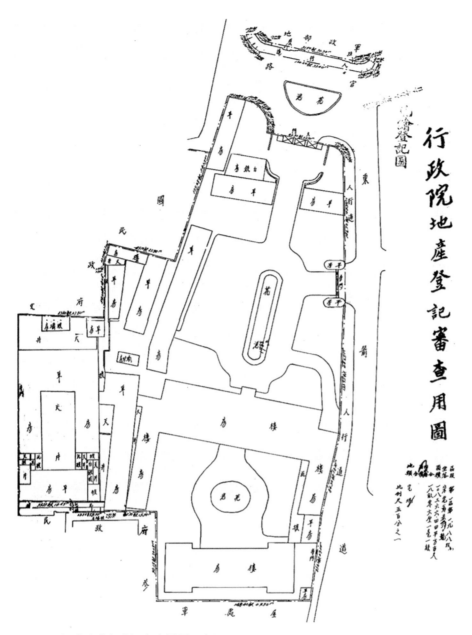

图 14-1-6 行政院地产登记审查用图（右）

图片来源：中国近代史遗址博物馆刘刚提供，中国近代史遗址博物馆资料室藏

1934年12月7日，南京市政府工务局核发了建造国民政府文书局大楼的《建筑执照》[①]。文书局大楼，即今日南京长江路292号建筑群中轴线末端的子超楼。该楼由建筑师虞炳烈[②]设计，由南京鲁创营造厂承建，1934年开工，至1935年底完工，1936年初启用。国民政府主席林森（字子超）曾在此楼办公，在抗战胜利后，国民政府还都南京，为了纪念在重庆逝世的林森，将文书局办公楼改名为"子超楼"。该建筑为混凝土结构，主体建筑为6层，中间高两边低，左右对称。楼层底部为半地下室，自地下室至三楼有电梯直达。

1931年4月1日，国民政府主计处正式成立，陈其采任主计长兼岁计局局长。主计处主管岁计、会计、统计事务。现位于南京长江路292号建筑群中轴线以西靠近南边大门处的便为主计处的办公大楼。在长城建筑事务所1934年9月完成的国民政府主计处新办公楼工程建筑图纸中，标明了该新楼的建造是选择性拆除了原地的8排平房后所建，建筑平面呈"回"字形，分为南、北两部分，共2层[③]。建筑由顺源营造厂承建，于1935年5月开工，当年12月26日竣工，建筑费用为法币28 500.50元[④]。

除此之外，在这一时期，整个国民政府范围内都进行了一些新建筑的添建，诸如文官处的喷水池、花房、防空洞、文官处宿舍等。在民国二十四年（1935年）、二十五年（1936年），南京市土地局曾对国民政府的参谋本部、行政院、文官处（辖文书、印铸两局）和参军处颁发《公有土地登记嘱托书》，划定了土地使用的四至范围。

（三）战乱时期的停滞阶段（1937—1946年）

在1937年7月7日，日军发动七七事变[⑤]，抗日战争全面爆发。同年十月三十日，国民政府决定迁都重庆，并于十一月十九日发布训令，声明国民政府现移重庆办公，所有文官参军、主计三处在南京长江路292号建筑群中的全部房屋及位于其后的黄家塘印铸局所属印刷所房屋，以及建筑中所储藏的什物书籍等，交由南京市政府守护。[⑥]

1937年12月13日，南京沦陷。日军第十六师团进驻南京国民政府，将其设为自己的司令部，并在国民政府大门上插上了日本国旗。日军第十六师团师团长中岛今朝吾[⑦]携其兵将开始了惨无人道的南京大屠杀惨案。

"七七事变"之后，日军在扩大侵华战争的同时，用"以华制华""分而治之"的侵略方针，在内蒙古、华北、华中地区扶植傀儡，建立政权，以对中国进行政治、军事、经济和文化侵略。1938年3月28日10时，在日方的支持下，中华民国维新政府成立了。成立典礼在南京长江路292号建筑群中的原国民政府大礼堂中举行。南京的维新政府实行"三权分立"制，设行政、立法、司法三院，分别由梁鸿志、温宗尧担任行政院、立法院院长，司法院院长空缺。

① 南京市档案局，建字第6156号，筑字第5596号《建筑执照》，南京市政府工务局民国二十三年（1934年）十二月十二日签发，并附《建筑要求和施工说明》。
② 虞炳烈（1895—1945），字伟成，毕业于巴黎美术学院建筑科里昂分校，历任中央大学、中山大学建筑系教授、主任，1941年创办国际建筑师事务所。抗日战争时期在昆明、坪石、桂林、赣州等地做了大量抗战应急建筑设计。
③ 南京市档案馆，《国民政府主计处新办公楼工程图纸》（1001全宗3j目录6269卷号）。
④ 张祖方．南京长江路292号大院建筑遗存考［J］．东南文化，2000（S2）：105-118.
⑤ "七七事变"爆发于1937年7月7夜，又称"卢沟桥事变"。"七七事变"是日本帝国主义全面侵华战争的开始，也是中华民族进行全面抗战的起点。
⑥ 南京市档案馆，档案号110010010050(00)0001："国民政府迁址，文官处分发南京特别市政府工作人员名单及奉派留守人员名单，附录国民政府训令密字第一三七号：令南京市政府，为令饬事，本府现移重庆办公，所有文官、参军、主计三处在国府路全部房屋及府后黄家塘印铸局所属印刷所房屋，连同储存之各项器具什物书籍，应即由南京市政府妥为守护，以免疏虞，合行令仰遵照办理。此令。中华民国二十六年十一月十九日。"
⑦ 中岛今朝吾（なかじまけさご，1881—1945年）日本陆军中将，日军第十六师团师团长，南京大屠杀罪魁之一。1937年12月13日入侵南京，率部参加"南京大屠杀"，杀害中国平民和战俘达16万多人。1945年10月25日日本战败后病死，逃脱了南京军事法庭的审判。

1938年中华民国维新政府成立后，原国民政府大院内日军，上海派遣军第十六师团中岛今朝吾部队调走后，又由日军第十一师团天谷直次郎少将接任南京东部警备司，率部进驻。在原政府市内各机构的办公场所均被日陆海军占据，政府仅有长官而无办事人员也无处办公的情况下，维新政府工作人员于1938年3月30日迁往上海办公，同年9月中旬起，维新政府各人员陆续返回南京，并于10月1日正式在原国民政府所在地，即南京长江路292号建筑群挂牌，门楼上方"中华民国维新政府"的匾额为行政院院长梁鸿志所书（图14-1-7）。

图14-1-7 明信片中的中华民国维新政府时期的门楼

图片来源：中国近代史遗址博物馆.总统府旧影（1949）[M].南京：江苏美术出版社，2006.

1940年3月30日，日据时期国民政府在南京成立，当日，维新政府宣布解散，持续时间为两年零一天，同时，其有关工作人员并入日据时期国民政府，并仍在南京长江路292号建筑群中办公。同时在此处办公的，还有日据时期国民政府的监察院、立法院、考试院。

1945年8月14日，日本天皇宣布接受无条件投降，长达14年的抗日战争正式宣告结束，次日，蒋介石发表广播讲话庆祝抗战胜利。1945年8月16日，日据时期国民政府自行解体，从此结束了日据时期在南京长江路292号建筑群中的傀儡政权。

1937年至1946年，南京长江路292号建筑群基本建筑空间格局并未有大的改变，其中的建筑虽未被战火所殃及，但多年来的使用，中华民国维新政府以及日据时期国民政府没有足够的经济实力进行建筑的维修，且饱经战乱，因而建筑多破旧不堪。

（四）国民政府还都时期的小修小补阶段（1946—1949年）

抗日战争胜利后，1945年8月18日，国民政府发言人在重庆对中央社记者发表谈话，表示"国民政府将于最短期内还都南京"。

为迎接国民政府还都，南京市政府工务局受命于重庆国民政府，派员于1945年11月对南京原国民政府进行测绘，并绘制了《国民政府地形图》（图14-1-8）。该图由南京市工务局虞锦福所绘，图中主要显示了参军处及文官处的房屋及相对位置关系，并标明了每栋房屋的所属及功能。

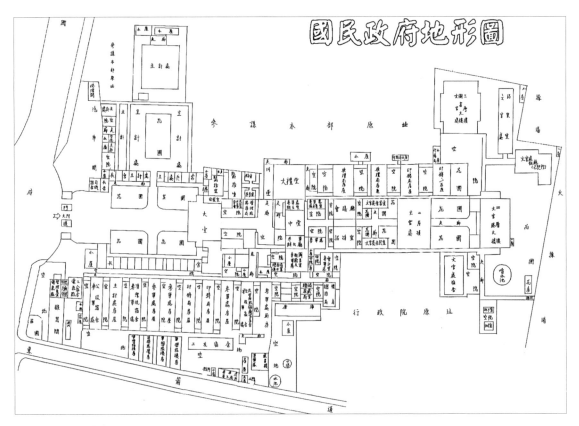

图 14-1-8 国民政府地形图
图片来源：中国近代史遗址博馆刘刚提供，中国近代史遗址博物馆资料室藏

　　与此同时，国民政府还都工作组还登报招标对南京长江路 292 号建筑群中的国民政府各机构建筑以及西花园进行全面修缮，亦包括水暖设施等。参与修缮工程投标的有包括昌华营造厂在内的京沪两地（现南京、上海）规模较大的营造厂共 14 家。其中，修葺文官处第一部房屋的承造商为华德营造厂，于 1946 年 3 月 6 日开工，并于当年 4 月 25 日完工；修葺文官处第二部房屋的承造商为鲁创营造厂，于 1946 年 2 月 20 日开工，并于当年 5 月 23 日完工；修葺文官处第三部房屋的承造商为新艺建筑公司，于 1946 年 2 月 22 日开工，并于当年 5 月 25 日完工。

　　其中，西花园工程因物价飞涨，资金不到位，直到 1946 年 12 月 20 日才全面完工。其他工程均在当年 5 月交付使用。在此次大修中，原由谭延闿所书的"国民政府"四字于 1946年 4 月底由昌华营造厂重新赶塑在建筑群的大门上，为赶上国民政府还都大典，国民政府参军处特令南京市工务局转饬昌华营造厂国府大门"国民政府"四字限于本月（1946 年 4 月）三十日前完成①。此外，建筑群内还进行了一些建筑的改建与新建，如原文官处宿舍和印铸局办公房由平房改建成二层楼房，新建了大门内西侧的汽车房、文书局办公楼西北角的原文官处饭厅等②。

　　在国民政府还都前夕，不仅对破损建筑进行了修缮及新造了一些需要使用的房屋等，更是对整个建筑群进行了水暖电设备的更新，以及加建厕所等。通过查阅 1946 年 1 月至 4 月的相关国民政府训令及工程批复，注意到诸如"参军长办公室装置卫生设备"③"参军处添建

---

① 南京市档案馆，档案号 10030080524（00）0001："本府还都在即，现有大门，国民政府的字亟须赶做，于本月三十日以前完成。"
② 张祖方. 南京长江路 292 号大院建筑遗存考［J］. 东南文化，2000（S2）：105-118.
③ 南京市档案馆，档案号 10030080523（00）0028："关于参军长办公室装置卫生设备等准照估价办理并行工程费由中央银行汇上请工务局查办。"

参军长盥洗室工程”①“送装暖气设备等工程合同请国府参军处总务局查收”②“为国府西花园加做厕所工程”③等字眼。更是在档案中查询到 1946 年 3 月 7 日在南京国民政府文官处开标的国民政府文官处修理全部水电工程各营造厂的报价单记载，以及 1946 年 9 月 29 日由周顺兴营造厂所提供的“南京市工务局铺设国民政府后下水道工程价目表”等，可说明国民政府所进行的水电工程。可见，在这一阶段，国民政府以修葺旧屋为契机，对整个建筑群进行了全面的现代化整改，尤其为了应对建筑群中的中式传统建筑在新生活运动之后所体现出来的舒适度与便利性不足的问题，进行了暖气设备、卫生设备等的加装。

国民政府于 1946 年 4 月 30 日颁布了《还都令》，并于 5 月 5 日在中山陵举行“庆祝国民政府还都暨革命政府成立纪念典礼”。自此，国民政府自 1937 年 11 月 20 日通告中外“移都重庆”后，历时 8 年又 170 天，重回南京。除行政院迁至中山北路 61 号（今位于中山北路 254 号解放军南京政治学院东院内）原国民政府铁道部旧址办公外，原国民政府其他科属均回到南京长江路 292 号建筑群中办公。及至 1946 年 4 月下旬，国民政府各机关人员大多回到南京，并于 4 月 28 日开始在南京办公。

国民政府还都之后，只进行过一些小修小补，如 1947 年 12 月因礼堂屋顶现凸形而停止月会进行翻修等④。整个南京长江路 292 号建筑群内的建筑，包括西花园内的整体布局，一直保持到 1949 年 4 月 23 日南京解放都未有新变化。仅在 1948 年 4 月，“行宪国大”⑤后，蒋介石当选中华民国政府总统，将大门上的“国民政府”四字改为由时任监察院副院长周钟岳所书的“总统府”三字。此三字经历种种波折，最终，又出现于南京长江路 292 号建筑群的大门上，一直保持至今。

五、中国近代史遗址博物馆（1949 年至今）

1949 年 4 月 23 日，南京解放。24 日凌晨，中国人民解放军占领“总统府”，之后“总统府”由军事管制委员会⑥接管。新中国成立后，南京长江路 292 号建筑群全面交由南京市文物保管委员会⑦接管。南京市文物保管委员会对原总统府建筑群进行清理和编录，编辑有《旧总统府房屋清册》《“总统府”参军长所属单位公物清册》等与建筑群相关的清册，并且对建筑群内的建筑进行全面、及时的修缮。于 1952 年 11 月对包含西花园以及国民政府时期行政院旧址在内的全部范围进行了详细的测绘⑧，清晰反映了建筑群的整体空间格局。

（一）作为机关办公场所

南京解放后不久，江苏省于 1949 年 6 月 2 日全境解放，后分设苏南、苏北两个行政公

---

① 南京市档案馆，档案号 10030080524（00）0007：“国府参军处添建参军长盥洗室工程业已完工，请派员验收拨发第三期工款及工务局批示照发。”
② 南京市档案馆，档案号 10030080523（00）0020：“送装暖气设备等工程合同请国府参军处总务局查收。”
③ 南京市档案馆，档案号 10030080526（00）0019：“为国府西花园加做厕所工程请国府总务局先拨款鉴急寓。”
④ 南京市档案馆，档案号 10030020565（00）0004：“关于典礼局函知国府月会停止一次请各局查照：查本府大礼堂屋顶因现凸形，业经呈奉，核准翻修在案，关于十二月份月会奉主席谕‘停止一次’……”
⑤ “行宪国大”：蒋介石为使其统治合法化，决定 1948 年为行宪年。所谓行宪，就是开始实行民主宪政，并按照宪法规定选举总统，实行总统制。
⑥ 军事管制委员会，简称军管会。20 世纪中期，随着解放战争的不断胜利，许多大中城市解放。中共中央决定城市管理一律采用军事管制制度，并设立军事管制委员会。军事管制与新中国的根本政治制度相联系，是新中国实行人民民主专政的最初形式。
⑦ 南京市文物保管委员会，简称南京文管会，后期转变为南京市博物馆，并于 1978 年正式挂牌。
⑧ 南京市规划局藏，1952 年 11 月测制的《南京长江路 292 号建筑群大院地形图》。

署和南京市人民政府。1952 年 11 月 15 日，苏北人民行政公署与苏南人民行政公署合并组建成江苏省人民政府，同时进驻南京长江路 292 号建筑群办公。1953 年 1 月正式建省。1955 年 2 月改名为江苏省人民委员会，1968 年 3 月至 1979 年 12 月期间更名为江苏省革命委员会。

中华人民共和国成立后的 50 年中，南京长江路 292 号建筑群先后作为江苏省人民政府、江苏省政协等机关的办公场所，最多的时候达到 20 多个机构，1 000 多人同时在此处办公。各机构通过将建筑群组团分立，分置于不同建筑或不同建筑群组团之中。如 20 世纪 80 年代，江苏省政协在子超楼中办公；江苏省委统战部则以八字厅、政务局办公楼两栋建筑为其办公场所；中国国民党革命委员会 ① 的办公场所则在二堂北面、八字厅西侧的典礼局旧址；江苏省各民主党派、工商联以及江苏省宗教局、江苏省科协、江苏省黄埔同学会等，在中轴线东西两旁的厢房及一些附属用房中办公 ②。20 世纪 80 年代以来，机关单位陆续从南京长江路 292 号建筑群中搬迁出来。

（二）作为中国近代史遗址博物馆向公众开放

1956 年，江苏省政府将位于南京长江路 292 号建筑群西花园内的西花厅，以"孙中山临时大总统府办公室原址"为名称公布为江苏省重点文物保护单位。1982 年，国务院将该建筑群中不包含东箭道行政院区域的范围以"太平天国天王府遗址"为名称公布为全国重点文物保护单位。2013 年，完整范围的南京长江路 292 号建筑群又以"孙中山临时大总统府及南京国民政府建筑遗存"为名称被批准为全国重点文物保护单位，保护范围东至东箭道，南至长江路，西、北至 1912 围墙及大行宫广场北侧绿地（此处为大照壁所在位置，目前已拆）。

南京解放后，南京长江路 292 号建筑群一度成为江苏省政府、江苏省政协等省级机关驻地，警卫森严，游人不可近。后来机关单位逐渐迁出，西半部煦园率先为游人开放。在此期间，游客只能进入到内有"临时大总统府办公室"等建筑的西花园中进行游览。

1998 年，在南京长江路 292 号建筑群即"总统府"旧址上，中国近代史遗址博物馆开始筹建。1999 年以来，中国近代史遗址博物馆努力征集、收购散落在民间的国民政府印章、照片和重要文件等珍品，还曾通过一些专家学者和有关机构向海外的国民党人士及其后裔征集大量文物史料进行复原陈列，主要包括晚清与民国史料陈列、洪秀全历史文物陈列、原国民政府五院文物史料陈列、"总统府"文物史料陈列和孙中山先生生平事迹展等。其间陆续新建了一些院落用作展陈，修整了东花园并命名为复园，于 2002 年在西花园以北修建了关帝庙，且于 2007 年在建筑群中移建了原位于长江东路 4 号由左宗棠修建于清光绪九年（1883 年）的陶林二公祠。

自 2001 年开始，为拓宽长江路，原存于南京长江路 292 号建筑群大门对面长 61.05 米高 11.28 米的大照壁开始被拆，拆除过程几经反复，到 2002 年 9 月 3 日全部拆除。

2003 年 3 月，筹备建设复原等工作作业已完成，南京长江路 292 号建筑群作为中国近代史遗址博物馆，正式全面对外开放。至此，存在 400 年来一直作为官府衙门行政公署的建筑群，完成了由行政职能向展陈功能的转变（图 14-1-9）。

---

① 中国国民党革命委员会，简称民革，中华人民共和国现有的民主党派之一，由中国国民党民主派和其他爱国民主人士创建。
② 赵剑波. 南京文人赵剑波回忆总统府：我曾在那里度过青春岁月［N］. 现代快报，2016-9-22（B12）.

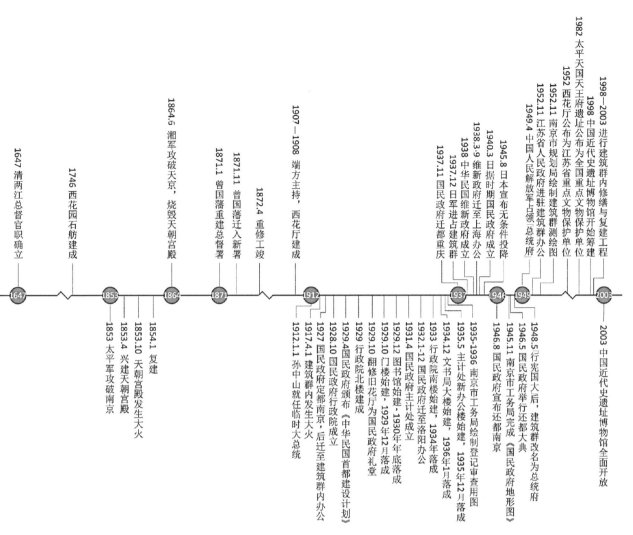

图 14-1-9 南京长江路 292 号建筑群历史沿革简图

图片来源：东南大学周琦建筑工作室

第二节　南京长江路 292 号建筑群现存单体建筑

一、现存单体建筑概述

（一）单体建筑特点

南京长江路 292 号建筑群中现存单体建筑涵盖亭、地下室、实体构筑物等共 107 幢[①]，根据 2008 年建筑群测绘图对其单体建筑进行统计时，发现建筑群中建筑组团关系明显，彼此之间通过廊道相连，作为单体建筑的边界不清晰。在进行统计时判断单体建筑的原则为：①与边界上的其他建筑出入口相互独立；②具有实体覆盖（区别亭与葡萄藤架等）；③建筑具有独立的实体或灰空间[②]。建筑群中的单体建筑具有类型多样、建造年代相隔甚远、建筑风格不一、结构类型多样、建筑体量参差不齐的特点。

（1）类型多样

在建筑群中的单体建筑，具有各种各样的建筑类型，如楼房、平房、亭、阁、台等，还包括地下室、防空洞以及行政院大门等实体构筑物。多种多样的建筑类型在建筑群中汇聚，既有实际功能需要的考虑，又丰富了建筑群的建筑类型层次。

（2）建造年代不一

由于建筑群自 1871 年曾国藩重建两江总督署之后经历了 140 多年的时间，建筑群内的单体建筑在这 140 多年间先后被建造，建造时间早至 1871 年，迟至 2004 年建筑群作为中国近代史遗址博物馆向公众开放前，个体之间的建造时间相隔甚远。不同时代对建筑的功能需求与审美需求存在差异，建筑群中的单体建筑也呈现多样化的特征。

（3）风格不一

建筑群中的建筑由于建造时间不同，业主对建筑形式的要求不同，因时代的审美变化等呈现出包括中国传统式样、西式式样、现代式样等多种风格。多种风格的单体建筑在建筑群中共同存在，并且相互之间形成博弈与缓冲，是建筑群的重要特点。

（4）结构类型多样

建筑群中的单体建筑以砖木结构为主，同时又涵盖中国传统木结构建筑、混凝土结构建筑、砖结构建筑等多种结构类型。单体建筑在建造时所选用的结构类型与其功能所展现出的建筑形式息息相关，新结构类型的选用也与建造时代的新技术的发展有关。

---

① 根据 2008 年南京市规划局的测绘图统计得出。
② 包含所有廊道构筑物等共有 143 幢。

（5）体量不一

　　建筑群中包含局部高达六层的楼房，方圆十余平方米的小亭，以行政办公为主的大体量办公楼，在园林中错落分布的亭、台、阁……不同单体建筑呈现出或与之功能相对应或与基地范围相贴合的体量，不同体量的单体建筑在建筑群中错落有致，却也不失秩序。

（二）单体建筑信息汇总及其分布

　　图 14-2-1 是将南京长江路 292 号建筑群中的单体建筑逐一标注，并根据其所标注序号将其基本信息归纳汇总为"南京长江路 292 号建筑群单体建筑信息汇总表"（表 14-2-1）。

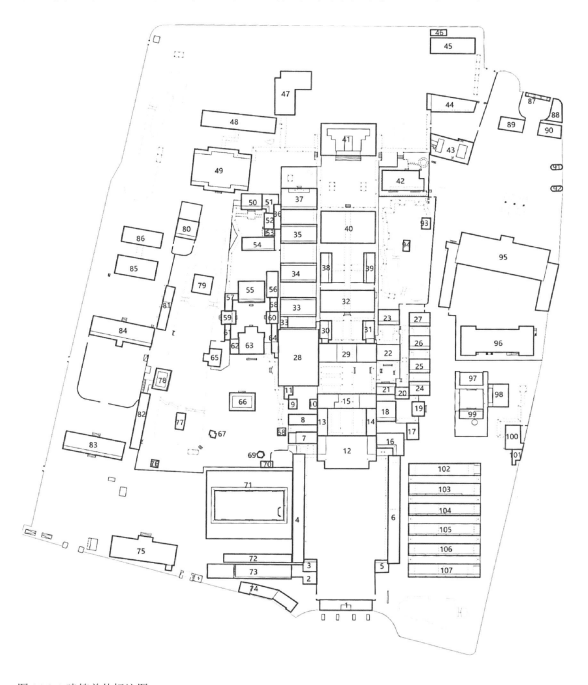

图 14-2-1 建筑单体标注图

图片来源：东南大学周琦建筑工作室，基底图片来源：南京市规划局 2008 年测绘图

序号	建筑名称	建造时间	建筑结构类型	建筑风格	面积（平方米）
1	门楼	1929年	钢筋混凝土结构	西式	376.77
2	大门传达室	2003年	钢筋混凝土结构	现代式样	104.48
3、4	西朝房	1871年	中国传统砖木结构	传统式样	561.65
5、6	东朝房	1871年	中国传统砖木结构	传统式样	589.29
7~11	医务室	1871年	中国传统砖木结构	传统式样	344.22
12	大堂	1871年	中国传统砖木结构	传统式样	604.69
13	西厢房	1871年	中国传统砖木结构	传统式样	133.74
14	东厢房	1871年	中国传统砖木结构	传统式样	133.35
15	穿堂	1871年	中国传统砖木结构	传统式样	311.63
16	南小院	1871年	中国传统砖木结构	传统式样	176.74
17	南小院	2003年	中国传统砖木结构	传统式样	68.70
18~20	清两江总督署展	2003年	中国传统砖木结构	传统式样	296.73
21	天朝宫殿展	2003年	中国传统砖木结构	传统式样	94.54
22	天朝宫殿复原展	1871年	中国传统砖木结构	传统式样	256.26
23	天朝宫殿展	1871年	中国传统砖木结构	传统式样	137.84
24	东小院第一进	2003年	中国传统砖木结构	传统式样	72.67
25	东小院第二进	1871年	中国传统砖木结构	传统式样	144.41
26	东小院第三进	1871年	中国传统砖木结构	传统式样	122.49
27	东小院第四进	1871年	中国传统砖木结构	传统式样	200.32
28	礼堂	1930年	中国传统砖木结构	中西合璧	745.10
29	二堂	1871年	中国传统砖木结构	中西合璧	460.35
30	参军处服务员室	1926年	砖木结构	中西合璧	67.83
31	参军处服务员室	1926年	砖木结构	中西合璧	68.04
32	八字厅、会客厅	1926年	砖木结构	西式	390.43
33	西小院第一进	1917年	木结构	传统式样	260.53
34	西小院第二进	1917年	木结构	传统式样	259.17
35、36	西小院第三进	1917年	木结构	传统式样	325.72
37	印铸局楼	1946年	砖木结构	中西合璧	536.87
38	内收发室	1926年	砖木结构	西式	108.98
39	内收发室	1926年	砖木结构	西式	109.65
40	政务局办公楼	1926年	砖木结构	西式	1 287.94
41	子超楼	1935年	钢筋混凝土结构	现代式样	2 259.03
42	文官处宿舍楼	1946年	砖木结构	中西合璧	531.64
43	地下防空洞	1935年	—	—	258.02
44	汽车间	1946年	砖混结构	现代式样	427.67
45、46	玻璃花房	2003年	钢结构	—	268.67
47	饭厅	1946年	砖木结构	现代式样	369.30
48	档案室	1871年	砖木结构	现代式样	384.29
49	图书馆	1930年	砖木混结构	西式	2 287.14
50~54	孙中山起居室	1871年	中国传统砖木结构	传统式样	323.93
55	观戏台	1871年	砖混结构	传统式样	346.01
56~64	花厅	1871年	中国传统砖木结构	传统式样	566.69
65	忘飞阁	1871年	中国传统木结构	传统式样	84.59

序号	建筑名称	建造时间	建筑结构类型	建筑风格	面积（平方米）
66	桐音馆	1871 年	中国传统木结构	传统式样	152.05
67	方胜亭	1871 年	中国传统木结构	传统式样	12.51
68	枫桥夜泊诗碑亭	1952 年	中国传统木结构	传统式样	19.92
69	六角亭	1871 年	中国传统木结构	传统式样	20.67
70	主计处附属房屋	1936 年	砖混结构	—	24.49
71	主计处办公楼	1936 年	砖混木结构	中西合璧	2 489.16
72	主计处附属房屋	1946 年	砖混结构	—	187.27
73、74	汽车库	1946 年	砖混结构	—	990.74
75	江苏警察博物馆	2006 年	钢筋混凝土结构	现代式样	939.84
76	望亭	1871 年	中国传统木结构	传统式样	28.95
77	不系舟	1746 年	中国传统木结构	传统式样	48.11
78	夕佳楼	1871 年	中国传统木结构	传统式样	158.92
79	漪澜阁	1871 年	中国传统木结构	传统式样	113.00
80	关帝庙	2002 年	砖混木结构	传统样式	127.86
81	公厕	1952 年	砖混结构	—	96.80
82	西花厅附属建筑	1946 年	砖混结构	—	180.77
83	秘书处	2003 年	砖木结构	现代式样	358.19
84	西花厅	约 1908	砖木结构	西式	414.21
85	参谋本部	1936 年前	砖木结构	现代式样	505.32
86	参谋本部	1952 年前	砖木结构	现代式样	407.84
87	行政院大门	1934 年	砖混结构	现代式样	6.82
88	行政院小办公室	1934 年	砖木结构	现代式样	85.60
89、90	行政院门房	1934 年	砖木结构	现代式样	100.57
91、92	行政院东门岗亭	1936 年前	砖木结构	现代式样	99.38
93	复园亭	2003 年	中国传统木结构	传统式样	270.54
94	复园石舫	2003 年	中国传统木结构	传统式样	22.94
95	行政院北楼	1928 年	钢混＋木结构	现代式样	2 843.99
96	行政院南楼	1934 年	钢筋混凝土结构	现代式样	1 240.82
97~99	陶林二公祠	2007 年	砖木结构	传统式样	601.24
100、101	配电房	2002 年	砖木结构	传统式样	167.19
102~107	马厩建筑群	2002 年	砖混结构	传统式样	342.00×6

表 14-2-1 对建筑群中现有单体建筑的建筑名称、建造时间、建筑结构类型、建筑风格、面积等信息进行了汇总。

对于建筑群中的单体，按照建造时间、建筑风格、建筑结构类型，分别绘制了分布图（图 14-2-2）。

现存单体建筑的建造年代示意图将建造时间分为 7 个部分，第一部分为 1746 年，建筑群中仅太平湖上的石舫的石座建于 1746 年；第二部分为 1871 年，即自曾国藩重建两江总督署一直留存至今的建筑；第三部分为 1900—1927 年，主要为 1908 年、1917 年、1926 年几个时间段，即国民政府入驻之前所进行的一些建筑活动；第四部分为 1927—1936 年，即国民政府时期所进行的建筑活动，也是在这一时期建筑群内进行了相当数量的近代风格单体建筑的建造；第五部分为 1946 年，即国民政府自重庆"还都"南京时期的建筑活动；第六部分为 1952 年左右，即南京解放后由军管会接管时期的建造活动；第七部分为 2000 年以后至今，在这一阶段主要是以展陈为目的，还原、复建了一些建筑。

在建筑风格一项中，表中所填简化为西式、传统式样、现代式样、中西合璧四种类型。西式风格还可以继续细分为西方古典主义风格和西方折衷主义风格等①。建筑群内单体建筑的建筑风格呈自南向北逐渐趋于西式及现代式样的过程。西式风格及现代式样风格的建筑多建于1900年以后，大多数为国民政府时期所建。中轴线前段的大部分中国传统式样的建筑在数年间的建筑活动中都予以保留，并且在近些年所进行的一些复建中，尽量承袭原有文脉，使新建建筑在建筑群中不至于太过突兀。

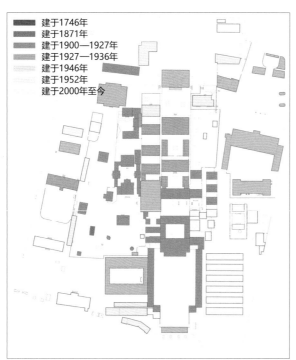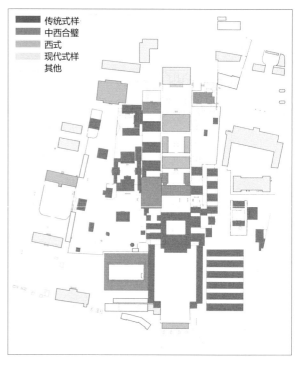

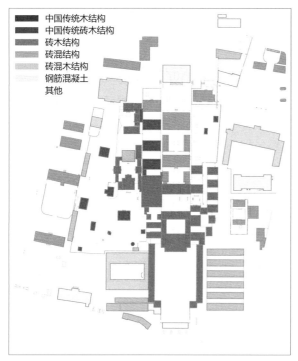

图14-2-2 南京长江路292号建筑群现存建筑单体建造年代分布示意图（左上）、风格分布示意图（右上）、结构类型分布示意图（左下）

图片来源：东南大学周琦建筑工作室，阮若辰绘

① 卢海鸣，朱明.论南京民国建筑的科学性和民族性—以总统府建筑群为例［J］.中国名城，2011（11）：47-52.

建筑群中单体建筑的建筑结构类型多样，且其所采用的建筑结构类型与其建筑体量的大小之间存在一定的关系，除 2000 年以来新建建筑因技术成熟而多采用钢混结构以外，大部分采用钢筋混凝土结构及钢混、钢混＋木结构的建筑体量较大，也是建筑群中较为突兀的部分。可以看出，单体建筑所使用的结构类型与其建筑的功能及技术水平息息相关。

二、大门

　　南京长江路 292 号建筑群的门楼作为建筑群的第一座单体建筑（图 14-2-3），一改两江总督署时期的传统中式风格，以西方古典主义风格示人，是有别于建筑群中传统中式风格建筑的尝试与突破。

图 14-2-3 "总统府"大门

图片来源：东南大学周琦建筑工作室

（一）历史沿革

　　门楼所在位置在太平天国天朝宫殿时期为圣天门，又称真神圣天门，为天朝宫殿建筑群的二门。复原图显示（图 14-2-4），该大门为五开间，形制为重檐庑殿顶，其规格与紫禁城太和门形制相匹配。

　　后曾国藩于 1871 年在原址重建两江总督署，新建的大门形制为五开间硬山顶的传统中式大门建筑，而进入大门继续往前，则可看见七开间的仪门［仪门应为七开间，两江总督署复原平面图中有误（图 14-2-5）］。与此同时，门前东、西两侧还分别有东、西辕门以及上书有"两江保障""三省钧衡"的牌坊。

　　东西辕门及"三省钧衡""两江保障"牌坊两边均有近 3 米高的栅栏，连同照壁和大门一起在其内部形成了一个全封闭的围合空间，在此空间中，还有东、西两吹鼓亭及一对旗杆。这一围合空间虽然显示了总督衙署建筑群的层层关卡与权威，但进入 20 世纪 20 年代以来，小汽车等新型交通工具的使用，使得这一围合空间限制了总督衙署门前的交通发展。

图 14-2-4 太平天国天朝宫殿圣天门复原图

图片来源：高丹予 . 南京民国总统府遗址考实 [J]. 东南文化，2000（S2）：6-95.

视角1，自西辕门外望向东辕门及"两江保障"牌坊　　　视角2，自东西辕门内望向"三省均衡"牌坊

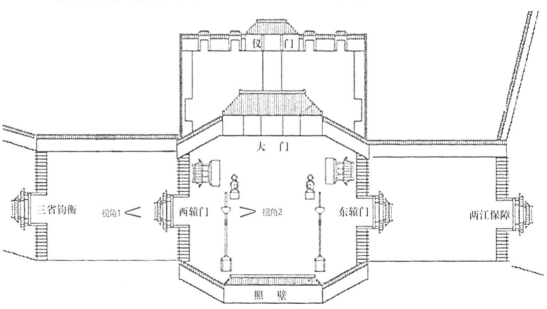

图 14-2-5 东西辕门广场平面及摄影

图片来源：杉江房造 . 金陵胜观 [M]. 上海：上海虹口日月堂书店，1910.

底图来源：两江总督署复原平面图局部（刘刚 . 清两江总督与总督署 [M]. 广州：广东人民出版社，2003.）

1927 年国民政府定都南京，以两江总督署原址为其政府所在地，原两江总督署正式转变为国民政府，1928 年随着《首度计划》的提出，南京城市的近代化建设拉开了序幕。在 1929 年 9 月出版的航拍图中仍可见照壁、大门与仪门，而不见东、西辕门及"三省钧衡""两江保障"的牌坊与东、西吹鼓亭，由此可见，最先被拆除的是阻碍了国民政府门前狮子桥—大仓园路段拓宽工程的东、西辕门等构筑物。

之后不久，时为外交部长的王正廷[①]向蒋介石建议，国民政府作为首都的中心，中外观瞻所系，屋宇太差，有失"国体"，亟需重新改建，首先拆造大门，以壮观瞻[②]。蒋介石同意其意见，便令国民政府参军处负责招工承办。国民政府给财政部的第"玖陆柒号训令"登载了此次建造大门工程"费洋二万九千四百五十余元"。此次工程由文达公司承建，绘图设计师为建筑师姚彬，合同开工日期是 1929 年 5 月，自初夏开始，将原大门拆除，周边围墙拆除重建，且加高了一尺（约合 33 厘米），同时将仪门拆除，使得大堂前广场更为宽敞[③]。新门楼施工日期从 1929 年 10 月 10 日开始，12 月 20 日竣工，历时 100 天[④]。其上"国民政府"四字为时任行政院长谭延闿所书。

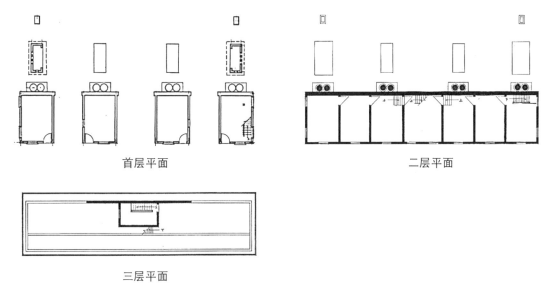

图 14-2-6 大门平面图

图片来源：高丹予. 南京民国总统府遗址考实 [J]. 东南文化，2000(S2):6-95.

建成的"总统府"门楼共有 3 层，总高 13.50 米，二层顶板以上周边加砌水泥护栏，中部为一间升旗预备室（图 14-2-6）。门楼共有 3 孔门洞，中门洞顶高 6.40 米，宽 4.93 米；两边门洞略小于中门洞，高为 5.40 米，宽为 3.60 米。

门楼首层为 4 个小开间，每 2 个小开间之间形成一通道。4 个小开间中东边为传达室，西边为卫兵司令室，最西端的房间中建有一"L"形双跑楼梯[⑤]，通过该楼梯可进入门楼二层。二层靠北共有 7 个房间，作为参军处职员宿舍。其中，中间的房间由于位于中门洞的正上方，又因中门洞较之两边门洞高出 1 米，因而中间房间较两边的房间地坪也同样升高 1 米，通过 5 级木阶梯相连。中间房间层高 2.24 米，而两边房间层高为 3.17 米。中间房间的南端有楼梯可登

① 王正廷（1882—1961 年），民国时期的外交官，长期在南方政府中任职，推行革命外交。先后担任南京国民政府外交部长、驻美国大使等职。
② 汤又新，丁绍兰. 南京国民政府、总统府见闻数则 [J]. 东南文化，2000（S2）：153-157.
③ 同②。
④ 刘刚. 我在总督署说古建 [M]. 南京：江苏人民出版社，2017：3.
⑤ 根据 1992 年测绘图所得，但据刘刚先生介绍，实为两端均有楼梯，规格相同。

上位于三层的升旗预备室及三层平台，在升旗预备室以北有一台阶可继续攀升至三层屋顶。

门楼与整个南京长江路 292 号建筑群的命运紧紧相连，建筑群的几经易主与门楼的几经易名也是近代南京战乱不休、政权更替的时代缩影。

作为建筑群的大门，是不能进入建筑群内部的普通民众最容易看到的建筑，因而门楼成为建筑群中被留下最多摄影照片的建筑。作者汇总收集了将近 40 张不同年代的门楼摄影照片，并对其进行了汇总分类，将其变迁过程归纳为 6 个阶段，此 6 个阶段分别为：国民政府时期、日军进驻时期、中华民国维新政府时期、国民政府还都时期、总统府时期以及解放后机关单位入驻时期。

1. 国民政府时期（1929—1937 年）

这段时期为 1929 年 12 月门楼落成至 1937 年日军攻陷南京占领国民政府为止。

这段时间门楼的特征为，门楼上所悬挂的"国民政府"四字为谭延闿所书，其中，国民政府的"民"字的最后一笔斜钩苍劲有力，力透纸背，直出于民字天际，因而极具辨识度。同时门楼上竖旗为中华民国的青天白日满地红旗。

如照片中所示（图 14-2-7），此时建筑三层的升旗预备室上端，为凸显其线脚，有两层线脚向外突出，其中，下层线脚突出尤深，犹如出檐，具有深深的阴影。在出檐线脚下设三盏点式照明灯。

1	2	3
4	5	6

图片内容：
1~4.1929 年年底新落成的国民政府门楼；
5.1932 年 2 月初，官员迁走后的国民政府大门；
6.1931 年 9 月 28 日，南京、上海的学生在南京国民政府门前集会示威，要求国民党出兵抗日

图 14-2-7 国民政府时期门楼摄影

图片来源：1. 高丹予 . 南京民国总统府遗址考实［J］. 东南文化，2000（S2）：6-95；2.yidianzixun.com/article/OTM5ZPGZ?appid=s3rd-op398&=op398；3. http://blog.sina.com.cn/s/blog_4945b4f80102v78a.html；4. 赵剑波 . 一个人的"总统府"［N］. 现代快报，2016-09-22（B12）；5. 王能伟，马伯伦，刘晓梵 . 南京旧影［M］. 北京：人民美术出版社，1998：52；6. 中国近代史遗址博物馆 . 总统府旧影（1949）［M］. 南京：江苏美术出版社，2006：120.

图片内容：
1.1937 年南京被日军攻陷后的国民政府门楼；
2.1937 年 12 月南京沦陷后日本制作的明信片；
3. 南京沦陷后的门楼；
4. 日军登上国民政府门楼；
5. 总统府前骑马列队的日军

图 14-2-8 日军进占时期门楼摄影

图片来源：1. 高丹予. 南京民国总统府遗址考实 [J]. 东南文化，2000（S2）：6-95；2. 同 1；3. 中国近代史遗址博物馆. 总统府旧影（1949）[M]. 南京：江苏美术出版社，2006：99.4. 同 3：124；5. 同 3：125

2. 日据时期（1937—1938 年）

该时期为 1937 年 12 月门楼陷于日军之手至 1938 年 3 月中华民国维新政府成立挂牌为止。

这段时期门楼的特征为，门额依旧为谭延闿手书"国民政府"四字，三层出檐下的三盏灯依旧存在，但楼顶插旗为日本国旗，门楼前偶有日军把守。

1937 年 12 月门楼陷落，日军举行入城式。门楼中门洞一侧挂着"入城式々场"字样的木牌，日军骑马列队准备穿过大门进入建筑群。入城式后，日军在门楼上插起日本国旗，门侧悬挂"中岛部队"和"十六师团部"字样的木牌（图 14-2-8）。

3. 中华民国维新政府时期（1938—1940 年）

该时期为 1938 年 3 月 28 日中华民国维新政府成立并在门楼上挂牌至 1940 年。

此时的门楼特征为，仍保留三层外凸的线脚及其下的三盏灯，但门额换成"中华民国维新政府"八字，门楼顶上所升旗帜也换为五色旗。

1938 年 3 月，中华民国维新政府成立，门楼上挂上了"中华民国维新政府"匾额以及日据时期国民政府监察院的招牌。

4. 国民政府还都时期（1946—1948年）

此阶段为1946年5月国民政府自重庆还都南京至1948年5月"行宪国大"后改为总统府为止。

这一阶段的门楼特征为国民政府四字已不同于早期四字的字体，为国民政府还都之后重新制作的塑字。三层升旗预备室只余顶端线条而取消原位于中上部过于凸出的线条，随之取消的是一直依附于凸起线条的三盏灯，转而在柱式挑檐之上，"国民政府"四字之下设四盏向上投射的照明灯。门楼顶端竖旗重为中华民国国旗，即青天白日满地红旗。

1946年5月国民政府还都前夕，国民政府先遣人员与南京市工务局共同展开了对南京长江路292号建筑群的整体大修。在此次大修中，原由谭延闿所书的"国民政府"四字于1946年4月底由昌华营造厂重新赶塑在建筑群的大门上，为赶上国民政府还都大典，国民政府参军处特令南京工务局转饬昌华营造厂"国府大门'国民政府'四字限于本月（1946年4月）三十日前完成"[①]。虽仍按原样赶制，但字体已有变化。

5. 总统府时期（1948—1949年）

此阶段为1948年5月"行宪国大"后，蒋介石与李宗仁分别任总统、副总统至1949年4月解放军解放南京由军委会接管总统府为止。

这一时期的门楼特征为，门楼上的字改为"总统府"三字，并且向上的射灯由四盏变为三盏，竖旗依旧为中华民国国旗青天白日满地红旗（图14-2-9）。

图片内容：
1. 总统府时期大门；
2. 1948年的国民政府大门；
3. 梁鸿志政府大门

图14-2-9 总统府时期门楼摄影
图片来源：1. 赵剑波. 一个人的"总统府"［N］. 现代快报，2016-09-22（B12）；2. 金真的博客 blog.sina.com.cn/slblog-61668fz1010127qq.html；3. "总统府"官网

据曾为原国民政府第六局庶务科荐任科员的汤又新、丁绍兰所述，在1948年5月23日，距离蒋介石就任总统后的第三天，原门楼上的"国民政府"四字被铲去，为时任监察院副院长周钟岳所书的"总统府"三字所替换。由于时间不充分，只得简陋地照字样锯了三个木头字，

---

① 南京市档案馆，档案号10030080524（00）0001："为通知昌华营造厂国府大门国民政府四字限于本月三十日前完成：国府参军处函，本院还都在即，现有大门，国民政府的字亟须赶做，于本月三十日以前完成。除将字模已交承包商昌华营造厂赶制外，函请转饬该厂为限完工……"

贴上金箔，草草换上 ①。

1949年4月23日，中国人民解放军登上总统府门楼，这一时刻，门楼所承载的是内战的结束、人民的解放以及新中国的诞生。

6.南京解放后机关单位入驻时期（1949—2002年）

这一阶段为1949年南京解放后由军管会接管南京长江路292号建筑群至2002年"总统府"三字被重新安装上门楼为止（图14-2-10）。

图片内容：
1. 江苏省人民政府大门；
2. 1952年国庆节文物保管委员会工作人员在大门前的合影；
3. 20世纪90年代航拍照片中的门楼

图14-2-10 南京解放后机关单位入驻时期门楼摄影
图片来源：1.blog.sina.com.cn/u/1229305080；2.blog.sina.com.cn/u/1229305080；3.航拍照片

这段时间门楼的特征为，门楼上方不设任何字体，只在中门洞两侧挂木牌以示机关单位的入驻。三层山花面上一度取消了中上段的第二道线条，因而山墙面上既无字体，也无线条装饰，显得光滑且平整。

自20世纪90年代末期筹建中国近代史遗址博物馆为开始，南京长江路292号建筑群迎来了一轮复改建与修缮。其中包括在2002年7月至10月期间对门楼所采取的一系列修缮措施，包括重建门洞中原有的黑色双扇铸钢镂空铁门，对外立面巴洛克线条的修补，以及恢复"总统府"三字于门楼之上。

（二）建筑特征

门楼建筑以外立面中强烈的尺度感及三段式显示了其新古典主义风格的特征，尤其在建筑立面上体现明显。门楼的两边门之上，则用简单的凸出于建筑表面的石膏线条绘制出规则的线条图案。中门拱门以上，也装饰以与拱心石齐平的线条图案。整体装饰风格简易而朴素，却又见微知著。

门楼建筑的南、北立面具有完全不同的建筑语汇。南立面的比例和谐统一，三层平台四周的围栏也被纳入山花体系的一部分。北立面以实用主义为主，围栏则采用竖向通透式栏杆。

---

① 汤又新，丁绍兰.南京国民政府、总统府见闻数则［J］.东南文化，2000（S2）：153-157.

门楼南立面为示中门的重要性以及居中放大比例的和谐性，使中门不仅宽度较边门宽，且高度也较边门高；转而至北立面，为建造方便，三门高度统一。此外，三个门洞面向南立面时是三个拱门，而面向北立面时便简化为一方门，虽有"外圆内方"的含义在其中，但纵观南、北立面的不同表达，应是为了施工方便而为之。在北立面门洞之上，开了大小8扇窗户，其所对应的是内部靠北的用于国民政府参军处职工居住的7间房间。虽南向为居住空间较有利的朝向，但因建筑坐北向南，南向为对外的形象窗口，不能随意开窗，只能退而求其次，在北向安置房间而在南向安置走廊及交通空间，以达到内部空间与外部空间的整合。

由于三层空间靠南设置，在建筑北向地面几乎看不到三层以上的实体。通透栏杆将可见立面分为虚与实两部分，又由于过于强烈的三门门楣，其所在的水平线条将实体部分一分为二，形成视觉上不适的二分比例。南、北立面表达的"表里不一"显示出设计师宥于实用与美观并举的困境之中。

三、大堂

大堂作为建筑群中轴线上进入大门后的第一座建筑，也是历史上规格最高的建筑，与极具西方古典主义风格的大门不同，其一直保持自两江总督署时期建造而成的中国传统式清官式木构建筑的形象。作为建筑群中自1871年新建以来便未做大型修复及更改的中国传统式样的典型，最能够体现建筑群中的中国传统式样建筑的特征。

（一）历史沿革

同治十年（1871年）始，曾国藩重建两江总督署，其中大堂也在彼时建成。大堂作为督署建筑群中建筑规格最高的建筑，其建筑形制为单檐硬山顶，屋顶附灰色蝴蝶瓦，屋脊两端微翘。大堂前部为一悬山顶抱厦，与主体部分组合形成整体，抱厦五开间，主体面阔七开间，进深五开间，长约33米，宽约20米。室内装修简单，采用彻上明造，不设天花，可以清晰地看到屋架结构。大堂东、西两侧各有一耳房，用来存放仪仗。

硬山顶是等级最低的一种建筑形制，两侧山墙高起，用于防火。根据清朝规定，六品以下官吏及平民住宅的正堂只能用悬山顶或硬山顶，然而作为两江总督，官阶位于正二品，其督署院衙中规格最高的建筑完全可以采用更高等级的屋顶形制。因而大堂采用硬山顶，一是表达主官谦卑为恭的姿态，同时也是出于防火的考虑。其中抱厦采用南方常用的以防雨为主的悬山顶，与主体部分彼此相合。

大堂的建筑形制可与同为总督署最高建筑形制的直隶总督署大堂作对比。直隶总督署大堂与两江总督署大堂相同，建筑主体前也组合有一抱厦，不过直隶总督署的抱厦为卷棚顶三开间，主体建筑同样为硬山顶但是为五开间。两江总督署大堂虽与其形制相似，但是规格高于之。

（二）使用功能及其变迁

大堂所在地原为太平天国天朝宫殿的金龙殿，又称荣光大殿，是天朝宫殿中轴线上的主体建筑，也是天王洪秀全接受文武官员朝拜之所。殿内在正中位置，放置金銮宝座，天王安坐于其上，其文武官员自大门至金龙殿需步行一段很长的距离后，登台阶进殿，谒见天王。

两江总督署时期大堂作为整个建筑组群核心的主体建筑，一般是地方政权举行大典和总督议事、审案之处。大堂正中设一公案，案后是总督座椅，座椅后为一屏风，屏风之后，穿过落地罩，为一暖阁。冬天寒冷时，就将整个公案移入暖阁内办公。在大堂前是一人多高的木栅栏，中间有门可以开启。大堂木栅栏以外筑有丹墀，丹墀以外是比地平面低一尺（一尺约为 33 厘米）多的甬道，文武官员参见总督，一律在此下轿下马。

1912 年 1 月 1 日孙中山到南京就任中华民国临时大总统，晚上 10 时，就职典礼就在原两江总督署大堂举行，后因天气寒冷，典礼移至大堂后的西暖阁举行。后经历变迁，大堂内的公案、暖阁均被拆除，不再作为议事和审案的地方。大堂原本为方砖铺地，后改为水泥铺地，划线方格纹。在国民政府时期，整个中轴线更是将台阶抹平，使其地面相连，能够无障碍通行，大堂成为整个建筑群空间的必经通道。大堂内正中上方"天下为公"匾额（图 14-2-11），是由孙中山手书，在 1912 年 4 月 3 日孙中山离开南京后，由留守府的黄兴挂起；1928 年国民政府建立后再次挂起。维新政府时期，大堂两侧用木板封闭，成为行政院的二门。国民政府还都前，南京市政府工务局根据蒋介石的指令，将大堂修葺一新。直到 1948 年"行宪国大"后，蒋介石、李宗仁分别任总统、副总统前，又进行了一次翻新。大堂目前的样貌基本保持近代"总统府"时期的格局。

图 14-2-11 入口大堂（2016—2018 年修缮，东南大学周琦建筑工作室）

图片来源：中国近代史遗址博物馆刘刚摄

大堂并非独立存在的一座单体建筑，它与其周边的建筑有着千丝万缕的联系，这其中包含与东小院的联系、与穿堂的联系以及与东西厢房的联系等。虽如今看来，承担流动空间功能的大堂已独立存在，两边耳室也分别辟为与展览相关的展厅及设施用房，但观察 1992 年南京工业大学绘制的关于大堂的测绘图则可发现，实际上大堂西耳室与其后的西厢房相通，且合二为一形成一面积更大的长形房间，在国民政府时期作为收发室使用。东耳室更是通过山墙上的侧门与东小院相连。如今打通为完整空间的东西厢房在早年间也是由隔墙分隔形成若干个小房间，其中西厢房北部房间就曾作为国民政府参军处会客室使用，而东厢房则通过中门与东小院相通。而如今小门已封闭，东西厢房辟为展厅使用。

（三）建筑特征

清同治年间重建两江总督署，形制恢复为天朝宫殿之前两江总督署的形貌，因而远没有金龙殿的规模与等级。但在原址上重建，多少会受之影响，如因循旧基等。两江总督署大堂之所以开间数多于直隶总督署大堂，很有可能就是复建时受金龙殿旧基的影响。而前附五开间抱厦及大堂内部梢间辟为耳房在一定程度上也减弱了七开间大堂的僭越之嫌。

大堂主脊高 10.938 米（含吻兽总高 11.51 米），如此高的内部空间以及建筑前后的开放使得整个大堂虽然覆盖面积较大（650 平方米）却不致昏暗。与之相对，大堂两侧梢间为隔出耳室，平柱所砌的砖墙也高达近 10 米，虽此隔墙并不承担结构作用，但仍由于高度过高且无其他支撑而具有一定的倾斜，在由东南大学周琦教授所主持的大堂—穿堂木构架修缮申报的专家评审会上，经专家讨论与论证其或有倒塌的危险。

建筑装饰上，也没有金龙殿金碧辉煌。大堂室内采用彻上明造，木构架完全暴露于外，木构架之间没有常见的斗拱与雀替，木构件之间平直相接，除一些必要的抱梁云、月梁及无拱素斗之外①，没有多余的装饰构件，整个建筑木构架体系显得干练、磊落。

大堂内部仍存在为数不多的砖石雕装饰，如东、西两耳房的门楣上有回字纹装饰，门楣之上饰以砖雕门额，上书"清峙""飞黄"；大堂东、西两侧山墙所开边门上也有花草纹饰与砖雕门额"琼树""璇蠹"，琼树意为玉树、宝树，喻品格高洁的人，璇蠹意为清澈美如碧玉的泉水，这副门楣是说主官为官清正廉洁，且为人正直、美名远播。

作为硬山顶形制建筑山墙上端的构件墀头，由山墙伸出至檐柱之外，凸出于两边山墙的边檐，用以支撑前后出檐，具有屋顶排水及边墙挡水的作用。与此同时，墀头也常常饰以砖雕装饰图案，在大堂硬山顶两侧的墀头上便饰以动物图案装饰。

总而言之，大堂建筑虽为建筑群中等级规格最高的建筑，但是不论从其选用的建筑形制而言，还是其建筑内部装饰而言，都颇为俭朴、素雅。这在一定程度上也为建筑群中的所有单体建筑定下整体基调，因而在建筑群中难见华丽的大屋顶及精妙绝伦的装饰。这或许是身为业主的两江总督曾国藩为表达自身对清廷效忠因而放低身段的一种政治态度使然。

（四）建筑空间分析

大堂内部空间共有 42 根柱子，分为柱径不同的 3 种类型，规格最低的为隐没于山墙、背墙与耳室隔墙之中的柱子，共有 22 根，柱径为 200~230 毫米不等，除此以外，独立于外的共有 20 根柱子。其中，抱厦檐柱及抱厦与大堂连接处檐柱共有 12 根，柱径 340 毫米，隔出五开间；大堂正中心有 8 根金柱，柱径 435 毫米。3 种规格的柱子各司其职，既在结构上通过自中心至边缘柱径逐一缩小以达到最高的结构支撑效率，又通过柱子的大小进行空间划分。

如大堂平面测绘图（图 14-2-12）所示，柱径 200 毫米的小柱与墙体一起围合大堂四周的同时，分隔出大堂中心空间与耳室空间，柱径 340 毫米的檐柱划分出抱厦空间，并通过与金柱之间的差异隔出连通山墙两端边门的通道，前后各 4 根的金柱之间通过"减柱造"做法而空出了较大距离。

---

① 刘刚. 我在总督署说古建 [M]. 南京：江苏人民出版社，2017：25.

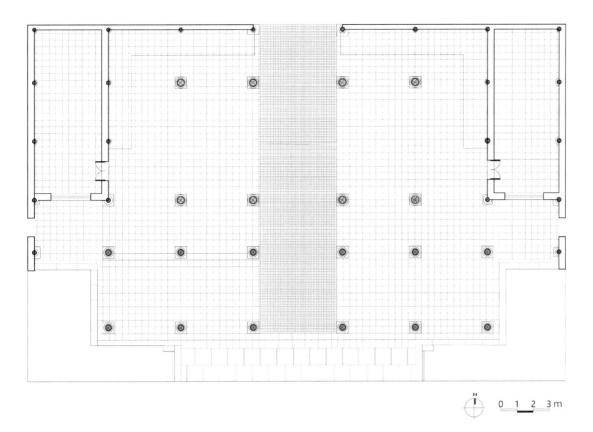

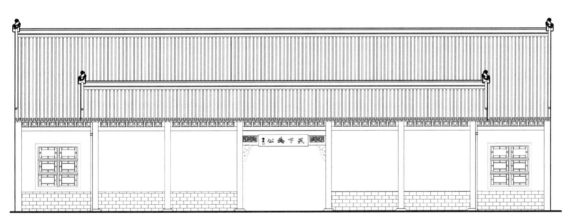

图 14-2-12 大堂平面（上）、南立面（下）测绘图

图片来源：东南大学周琦建筑工作室

　　两江总督署时期具备总督审案功能的大堂，进入近代后，再无审案之功能，以流动空间为主，空间在进深方向达到通透，一眼无碍，更是通过抬高地基使得空间内畅通无阻。在抬高地基的同时重做地面，中部地砖为 100 毫米 ×100 毫米的小砖分隔，而周边地砖则为 400 毫米 ×400 毫米的大砖分隔，通过不同的地砖划分方式将中部流动空间的肌理与周边区分开来，从而将流动空间标示出来，达到一种强化的作用。在进行重要的活动时，尤其是有重要人物从大堂的流动空间中走过时，更是会铺设地毯以再次强化中部流动空间及其通达性。国民政府时期，外国大使递交国书及蒋介石自穿堂走出检阅军乐队时，均在中部通道处铺设地毯。

四、子超楼

子超楼即国民政府时期文书局办公楼位于南京长江路 292 号建筑群中轴线的末端，整个建筑群范围的最北端。建筑共 6 层，是现代式样风格建筑，又是中国新民族形式建筑。

（一）历史沿革

1927—1937 年之间，国民政府在南京长江路 292 号建筑群中所设置的机构分为文官处、参军处、参谋本部与主计处。其中文官处为其秘书机构，掌理国民政府一切文告之宣达，印信、关防、勋章、奖章之铸发及关于国民政府委员会议暨其他机要事项。文官处下又设文书局、政务局和印铸局 3 个局，文书局为 3 局之首，许静芝为文书局局长，管 6 科 1 室，由国民政府文官处管辖，后由总统府秘书长领导。文书局除承担必要的文书档案工作之外，主要管理中枢文告、政令和玺印、文印。

曾作为两江总督署的建筑群用地，整体上是一个自南向北渐渐走高的地势，在中轴线上的末进房屋以北处戛然而止，形成一个垂直落差为 1.75 米的断崖[①]。以此断崖为界，以内为两江总督署的旧基官界。1934 年前后，由于国民政府机构规模扩大，原有建筑群已不足以容纳所有机构，因而国民政府考虑在中轴线末端，即原末进位置新建楼房。新建筑的设计体量不论在高度还是在进深上都要远大于原有平房，平房以北为北界围墙，因而需要先于新建筑的设计施工，将建筑群北界的围墙向北扩展迁移。

国民政府文官处原有围墙拆下移北建筑的相关工程的复勘报告由南京市工务局第二科审勘股在民国二十三年（1934 年）九月二十二日核发并于十二月八日复勘验收。所附图纸显示了文书局大楼拟建造的基地范围与原围墙和新建围墙的位置关系。原围墙与中轴线垂直，而新围墙则以行政院路即今东箭道北段垂直。新增地界面积约为 2 900 平方米。这一工程建筑说明书说明在文书局办公楼建造之前，其体量已大致确定，为了给新建筑以宽敞的建成环境，还专门为此将北墙北移，以提供足够的建筑空间。

1934 年 12 月 7 日，南京市工务局核发了批准建造国民政府文书局的建筑执照，1936 年 1 月 27 日进行复勘并核发复勘报告。

建筑执照中标示出建筑物的业主为国民政府文官处，承建方为鲁创营造厂，工程撮要为"建楼房一座"。虽没有进一步描述楼房的形式、楼层等，但在"应遵事项"中提到了电梯及钢梁材料的选择等[②]。建筑执照的作用是悬挂于建筑施工处以便工务局随时稽查，承建方需要在工竣后于工务局缴销该建筑执照并申请审勘股复勘，复勘完成后交于业主，完成整个建造程序[③]。

在复勘报告中的建筑工程说明中对建筑的基本情况做了描述：建筑层高为六层，结构为钢骨水泥结构（即钢筋水泥土结构），建筑长一百尺宽六十尺，门窗铁制[④]。除此之外还标明了建筑费用（106 952.00 元）、建筑时限（250 晴天）等信息。该复勘报告表明建筑于

---

① 刘刚.我在总督署说古建 [M].南京：江苏人民出版社，2017：105.
② 建筑执照应遵事项："电梯地脚机器间，应于动工前补样来局核准后再做，钢梁应为统长者一根，不准二根相接。"
③ 建筑执照附注："此照钉贴木板悬挂于开工之处以便随时稽查，于工竣后即须至本局审勘股缴销，经本局派员复勘符合后发交业主收执。"
④ 复勘报告建筑工程说明："建筑办公处一座，高六层，完全用钢骨水泥构造，门窗铁制。长一百尺，宽六十尺。内隔办公室及一切设备布置如附呈图样共二套每套计。"

1936 年 1 月 27 日复勘合格，宣告工竣，总历时 416 天。

文书局办公楼于 1936 年初正式开始使用，并改名为"主席办公楼"。随后在 1937 年日军侵占南京之后，此楼为日军中岛部队及第十六师团所占用。1938 年 3 月，该楼成为维新政府行政院办公楼；1940 年 3 月日据时期国民政府成立后，则成为其立法院、监察院等办公机构的办公场所，1945 年国民政府还都南京后至 1948 年，此楼先后作为国民政府和总统府的办公楼。

在国民政府文书局大楼前的"十"字形广场两边，有两棵雪松，是时任国民政府主席的林森于 1935 年 3 月 12 日在文书局大楼施工工地前亲手种植的。林森与文书局大楼有着千丝万缕的联系，1943 年 8 月林森在重庆遇车祸逝世后，文书局大楼为了纪念林森而以他的字"子超"来命名，即被称为子超楼。此名称一直沿用至今。

（二）建筑特征

子超楼在建筑设计之初就面临一个基地断崖的问题——在其所建范围内，即原官界附近，官界以外地面垂直掉落 1.75 米左右。设计师采取将整个建筑置于断崖之外，并且通过加建地下室弥合与官界地面的高差，使子超楼建筑二层跃于官界地面之上，成为南向主入口楼层，并通过建筑前以台阶所架之桥与官界地面相接。同时建筑一层北向与地面平接，等于通过一栋建筑完成了从官界内到官界外的高差过渡（图 14-2-13、图 14-2-14）。

在进入子超楼大门的楼梯位置，便是原官界断崖位置所在。通过加建地下一层的做法，不仅应对了基地断崖问题，还使得建筑主体在官界地面以上，从而使整个中轴线地面延续其逐渐升高的趋势；同时建筑入口使用台阶架桥连接，而其余部分留空，使得地下空间地上化，不仅增加了使用空间，而且优化了地下空间的质量。

由于 1927 年《首都计划》对"中国固有之形式"的提倡与建议，因而由国民政府所主导的大量行政建筑都选取以大屋顶形式为主要元素的中国传统宫殿式样式。与同时期建成的大量采用中国传统宫殿式行政建筑做对比，子超楼作为一个象征权利核心的重要行政建筑却并没有选择采用中国传统宫殿式风格，而是在整体结构层面倾向于平屋顶形式，强调竖向结构的现代式样。

之所以没有选择大屋顶式样，一是由于国民政府内用以建造文书局大楼的基地范围狭小，虽北向拓展但宽度有限，不足以满足大屋顶形式所需空间要求；二是由于大屋顶形式的建筑高度有限，一般以三层以下为宜，否则比例失调，而文书局大楼建筑功能不满足于三层建筑空间；三是中国传统官式建筑之样式，内部施以浓重的彩画，华丽而隆重，采用钢筋混凝土框架模仿大屋顶式样，费工耗料，南京长江路 292 号建筑群中整体建筑风格朴素而实用，应与此基调保持统一，文书局大楼因而也摒弃需花费过多的中国传统宫殿样式的建筑风格。

除此之外，早在冯国璋时期在中轴线后端新建西式的八字厅与政务局办公楼，其文脉已经与中轴线前端的中国传统式房屋不同，因而不存在文脉存续上的考虑。时任国民政府主席林森为人低调，崇尚节俭，因而也没有建筑华丽大屋顶建筑形式的必要，此外建筑设计师[①]由于其本人的留学经历和对现代建筑的理解而热衷于现代建筑形式。

建筑师虞炳烈最终秉承"欧美科学之原则"，运用西方建筑设计理论，采用简洁的构图、

---

① 现关于子超楼的设计者，中国近代史遗址博物馆研究员提出为虞炳烈，但并未有图纸档案等信息可以证明。

实用的空间，又兼之"吾国美术之特点"，局部点缀中国传统民族式构件和纹饰，使子超楼呈现出既有现代气息，又具传统特色的中西合璧新民族形式的新建筑风格。

（三）建筑立面

子超楼含处于半地下的1层共有6层①，建筑呈左右对称，顶部2层依次向内退台，整体造型上中间高两边低。南立面是其主要设计立面（图14-2-15）。

南立面中部入口处设置两层灰空间，通过4根通高2层的立柱支撑，中部三层以后向内退台，以凸显建筑的中心。除4根实体立柱之外，在三层及以上与之相对应的位置，以及中部两边位置均设置外立面壁柱装饰，并且与实体立柱一样饰以浅褐色耐火砖片，柱头也都同样饰以竖向石雕柱头装饰，形成协调统一的立面。建筑的东、西、北立面同样有壁柱装饰，但并没有与南立面一样饰以浅褐色耐火砖片，而是以砂浆抹灰，外刷真石漆饰面。

整体立面采用浅黄色水刷石饰面，以壁柱为分隔，形成竖向分割的立面，每两立面壁柱之间设置玻璃钢窗，在层与层的钢窗之间，饰以与立面同样颜色的石质浮雕装饰。该浮雕装饰采用统一设计元素，应用于大小不同的不同位置上，如入口、墙面、檐口、门窗等部位。通过这样的装饰为整体简洁的立面构图中添加了中国传统的装饰元素，既彰显了其新民族主义风格，又将整体建筑立面的表达提升了一个层次，低调而精致。

子超楼位于建筑群中轴线的末端，是建筑群中轴线秩序上的高潮。而高达6层的建筑体量也成为了建筑群中高度最高的建筑。其建筑高度也通过瞭望台的设置物尽其用，在顶层瞭望台可以俯瞰整个建筑群。其在立面处理上，通过形体上的退台与中部高起，形成山形形象，这与大门中部高起的立面设计有异曲同工之处。

建筑高达6层的体量在建筑层面是摆脱建筑群中平铺院进式布局的一个尝试，可向上获取更多的建筑空间，从而与建筑群内的其他或中式传统院落建筑或西式平房所不同。作为整个行政建筑群中的中枢机构所在，建筑中部高起的立面意向对于国民政府来说也是表达其中央集权思想的一种方式。

子超楼室内与外立面保持一致，简单实用，功能与经济并存但不失精致与优雅。室内铺就水磨石地面，色彩鲜艳、图案精致。房间内用简单的石膏线条吊顶，墙面以白石灰抹灰墙面为主，饰以挂镜线，个别房间如"蒋介石总统办公室"墙面则以木墙裙饰面。

整个子超楼共有大小房间53间，其中，底层12间，一层11间，二层13间，四层9间，五层1间。以下为国民政府时期各层房间的功用：

建筑一层初为国民政府文官处办公室，后成为总统府文书局办公室，左右房间对称。二层南向自东向西分别为主席办公室套间、联系阳台的穿堂、文书局局长办公室和文书局副局长办公室及秘书办公室；北向自东向西则分别为厕所及楼梯间、李宗仁副总统时期办公室套间，两间办公室，以及秘书长办公室。其中，主席办公室（后改为总统办公室）套间自东向西分别为盥洗室与休息室、办公室，以及会客室；副总统办公室同理，也包含盥洗室与办公室及小间餐茶室。三层中部为一贯穿南北的国务会议厅，南北通透，会议厅以东为国务委员办公室，以西为委员会议休息室。四层建筑平面向内退台，形成"凸"字形平面，房间主要作为电讯室使用，同时三扇门通向四层平台。五层通过四层南部中间房间北侧的楼梯进入，

_____

① 为防止歧义，将子超楼处于半地下的一层称为底层，以上分别称为一层、二层、三层、四层及五层。

仅有一间房，作为瞭望室使用，有门通向五层平台，并且在北侧有室外楼梯可以登上屋顶。

在建筑东侧楼梯间旁边，设计有一垂直电梯，电梯是美国奥的斯公司20世纪30年代的最新产品，自地下一层直通地上三层。电梯的建成使用在南京近代行政建筑中尚属首次，自1936年开始使用，至20世纪90年代为止，使用了将近60年。现在子超楼中的电梯为仿旧新制，老电梯于20世纪90年代拆除。原电梯内有铁制箱笼，用手摇把柄升降。电梯有两道门，外为两扇铁门，内为铁栅栏门，均用手拉打开。

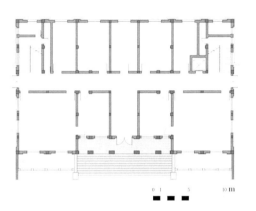 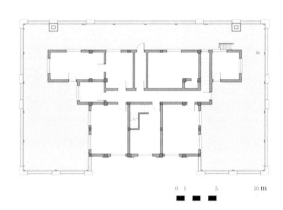

图 14-2-13 子超楼一层平面（左）、四层平面（右）测绘图

图片来源：东南大学周琦建筑工作室

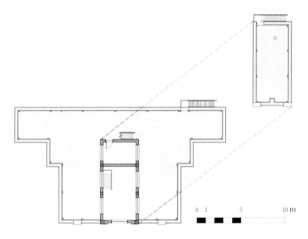 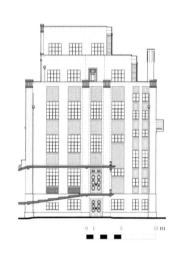

图 14-2-14 子超楼五层平面（左）、侧立面（右）测绘图

图片来源：东南大学周琦建筑工作室

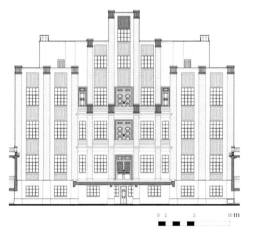 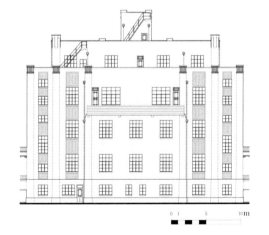

图 14-2-15 子超楼南立面（左）、北立面（右）测绘图

图片来源：东南大学周琦建筑工作室

（四）建筑空间分析

建筑本身向东、西、南三面均开有门以及自东、西两面而出的连廊，这使建筑自身的空间与周边建筑空间的可达性有所增强。其中建筑中东、西向的通廊作为联系的核心功不可没。实际上建筑中心走廊两边房间的做法是为达到建筑空间使用的经济实用最大化而进行设计的。

由子超楼建筑平面图（图14-2-13）可见，垂直空间位于建筑中心走廊北向的东、西两端，通过中间走廊连接，达到空间利用及使用效率的最大化。由于建筑自四层向内退台，在四层以上就无法通过东西两端的楼梯进行垂直连接，因而在三层靠建筑中部会议厅东侧走廊以东设置通向四层的垂直交通空间，在四层中心的位置再设置一通往五层的垂直交通空间。这虽然是为了实现建筑造型的中心向上而做的必要的妥协，但整体垂直交通逻辑仍旧较为清晰。

子超楼的地下一层作为国民政府文官处工作人员活动用房及贮藏用房，在一层平面的东北角与东端楼梯相连的房间作为锅炉房使用，为整个子超楼提供暖气和热水。

地下一层虽在建筑南面略低于地面以下，但却在建筑北面与地面齐平。位于建筑两侧的连廊均为双层，其中上层与建筑的地上一层连接，同时通过宽台阶与建筑南侧广场两边廊道连接；而下层则是与地下一层连接，通过下层连廊往东、西分别可以直接与子超楼以东的防空洞、汽车间以及以西的图书馆、档案室、饭厅相连，往南则可到达负一层南侧的中空空间。

子超楼的半地下空间三面均与地面平接，且有开口，唯有南面没有直接开口，但是却有一定中空空间，实际上所谓地下空间是完全地上化的。

子超楼地下空间的存在不仅解决了建筑基地存在断崖的问题，而且弥合了建筑南北两面的高差，其利用南侧断崖位置空出一定中空空间使得地下建筑达到地上化，优化了建筑空间，使建筑空间的利用效率达到最大化。

五、"主计处"办公楼

"主计处"办公楼位于南京长江路292号建筑群中轴线以西，与西朝房西侧相连。整个建筑呈"回"字形平面，独立于建筑群中心之外。

（一）历史沿革

在1930年12月29日，国民政府主计处筹备主任陈其采[1]宣誓就职，开始了国民政府主计处的筹备工作。3个月后筹备工作完成，国民政府主计处于1931年4月1日正式成立[2]。主计处下设岁计局、会计局、统计局3局，主计长为陈其采，同时身兼岁计局局长，副局长为杨汝梅；会计局局长为秦汾，副局长为潘序伦；统计局局长为刘大均，副局长为吴大均，简任秘书为吴锡永，全体职员共有100余人[3]。主计处为国民政府直属主管财政的机构，执掌国民政府及下属部院的财务预算、统计、审计事项。

---

[1]　陈其采（1880—1954年），浙江吴兴（今湖州）人，1913年任中国银行杭州分行副行长。1927年4月18日南京国民政府成立，陈其采任浙江省财政厅长，1928年11月27日任财政部江海关监督，1929年任导淮委员会常务委员，后兼财务处长、副委员长，1930年任江苏省财政厅厅长、国民政府主计处筹备委员会主任委员，1931年任国民政府主计处岁计局局长，1932年任国民政府主计处主计长。

[2]　刘刚.我在总督署说古建［M］.南京：江苏人民出版社，2017：119-120.

[3]　同②.

国民政府主计处人员众多，除需满足工作人员办公所需之外，还有大量的印信、案卷需要库房空间。现"主计处"大楼建造前，主计处的办公场所在建筑群中分散布置，在1945年国民政府地形图中可以看出，即使在"回"字形主计处办公楼于1935年竣工使用之后，建筑群中的西朝房、马厩以及太平湖以南的方形建筑等都仍在作为主计处办公场所使用。

在国民政府主计处办公楼建造之前，在其基址上原有四排带有天井的平房建筑。四排平房的中部及中部偏西有两条走廊将其相连。

1934年8月至9月期间，长城建筑事务所完成了主计处办公楼的设计图纸（图14-2-16），其中包括建筑一层平面图、二层平面图、南北立面图、西立面及门窗楼梯大样图、结构大样图共5张图纸。建筑正式名称为国民政府主计处新办公楼，制图人为薛云龙。

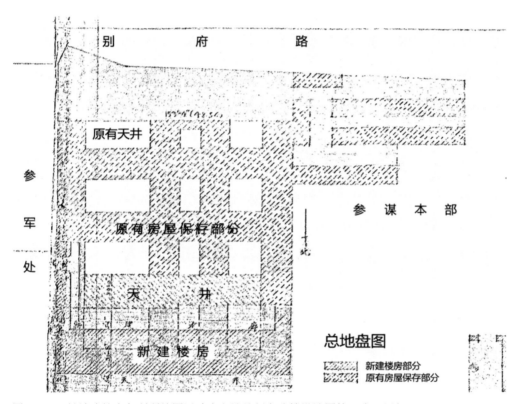

图14-2-16 长城建筑事务所所绘国民政府主计处新办公楼设计图第1张（局部）

图片来源：南京市档案馆，1001全宗3j目录6269卷号

1936年3月国民党《中央日报》连续三天登载一则广告："本处现拟拆除南部旧屋一部分，改建办公楼房……"此南部旧屋即为主计处办公基地上原有的四排平房，而通过主计处办公楼的图纸的绘制时间及其拆改建的设计表达可判断此即为主计处工程招标广告。建筑施工方后选为上海顺源营造厂。

国民政府时期，主计处办公楼在后期也曾作为军令部、参谋本部、首都卫戍司令部办公用房。南京解放后，"主计处"办公楼及其西部建筑均属军事管理区，至今保存完好。"总统府"景区扩建后，"主计处"办公楼于2009年辟为"江苏禁毒展览馆"展厅，对外开放[①]。

---

① 陈宁骏，张晶晶.国民政府主计处揭秘[J].江苏地方志，2013（3）：75-77.

（二）建筑空间

历史图纸显示，"主计处"办公楼新建、拆除、保留等情况分为四种，一为新建楼房部分，二为建造前即须拆除部分，三为建造后承造人负责拆除部分，四为原有房屋保存部分。其中，新建楼房部分的北面基本与原有建筑中最北端一排建筑的北端持平，但南面向南拓宽。最终保留四排平房中的两排，其中最南端保留的平房改建为"主计处"附属平房，自南向北第二排则保留为后期改建完成的"主计处"办公楼南楼。

建筑北楼共2层，每层在平面布局上基本一致，即靠南部内院为走廊，北部为办公室，办公室共有10间，以中心为界左右完全对称。其中，自东向西第二、三间及自西向东第二、三之间各设置一库房空间，每一库房空间通过隔墙将其自中心一分为二，南、北两间分属东、西两间办公室。自东向西第一、二间及第三、四间办公室之间均设置有门，办公空间具有连通性与可变性，自西向东亦然。办公室北向的窗设置为3扇小窗，库房北向的窗设置为一扇大窗，北墙之外还设置一狭窄天井；在其平面南向面对内院时，除东端及西端2间房间为一门一窗的窗套组外，其余各房间均为中间一门加两边各一小窗的窗套组。库房不对外设门，但库房与走廊相隔位置上，各设置一装饰性牌门。

建筑的交通空间设置于走廊上靠近北楼走廊的位置上，东西各一。其中在一层西侧楼梯以南为男厕所，图纸中没有表达的西侧走廊的南部相应位置则为女厕所。一层东侧走廊自北向南分别为下房、门房、大门（与建筑群西朝房相连）、下房。其中在内院中与大门相对的位置设置有一照壁。

北立面由于外部还有围墙遮挡，因而设计表达得较为简单，但通过三联窗及单独窗将内部房间与外部立面的对应关系表达清楚。原设计有烟囱7个，加上东、西两侧共有9个，而如今的"主计处"办公楼中心位置的大烟囱已经不见，只余8个，此应是多年维修时遗漏所致。北楼南立面面向内院，因上下层均设置走廊，因而丰富的阴影关系使得南立面与北立面相比较为复杂。在南立面中，对应平面库房位置设计有2座高于檐口的牌门，形成立面上的节奏变化，不致太过单调，并且此牌门在一层处设计为拱形的门，并伴有阶梯，由此可知此牌门处原是设计为从建筑进入内院的出入口。立柱与楼板和屋檐相交处，设置有云纹柱托。在西立面中，还可看见在东楼中部有一门直接连通建筑群中轴线上的西朝房，该门标注为铁门，门框呈拱形。除此之外楼梯间还有一圆形窗。

在新建北楼的剖面构造上，其地面先用六寸（约合20cm）厚石灰三和土夯实，之后铺设5分（约合1.67cm）厚木板条，楼板采用木楼板结构，并且采用2分×12分的木板中对中铺设。室内均有踢脚板。屋顶采用木龙骨吊顶，屋面构造自下而上分别为屋面板、5分厚本松、二号油毛毡、泰山黑瓦。

结构大样图可使读者对其钢筋混凝土结构的走廊有全面的认识，也可以认识到其柱托并没有起到结构作用而纯粹为装饰作用。此外还表达了梁及楼板的截面以及楼梯梯段的结构。

"主计处"新办公楼在设计之初就考虑了与建筑群中轴线上的西朝房的连接，并且详细设计了与之连接处的铁门的立面样式，因而在设计初期，对于"主计处"新办公楼的空间入口就是有所定义的，即不设单独与南面道路连接之出入口，而是作为建筑群整体的一部分，与西朝房相接，自"参军处"范围进入。

通过连接入口直接进入"主计处"建筑内院，在与入口相对之处设立一"八"字形照壁，既表达入口感，又避免通过大门便一眼望尽内院全景。

整个建筑因呈"回"字形布局,因而形成了一个长方形内院,内院通过中间的一条硬地走道将整个内院分为 2 块绿地。整个建筑依靠四周的走廊连接,且通过内院中的硬地走道将南北楼中部相连。在 1952 年测绘图中可以看出这条通道在 1952 年的时候就已经存在。然而这条通道的位置太过于强调正中,而建筑本身也是以中柱为中心两边对称,因而就出现了通道尽端连接南楼、北楼之处正中为一立柱的情况。

第十五章

下关商埠区

图 15-1-1 下关商埠区位图
图片来源：根据 1937 年南京地图改绘.

第一节 南京下关商埠的历史沿革

一、明清时期的南京下关

　　下关位于南京市西北部，历史上主要指挹江门外、长江东侧的临江地带（图 15-1-1）。因下关濒江依城，西北与浦口隔江相望，东侧背靠狮子山（史称卢龙山，狮子山一名为明太祖朱元璋所赐[①]），自古以来就是南京重要的航运、军事要塞。下关沿江一带最早出现于南唐后，卢龙山沿线长江河道西溢，山体西北侧逐渐形成滩地[②]，山前形成水湾，宋元时此水湾称为龙湾[③]，明时称龙江。"下关"这一名字的由来，与其作为水上征税"关卡"密不可分，在下关沿江一带设征税机构的历史最早可以追溯到南宋[④]。明洪武元年（1368 年），龙江一带设置征税机构龙江关[⑤]，关址初设于仪凤门外，之后，明宣德四年（1429 年）于沿江上新河设立上新河关[⑥]。由于上新河关和龙江关为上下游，故称上新河关为"上关"，称龙江关为"下关"。下关就此成为三汊河至上元门地区沿江地带的地名[⑦]。古代各时期下关地理变化见图15-1-2。

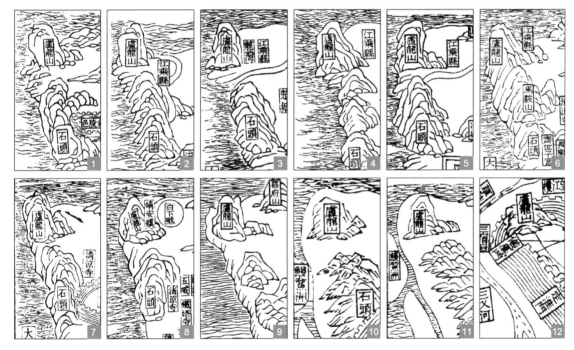

图 15-1-2 古代各时期下关地理变化图

1 吴越楚地图，2 秦秣陵县图，3 汉丹阳郡图，4 孙吴都建业图，5 东晋都建康图，6 南唐都建康图，7 隋蒋州图，8 唐昇州图，9 南唐江宁府图，10 宋建康图，11 元集庆路图，12 明都城图.

资料来源：（明）陈沂所撰《金陵古今图考》

本章作者为卢婷

[①] 根据朱元璋《阅江楼记》记载："一峰突兀，凌烟霞而侵汉表，远观近视，实体狻猊之状，故赐名曰狮子山。"

[②] （清）莫祥芝，甘绍盘.同治上江两县志［M］.南京：南京出版社，2013.

[③] 南京市下关区地方志编纂委员会.下关区志［M］.北京：方志出版社，2005：79.

[④] 同③ 15.

[⑤] 同③ 15.

[⑥] 杨波.南京龙江关的来龙去脉［J］.郑和研究，2008（3）：36-37.

[⑦] 贺云翱.百年商埠——南京下关历史溯源［M］.南京：江苏美术出版社，2011：21.

（一）下关（龙江）之历史变迁

南京历史悠久，历来是南北交通的重要渡口。元代以前，境内已有官船专用的码头和驿站。到了元代，驿传十分兴盛，至元十七年（1280年），元帝"诏江淮诸路增水站"，在建康（现南京）设3处水站，龙湾（明称龙江）站就是其中之一[①]。除了以转运贡物及北运"御用之物"为主的水站外，龙湾还是元代漕粮海运的江海中转点。为方便转运，至治元年（1321年），龙湾长江岸边建了广运仓。到了明代，龙江一带也因其漕运港口之作用而繁盛起来，如明代顾起元的《客座赘语·市井》中记载："城外惟上新河、龙江关二处为商帆贾船如鳞辏，上河（上新河）尤号繁衍。"[②]

除了港口航运功能外，南京（应天）作为明代都城，龙江一带也得到了一定程度的开发，洪武二十三年（1390年）朱元璋下诏："诏创制龙江仪凤门、钟阜门民房，民能自造者，官给市木钞，每间二十锭。"[③]龙江一带逐渐形成街市。之后明都城迁至北京，南京仍是重要的漕运港口。到了清朝，南京失去留都地位，但在漕运上仍有相当的地位。

除了交通地位，下关还是重要的军事要塞，每每朝代更迭，便遭损毁。再加上明朝灭亡时，南京城遭到战乱破坏，工商业凋零，下关一带一度十分萧条。清初、中期沿袭明制，在龙江设有水驿和龙江关。由于腐败、关税加重、管理混乱等问题，在清末南京港已经衰落。

到了清顺治二年（1645年），南京港口龙江下关一带更是"驿无马，水无船"[④]。清末社会动荡，第一次鸦片战争期间，英国舰队入侵南京，盘踞港口一个多月，"南京一带广大地区的贸易已经完全停顿下来"[⑤]。1853年太平天国起义军攻占南京，改南京为天京，下关为天海关[⑥]。下关江面一度出现英、美等国商船擅自闯入遭到太平军炮击的情况；之后太平军稍有让步，"经过商船，即由天海关佐将验明有贵国领事执官照即便放行"[⑦]。1864年，清军攻陷天京，南京再次受到战乱破坏，城中人口稀少，农耕、手工、工商业皆零落萧条，"南京港基本上已没有什么货物进出"[⑧]，下关沿江一带也变得破败荒凉。

（二）造船业与郑和下西洋

明朝在社会、经济、文化、科技等方面都有极高的成就，特别值得一提的是造船技术及航海能力。据李昭祥的《龙江船厂志》记载："洪武初年，即于龙江关设厂造船。"明代的龙江船厂就位于龙江关附近，及仪凤门外沿江地带[⑨]。现今三汊河南侧的郑和宝船厂遗址公园则为明代宝船厂遗址，1957年曾在此出土一根巨型舵杆[⑩]。明代时的造船技术和航海能力已经到达世界领先水平，也是中国帆船时代的顶峰。

---

① 《南京港史》编写委员会. 南京港史 [M]. 北京：人民交通出版社，1989：41.

② 顾起元. 客座赘语·市井 [M]. 1617年（万历四十五年）.

③ 《明太祖实录》第200卷第1页.

④ 《明清史料·丙编》第6本，转引自：谢国桢. 清初农民起义资料辑录 [M]. 上海：新知识出版社，1956：128.

⑤ 中国科学院上海历史研究所. 鸦片战争末期英军在长江下游的侵略罪行 [M]. 上海人民出版社，1958：109；转引自：《南京港史》编写委员会. 南京港史 [M]. 北京：人民交通出版社，1989：88.

⑥ 贺云翱. 百年商埠——南京下关历史溯源 [M]. 南京：江苏美术出版社，2011：23.

⑦ 太平天国历史博物馆. 太平天国文书汇编 [M]. 北京：中华书局，1979：315；转引自：《南京港史》编写委员会. 南京港史 [M]. 北京：人民交通出版社，1989：89.

⑧ 同①90.

⑨ 参考《明代南京造船厂探微》观点，龙江造船厂并非宝船厂，其位置根据《龙江船厂志》记载在龙江关附近.

⑩ 同⑥31.

根据《自宝船厂开船从龙江关出水直抵外国诸番图》所示，明永乐三年（1405 年）郑和率领船队出使西洋各国的起始点便是宝船厂。大明船队从龙江关出水，经长江入海，直抵西洋诸国。明代的下关，濒临长江，洲渚密布，为造船厂提供了天然便利的环境条件，下关一带造船业兴盛一时。郑和船队所驾驶的宝船体量巨大，其由宝船厂开出，经龙江关入水，由此也可见明代时龙江关设施之完备及其在水运交通上的重要地位。

（三）南京下关——《南京条约》之见证

清朝时期的南京，虽政治、经济地位不比明朝时，但南京仍然为中国最富庶地区江南省（今江苏、安徽）的治所。"清初的江南省每年额定漕粮运量约占中国的一半"[①]，南京港除了进出江宁府各州征收的漕粮之外，还是全国漕运线上的重要补给中转点。

1840 年，第一次鸦片战争爆发。1841 年 8 月，英军陆续攻陷厦门、舟山、镇海、宁波，英国侵略者计划突破长江，占领"足以割断中华帝国主要内陆交通线的一个据点"[②]（指镇江），控制江南政治中心、重要军事阵地南京，断绝南北漕运，将北京置于死地[③]。时任英军入侵舰队翻译官的马礼逊就曾说道："燕京漕运，以江宁（今南京）为咽喉，今但盘踞江面，阻绝南北，即可要挟，所求当无不如志"[④]。

虽吴淞、镇江等地的爱国将士、当地民众拼死抵抗，但也未能抵挡英军沿长江一路西进的步伐。1842 年 8 月 9 日，英舰队集结于南京下关一带江面[⑤]。集结期间，英军炮舰直逼下关江岸，扬言要攻占南京城，逼迫清政府立即接受英方提出的所有条件。

在英军的炮口下，南京人民自发奋起抵抗，但怯懦无能的清政府主和派官军却加以制止，清政府仓促之下答应了英方条件，以求休战。1842 年 8 月 29 日 11 时，清政府官员再次登上停泊于下关江边的"康华丽"号，与英国侵略者签订了中国近代史上第一个不平等条约——中英《南京条约》，从此中国沦为半殖民地半封建社会。下关，曾见证过中国古代最辉煌之航海时代，如今作为中国近代史起点之象征[⑥]，再次浓墨重彩地登上历史舞台。

二、南京下关商埠设立的背景

清政府被迫与英军签下不平等条约后，东南沿海口岸陆续开放通商。为获得更广阔的市场，长江流域城市港口成为资本主义列强的下一个目标。南京作为江南区域的政治经济中心，是重要的通商节点。1858 年第二次鸦片战争中所签订的《天津条约》，就将南京（时称江宁）列为通商口岸。但直到 1899 年，南京下关才正式开埠，开埠受到了多种因素影响，过程相对漫长。

① 《南京港史》编写委员会 . 南京港史 [M]. 北京：人民交通出版社，1989：90.
② 《维多利亚女王书牍》所载爱伦伯利子爵《上女王书》，转引自：闻始 . 鸦片战争史话 [M]. 杭州：浙江人民出版社，1990：63.
③ Morse H B. 中华帝国对外关系史：第一卷 [M]. 张汇文，姚曾廙，等译 . 上海：上海书店出版社，2000：331；转引自：闻始 . 鸦片战争史话 [M]. 杭州：浙江人民出版社，1990：63.
④ （清）梁廷枏 . 夷氛闻记 [M]. 北京：中华书局，1959：117.
⑤ （英）利洛：《英军在华作战末期记事——扬子江战役及南京条约》，转引自：《南京港史》编写委员会 . 南京港史 [M]. 北京：人民交通出版社，1989：87.
⑥ 会 . 下关区志 [M]. 北京：方志出版社，2005：45.

（一）租界的形成与外国资本主义势力向长江流域的延伸

中国的国门第一次打开时，资本主义势力主要集中在以"通商五口"（广州、福州、厦门、宁波、上海）为中心的东南部沿海地带。通商口岸开放后，大量外国商民涌入，外国列强开始寻求其在华租用土地、建设租赁房屋的权利。1845年11月发布的《上海租地章程》开辟了外国列强"永租"中国土地的先河，租界逐渐成为外国商民集中居住之地，并一步步发展成为"拥有独立的市政机构及警察武装，在行政体系方面近似西方自治城市，完全摆脱中国政府行政管理，而由外人实行属地管理的'国中之国'" [①]。

在1856年开始的第二次鸦片战争中，清政府被迫与英、法、美、俄四国签订《天津条约》，后又被迫签订《中英北京条约》《中法北京条约》作为《天津条约》的补充条款。1858年《中英天津条约》的签订，使牛庄、登州、台南、淡水、潮州、琼州、汉口、九江、南京、镇江被辟为通商口岸，由此资本主义列强势力开始沿长江向中国内陆地区扩张。南京位于长江中下游，是内河航运的重要节点，因此被列入通商口岸。1860年左右，列强商船进入长江航线。1861年3月颁布的《长江各口通商暂订章程》使得长江开始正式对外开放，大批洋商轮船参与长江汉口之下流域的航运业务中，大小船只往来如梭，运输贸易量极大，长江也成为列强在华商品输出的运输大动脉 [②]。

（二）太平天国运动及定都"天京"

南京历史悠久，被称为"千年古城，十朝京畿" [③]，南京也因一次次战乱而备受摧残。1851年，太平天国运动爆发。1853年，太平军攻占南京（时称江宁），并改名天京，定都于此，改龙江关为天海关。从1853年定都至1864年天京失守的11年时间里，南京城人口大幅减少，由90万人减至3万人。经济方面，太平天国定都初期，根据"天下人人不受私""天下大家处处平匀" [④] 的思想，颁布《待百姓条例》，废除商业，推行圣库制度。军民被分配到不同衙署劳作，食物供给等生活用度则由圣库统一分配，南京成为"没有商业，看不到店铺，也看不到任何商货出卖" [⑤] 的城市。城市方面，由于太平天国运动独尊上帝，因此大肆毁灭神像、拆除、焚毁寺庙建筑；同时，太平天国众天王在天京大兴土木，修建占地巨大的府邸，对原有城市造成了极大破坏 [⑥]。太平天国后期，天京被清军围困，粮食供应紧张，加之太平天国内部政变，吏治腐败，管理混乱，百姓趁机逃难，南京城人口再次剧减，天京城内一片破败。

（三）开埠前下关与南京主城之关系

清末及民国时期的下关，是指南京主城外西北方向，三汊河至上元门地区长江沿岸地带。从下关水路进城有两条路线：一是沿惠民河 [⑦] 南下，经三汊河、定淮门、石城桥，由水西门入城；

① 费成康.中国租界史 [M].上海：上海社会科学院出版社，1991：37.
② 朱杰.试论晚清列强对长江内河航运权的侵夺及影响 [D].合肥：安徽大学，2015.
③ 十朝京畿指东吴、东晋、宋、齐、梁、陈、南唐、明初、太平天国、中华民国。
④ 罗尔纲.太平天国史 [M].北京：中华书局，1992：753.
⑤ 宋士云.太平天国商业政策述评 [J].聊城师范学院学报（哲学社会科学版），1996(2)：69-72.
⑥ 刘江.太平天国统治下的南京(1853—1864)——以社会经济为主的考察 [J].社会科学辑刊，2009（5）：136-142.
⑦ 南京市下关区地方志编纂委员会.下关区志 [M].北京：方志出版社，2005：81.

另一条水道是金川河，从长江入金川河，经宝塔桥、运粮河，由西水关入城。下关东侧背靠狮子山，洪武初年（1368年），明朝扩建城池，延狮子山山麓修建城墙，将狮子山纳入城中。[1] 在狮子山西南和东南麓设有仪凤门和小东门（钟阜门），此两门也是从下关入城之主要陆路通道上的必经之城门。

下关（古称龙湾、龙江）在宋元时期就已发展成为关口及驿传水站，到了明代，设有龙江关，往来"舟楫辐辏于此，成为水路要津"[2]。"下关"（龙江关）与"上关"（上新河关）分别成为城外两处十分热闹繁荣的港口，龙江一带还曾设街市，大量造船业聚集于此。在古代，水运是最为重要的货物运输方式，"上、下关"[3] 两处的入江水道，是南京城与外界沟通之必经"咽喉"要道，将南京城与全国，乃至世界联系在一起[4]。

三、南京下关商埠的形成、发展与沿革

（一）《天津条约》划定南京为通商口岸（1858年）

为进一步打开中国的市场，资本主义列强于1856年发动了第二次鸦片战争。1858年，清政府再次不敌英法联军，与英、法、美、俄四国签订了《天津条约》。通过《天津条约》，列强将势力拓展到长江中下游流域，要求开放长江沿线数个重要城市作为通商口岸，并攫取了长江航运权。《中英天津条约》第十款规定："长江一带各口，英商船只俱可通商。惟现在江上下游均有贼匪，除镇江一年后立口通商外，其余俟地方平靖……准将自汉口溯流至海各地，选择不逾三口，准为英船出进货物通商之区。"[5]《中法天津条约》则直接将南京（时称江宁）列为通商口岸："将广东之琼州、潮州，福建之台湾、淡水，山东之登州，江南之江宁六口，与通商之广东、福州、厦门、宁波、上海五口准令通市无异。其江宁俟官兵将匪徒剿灭后，大法国官员方准本国人领执照前往通商。"[6] 条约中的"匪徒"指的是太平军，在1858年条约签订之时，南京处于太平军的控制之下。

（二）太平天国运动与开埠搁置（1858—1899年）

虽然南京在1858年被列为通商口岸，但相比起汉口等同为《天津条约》中规定通商口岸相继于3年后开埠通商，南京开埠事宜被一再搁置，其主要原因是太平天国运动。太平军于1853年攻陷南京（时称江宁），改称南京为天京，控制天京期间，采取战时政策，废除商业，严格控制军民出入城。太平军拒绝承认清政府与列强所签订的各种条约，但"立埠之事，俟后定"[7]。

之后外国公使与太平军首领谈判，情形有所缓和，外国商船经太平军允许后可以过境，到南京港贸易的外国商船逐渐增多。太平天国后期，天京人口下降到3万人（太平天国前约

① 南京市下关区文化局.下关区文物志［M］.南京：南京出版社，2012：37.
② 《南京港史》编写委员会.南京港史［M］.北京：人民交通出版社，1989：57.
③ 由于上新河关和龙江关属上下游关系，时人称龙江关为下关，上新河关为上关。
④ 上新河关和龙江关是南京重要的港口，明清时期，大量货物在南京这两关通过长江运输。
⑤ 《中英天津条约》第十款，转引自：王铁崖.中外旧约章汇编（第一册）［M］.上海：上海社会科学院出版社，1991：97.
⑥ 《中法天津条约》第六款，转引自：王铁崖.中外旧约章汇编（第一册）［M］.上海：上海社会科学院出版社，1991：105.
⑦ 《东王杨秀清答复英国三十一条并质问英人五十条诰谕》，转引自：罗尔纲.太平天国文书汇编［M］.北京：中华书局，1979：300.

90 万），城市破败萧条。1864 年，清军攻陷天京，南京再次遭到毁灭性破坏。

南京一回到清军的控制之下，英、法政府立即向清政府重提通商事宜，清政府也做了相应的开埠准备。但勘察后，英、法等国发现南京破败程度远超预料，认为此时没有通商的价值，仅指定"狮子山城河之间"作为备用地，未正式设租界[1]，南京开埠就此搁置。

该时期南京长江沿线没有港口，下关沿江一带更是荒芜。1868 年，当时垄断长江航运的美商旗昌洋行在下关河西宗泰字铺租民地一块建屋，开办洋棚，办理南京的客运业务[2]。南京港没有轮船码头，需要用小木船接驳乘客，十分不便，风浪大时则更加危险[3]。因此，有官员上书要求在南京建造码头，但清政府迟迟不批准（光绪八年，1882 年）。自 1865 年列强要求南京开埠已过去近 20 年，此时的清政府已不希望南京成为通商口岸[4]，认为建造了码头，就会使列强"旧事重提"。

1877 年，李鸿章创办的轮船招商局已经买下旗昌公司，对其设于南京的洋棚进行独家经营，改设为"棚厂"[5]。虽然清政府希望通过抑制南京港建设来阻碍开埠，但 1882 年乡试士子乘小船登岸时溺亡事件，使得各界人士纷纷上书要求修建码头。在左宗棠的促使下，改"码头"为"功德船"，最终招商局出资，在下关岸边修建了一座"功德船"，即一座趸船式码头（图 15-1-3）[6]。当时南京没有设税关，南京港唯一的功德船只能用于上下客，"不得任听旅客私自起卸货物"[7]。

1889 年，南京港来往船只日益增多，列强看到招商局垄断经营，也想在南京设立码头，此时清政府已不再承认南京是通商口岸，拒绝了其请求。南京仅有的一座功德船码头已无法满足运输需要，1895 年，张之洞下令南京地方官员筹款，在下关建造一座新的趸船栈桥式码头，既可停泊官轮，也可以停泊商轮，从而拒绝各国来南京建造码头的要求[8]。这是南京港第一座官方兴建的轮船公用码头，称为接官厅码头，也称为官码头。功德船和官码头是南京开埠前下关一带的码头港口雏形。除了沿江的这两座码头，以及几栋洋棚之外，下关仍十分荒凉。

尽管下关有了码头，可在此上下客，但周遭仍荒芜破败。从下关码头入城，道路曲折难行，还要渡过惠通河（惠民河），"旅客只有在下关改乘小船，沿外秦淮河到汉西门一带上岸，再乘轿或骑驴入城"[9]。张之洞在建造官码头的同时，"又于淮口（惠民河口）造洋式活桥一道"，并修造从下关码头，经仪凤门到碑亭巷止的江宁马路——这是南京历史上第一条新式马路[10]。江宁马路最西段，连接码头与惠民桥（图 15-1-4）之间一段，就是后来下关最热闹的"大马路"街市。

---

① 《光绪三十三年通商各关华洋贸易论略·南京口》，转引自：《南京港史》编写委员会.南京港史［M］.北京：人民交通出版社，1989：91.

② 招商局档案：《丁鹤龄禀庄润生盗卖房基案》［光绪二十六年（1900 年）八月］，转引自：《南京港史》编写委员会.南京港史［M］.北京：人民交通出版社，58.

③ 同②.

④ 招商局档案：《两江总督府幕僚在陈鲁等呈文上的批语》［光绪八年（1882 年）五月］，转引自：《南京港史》编写委员会.南京港史［M］.北京：人民交通出版社，100.

⑤ 夏维中，张铁宝，王刚，等.南京通史·清代卷［M］.南京：南京出版社，2014：488.

⑥ 《南京港史》编写委员会.南京港史［M］.北京：人民交通出版社，1989：100.

⑦ 招商局档案：《江宁布政使奏批咨招商局举办功德船事》［光绪八年（1882 年）五月十六日］，转引自：《南京港史》编写委员会.南京港史［M］.北京：人民交通出版社，100.

⑧ 张之洞：《致上海黄道台电》［光绪二十一年（1895 年）十二月十六日］，张之洞.张文襄公全集［M］.台北：台湾文海出版社，1970：8.

⑨ 同⑥104；（清末民国）金陵关税务司.金陵关十年报告［M］.张伟，译.南京：南京出版社，2014：38.

⑩ 张之洞奏章《金陵设立趸船修造马路片》，转引自：沈云龙.近代中国史料丛刊［M］.台北：文海出版社，1966：2984.

图 15-1-3 晚清下关功德船码头　　　　　　图 15-1-4 晚清时期的惠民桥
图片来源：摄于下关历史博物馆　　　　　　图片来源：http://blog.sina.com.cn/nankingyufeng

　　从 1858 年南京被列为通商口岸到 1899 年正式开埠的 40 余年时间里，下关是南京与外界联系的主要码头港口，但发展缓慢。一方面是战乱使得南京"元气大伤"，人口凋零，经济瘫痪；另一方面是清政府为了抑制南京开埠，与列强拉锯，人为限制下关港口的建设。1895 年，借洋务运动的契机，下关迎来第一次较有规模的建设：加建了一座趸船式轮船码头、一条新式马路和一座洋式活桥。晚清至 1899 年间，下关一带因码头和新式马路的修建，人力车、马车、旅店、酒肆、商行等纷纷聚集于此，此时的下关已成为初具规模的近代港口。

（三）下关开埠与商埠范围划定（1899—1904 年）

　　1899 年之前，南京没有开埠，只在下关有 2 座码头，均由华商招商局垄断经营。列强见此，数次尝试在下关辟建码头都未果。1895 年清政府在中日甲午战争中战败，中国的国际地位一落千丈，列强加紧给清政府施加压力从而扩大其在华利益。继 1862 年签订的《长江通商统共章程》之后，1898 年清政府与各国修约，南京开埠之事再次上提日程[①]。同年冬，法国侵略者声称将攻取南京，高压之下的清政府企图使各国利益互相牵制，同意南京开埠[②]。1899 年 3 月，时任两江总督刘一坤在《江宁新设税关请颁监督关防折》中奏请清廷如约开埠，经总理衙门批准，定名金陵关，在下关滨江一带设关征税，并请派相关官员及税务司[③]。1899 年 4 月 1 日颁布的《修改长江通商章程》中规定："凡有约各国之商船，准在镇江、南京、芜湖、九江、汉口、沙市、宜昌、重庆等通商各口往来贸易。"

　　至此南京成为对外开放的口岸，开放程度和具体范围也成为清政府与外国列强势力斗争与拉锯的主要问题。1899 年再议南京开埠事宜时，外国列强认为应开放整个城市，但清政府希望将外国人限制于南京城外的集中区域。两江总督刘坤一在办理南京正式开埠事宜时，坚持将开放口岸的界址定在仪凤门外下关地区[④]。开埠后不久颁布的《南京口理船厅章程》规定，南京港口界限是"下游自草鞋夹江口一直抵浦口为止，上游自大胜关夹江口一直抵浦口为止"[⑤]。光绪三十年（1904 年），周馥调任两江总督后，再次明确南京下关商埠的具体范围：

①　《修改长江通商章程》附注："本章程系创议于 1898 年，订立日期未查明，暂以开办日期为议定日期。"王铁崖.中外旧约章汇编（第一册）[M].上海：上海社会科学院出版社，1991：866.
②　《申报》，上海书店，第 62 辑，光绪廿五年（1899 年）二月廿二日，《德藩抵省》.
③　沈云龙.近代中国史料丛刊 [M].台北：文海出版社，1966.
④　《南京港史》编写委员会.南京港史 [M].北京：人民交通出版社，1989：106.
⑤　孙建国.南京通商口岸开埠始末 [J].档案与建设，1999（8）：24-26.

"以惠民河以西，沿长江岸长五华里[①]，宽一华里左右地带，为外国人开设洋行、设立码头货栈之地。"南京下关商埠区的这个界址范围，一直沿用直至民国时期。

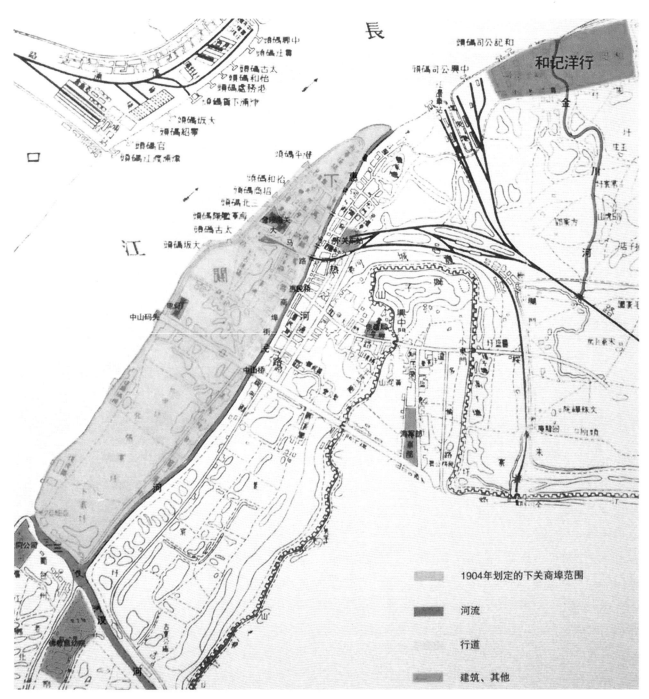

图 15-1-5 两江总督周馥 1904 年划定的下关商埠区界示意图
图片来源：摄于下关历史博物馆

    南京下关商埠与其他开放口岸所不同的是，下关商埠的管理权还是在中国手中，没有外国列强用于管理其在华租界的工部局。下关商埠的建设、土地管理、基础设施开发还是由中方主持，外国人可以在商埠区域内永租土地、建筑房屋港口、从事经营活动等。但下关港口的管理权却掌握在外国人手里，所设立的金陵关就是由英国人安格联负责，下关港口和一些

_____

① 1 华里 =0.5 千米。

配套设施的建设也受制于外国势力。1899年开埠之后，各国洋商蜂拥而至，掀起一阵港口建设的高潮：1900年，英商怡和洋行趸船码头建成投入使用；1901年，太古洋行码头建成使用；1903年大阪码头建成使用。下关港口码头迅速发展的同时，清政府也拨款在下关商埠修筑了桥梁、沟渠、道路、石岸等基础设施。尽管下关基础设施建设缓慢，但是外商早已开始在下关一带永租土地，抢占有利位置，无形中抬高了江宁口岸附近地价①。这个时期商埠的建设，基本上是出于解决港口之基本需求。1899—1904年，南京下关商埠正式开辟并划定界址（图15-1-5），这段时间是境内港口码头与基础设施的快速建设、发展期，商埠港口功能基本完备。

（四）清末与北洋政府时期的下关商埠（1904—1927年）

下关开埠后，两江总督周馥奏设下关商埠局，1907年前后，"商埠局自置督办，办理关于商埠的一切建设事宜"②。这时南京的人口、社会、经济较战乱后逐渐恢复，下关一带贸易运输逐渐繁荣，但其位于大江与惠民河之间，地势低洼，滩涂遍布，严重影响了商埠发展。1906年，为了改善下关商埠的交通状况，两江总督下令征民力，督导"疏通秦淮河（今惠民河）和三汊河，以工代赈，所挖河泥，填充低洼之处"③，一改下关洼地密布的情形。下关商埠境内环境改善的同时，交通地位也因1908年沪宁、1910年宁垣（宁省）、1912年津浦铁路的通车而得到巨大提升④。之前下关商埠只是南京的水运关口，铁路通车之后，下关一带成为水运、铁路运输重要的中转枢纽，客运量、货物吞吐量骤增，商埠港口建设加强，衰落多年的下关又开始繁荣起来了。

津浦铁路通车之后，下关一带货物转运量陡升，但"下关无巨大堆栈，以致经过之货，或附轮船，或装火车，顺流直下，运至无锡、上海一带，过门不入，虽有大利，何从染指"⑤。商埠北侧江岸已经没有余地建造新的码头和货栈，因此下关商埠局开始着手开发利用商埠南侧的空地。1915年3月，于仪凤门南侧新辟海陵门，并筑路连接城门与码头江岸，填平小南河。1920年下关商埠局制订了《南京北城区发展计划》，以加强包括下关在内的北城区与主城区的联系，同时也对下关一带的城市用地功能做了相应的规划⑥。随着下关商埠的繁荣，商埠建设也由北向南延伸。1923年，又将年久失修的木质结构的惠民桥改造成混凝土结构。这些基础工程建设，使下关商埠北侧地区环境有所改善，促进了九家圩、商埠街一带街市的形成⑦。

开埠之初的30年间，尽管全国局势动荡，辛亥革命、北伐战争时下关一带也受到大面积破坏，但总体上下关商埠发展迅速。开埠初期，外国商人纷至沓来，在商埠内永租土地，建厂经商，之后，大量中外经营的银行、商社、政府部门、旅馆、饭店如雨后春笋般在下关出现。1914—1918年第一次世界大战，欧洲列强的注意力回到本土战场，中国民族工业得以喘息发展，人民自营航运业有所转机，在下关商埠北江岸许多中华民族人民自营码头建成使用。而随着商

① 沈云龙. 近代中国史料丛刊［M］. 台北：文海出版社，1966.
② 贺云翱. 百年商埠——南京下关历史溯源［M］. 南京：江苏美术出版社，2011：63.
③ 《东方杂志》第4卷第3期（1907年5月7日刊）：《交通·各省航路汇志》，转引自：《南京港史》编写委员会. 南京港史［M］. 北京：人民交通出版社，1989：122.
④ 《南京港史》编写委员会. 南京港史［M］. 北京：人民交通出版社，1989：132.
⑤ 《南京下关宜推广商场意见书》，载于《江苏实业月志》第20期，转引自：《南京港史》编写委员会. 南京港史［M］. 北京：人民交通出版社，1989：139.
⑥ 同② 66.
⑦ 同② 139.

埠的繁荣，开发建设也由北向南延伸，南侧大马路一带已经成为南京重要的商业中心，近代化程度也领先南京老商业中心秦淮河夫子庙，这是下关商埠建设发展最快的时期，下关商埠区域建设已基本成型。

（五）国民政府奠都南京后的下关商埠（1927—1936年）

1927年国民政府再次定都南京[①]，作为首都的对外门户，下关商埠区的建设得到了进一步的推进。下关商埠局被国民政府南京市政厅接收，1928年南京市政府成立工务局，下设工务局下关办事处，负责下关商埠地区的市政建设事宜[②]。南京第一部较为完善的近代城市规划《首都计划》将下关作为港口的最佳选择。

1928年，为迎接孙中山的灵柩到紫金山，下关商埠建设了中山码头和连接中山码头与海陵门的中山路，以及横跨惠民河的中山桥，至此下关商埠与东侧主城之间有4座桥梁连接，从南到北依次为中山桥、惠民桥、铁路桥、龙江桥，将下关商埠的建设开发进一步向南拓展。

1933年，随着下关的发展，南市政府颁布《下关第一工商业区计划》："将下关中山路以南、惠民河以西、三汊河以北、长江东岸一带土地，计一千一百余亩[③]，划作为第一工商业区，并于沿江建筑码头区内填土辟路。"并对此做了详细的规划。市政府对下关沿江的驳岸和防水堤进行了再建和加固，为第一工商业区的建设做准备。

1927—1937年的10年时间，是南京近代建设的黄金时期，下关商埠的基础设施、市政配套、建筑房屋等得到了集中、有序的发展，但由于南京处于大开发中，南京市政府财政紧张，下关商埠的一些建设未达到预想效果。下关商埠在国民政府定都南京后的10年时间内，虽然发展建设的规模和速度不及上一个阶段，但各个方面的设施日趋完善，达到其建设发展的顶峰。

（六）日军占领下的下关商埠（1937—1945年）

1937年7月7日，日本发动全面侵华战争，同年9月多次空袭南京下关，12月13日占领南京城。日军进城之后，烧杀掳掠，制造了震惊中外的南京大屠杀事件，下关港区一带聚集了大批难民，也成为集体屠杀的场所[④]。由于下关港口是运输枢纽，其遭到日军破坏的程度也最为严重[⑤]，下关所有的中外码头运输业务全部停顿。1938年，下关商埠一带被划为军事用地，称为碇泊场，由碇泊场司令部实行军事管制。"上至三汊河，下至老江口，东至惠民河，西至长江"[⑥]（原下关商埠范围）的军事管制区内，原住居民全被赶走，整个区域严加戒备。除了坚固可用的房屋之外都烧毁拆除，只留下"大马路至惠民桥一段及路两旁之鲜鱼巷（至铁路桥止）、复兴街等尚完整"[⑦]，其余地带基本都浸于破砖碎瓦中。

---

① 第一次为1912年1月1日，中华民国临时政府成立，并定都南京。

② 贺云翱.百年商埠——南京下关历史溯源［M］.南京：江苏美术出版社，2011：64.

③ 1亩≈666.7平方米。

④ 蒋公穀：《陷京三月记》，转引自："南京大屠杀"史料编辑委员会，南京图书馆.侵华日军南京大屠杀史料［M］.南京：江苏古籍出版社，1985：91.

⑤ 史密斯：《南京战祸写真》，转引自："南京大屠杀"史料编辑委员会，南京图书馆.侵华日军南京大屠杀史料［M］.南京：江苏古籍出版社，1985：288.

⑥ 《南京港史》编写委员会.南京港史［M］.北京：人民交通出版社，1989：192.

⑦ 南京市通志馆.南京文献（第3号）［M］.南京：南京市通志馆，1947：6；陆泳黄：《丁丑劫后里门闻见录》，转引自：《南京港史》编写委员会.南京港史［M］.北京：人民交通出版社，1989：192.

下关一带成为向日本本土及各个战区运送物资的据点，日军修复了一些损坏的码头，新建了一批军用码头和半军用码头及大型仓库，用于储存堆放军用品。下关港的运输功能有所恢复，但都在日军控制之下。1944 年 9 月、12 月，美军飞机轰炸下关，下关一带再次遭到破坏[①]。

日军占领下的下关商埠又一次深陷战争漩涡。下关商埠一带的建筑、码头，主要毁于日军轰炸和破坏。后期由于战争需要，日军恢复了一些码头、仓库等设施，但大部分区域仍一片废墟。

（七）下关商埠之没落（1945—1949 年）

1945 年 8 月 14 日，日本政府宣告无条件投降，下关一带的汪精卫政府资产被中国方面接收，外国航运机构因中国收回内河航运权而全部停止运营。1945—1949 年期间，下关港口主要用于转运复员人员物资、遣返日侨日俘以及内战期间的军事运输。此时国内局势动荡，历经战火破坏的下关也无暇修复，港口设施勉强可运营使用。堤岸年久失修又遭战争摧残，江岸多次坍塌，下关商埠内的码头、道路、建筑及各类基础设施遭受了巨大的损坏。1949 年，国民党撤退时，又对码头、仓库等港口设施进行焚烧破坏，并多次空袭下关电厂、码头等处。至此，繁华一时的下关商埠已被破坏殆尽，满目疮痍。

新中国成立后，原下关商埠一带得到恢复性建设，然而，随着水运没落，尤其是南京长江大桥建成后，下关偏向一隅。繁华的南京"外滩"已落寞孤寂，百年老火车站已不见往来熙攘的行人，曾经时髦的商业街、精美的西式古典建筑已淹没在破败的棚户区中。

---

① 南京市下关区文化局 . 下关区文物志［M］. 南京：南京出版社，2012：37.

第二节　南京下关商埠区的规划与建设

一、下关商埠区的界址与内外联系

（一）下关商埠区之界址

下关商埠的所在地起初是南唐长江江岸西移之后形成的一面滩地，位于狮子山（时称卢龙山）西侧。明朝将惠民河与外秦淮河连通，惠民河作为外秦淮河经仪凤门外的入江支流[1]，此滩地变为夹于长江与惠民河之间。1899 年南京开放口岸通商，清政府将仪凤门外的下关定为口岸界址，1904 年两江总督周馥进一步明确划定"惠民河以西，沿长江 5 华里，宽 1 华里"地带为下关商埠。周馥所划定的商埠界址北起老江口，南北长 5 华里，南界限至三汊河处。

1906 年，两江总督端方下令疏通惠民河及三汊河，外秦淮河在下关商埠南端三汊河处直接入江，使得下关商埠区域成为四周环水的类三角形地带，西临长江，东临惠民河，南临三汊河。至此，下关商埠区之轮廓从划定的界址，演变成一个在环境与地理上有明确分界的区域，并一直沿用至民国。民国时期，虽然商埠局被裁撤，由工务局、土地局下关办事处主管建设事务，但商埠的范围和功能没有改变，外国人仅可在商埠区范围内租地建房的规定一直在沿用[2]。

从选址到明确边界，反映出清政府对于商埠口岸的态度：在不得不开放南京作为口岸的状况下，清政府希望将外国人及其势力范围集中在城外的一定区域内。因此下关之长江与惠民河之间的三角地带则成为最佳选择，其濒临长江易于建设码头，又位于主城之外，与仪凤门一河（惠民河）之隔（图 15-2-1）。

（二）商埠外部环境与内外联系

自 1906 年后，下关商埠区被长江、惠民河、三汊河 3 条水道包围：西侧沿长江岸线近2.5 千米，是南京港对外水上航运之枢纽；东侧之惠民河作为夹江，水流平稳，是众多小型船只停泊避风之所；南侧三汊河连通长江与外秦淮河，是"至南门繁盛之地（多）一捷径"[3]；浦口码头位于长江对岸。

连接下关商埠与主城区的江宁马路沿线和仪凤门外一带最早发展起来。仪凤门以北至老江口的惠民河东岸地带，自 19 世纪末起与下关商埠一同发展，形成街市；仪凤门以南地带较为荒凉，但随着商埠的建设，街市逐步向南延伸。

下关自龙江时代起就成为南京与外界水运联系要塞，晚清时南京最早的趸船码头建在下关老江口南 700 米左右的地方；1899 年开埠之后，中外码头在大马路附近及以北的长江岸线

---

[1]　南京市下关区文化局．下关区文物志［M］．南京：南京出版社，2012：81．
[2]　南京市档案馆，档案号 10010011738（00）0484：《呈国府下关商埠外人有无购置土地产业之权》［民国十七年（1928 年）］．
[3]　《光绪三十二年通商各关华洋贸易论略·南京口》，转引自：《南京港史》编写委员会．南京港史［M］．北京：人民交通出版社，1989：122．

聚集，往来运输的轮船都停靠于此，联系浦口的渡轮码头——澄平码头 ^① 也位于此。

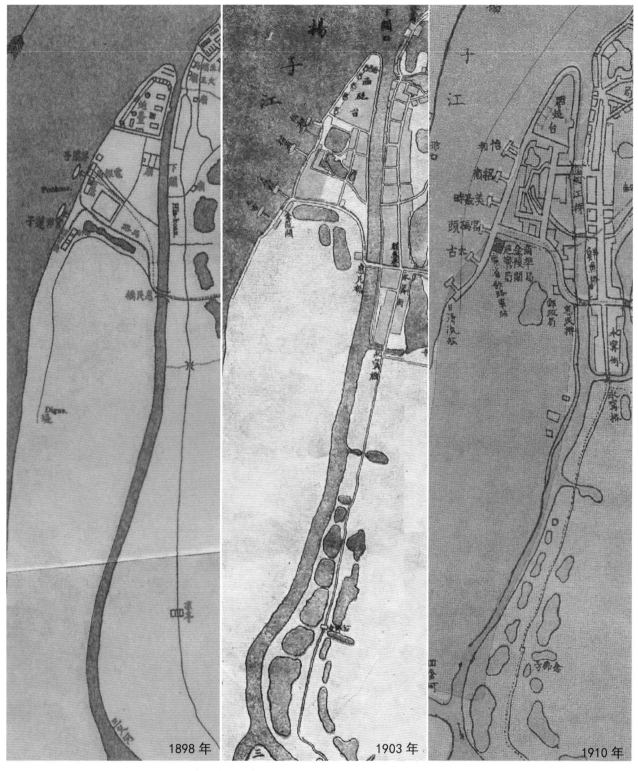

图 15-2-1 南京 1898—1910 年下关商埠南端界址变化

图片来源：1898 年《江宁府城图》（左），1903 年《陆师学堂新测金陵省城全图》（中），1910 年《南京全图》（右）

---

① 澄平码头：前身为大生码头、飞鸿码头，主营下关、浦口间渡轮业务及津浦、沪宁两铁路联运。最初，浦口渡轮码头设在浦口车站对面，在下关的渡轮码头成为大生码头，位于金陵关附近。1914 年 10 月，港务处又向下关商埠局租用西炮台江岸，将渡轮码头迁移至此新建码头处，以"飞鸿号"渡轮命名，称为飞鸿码头。1921 年，因"飞鸿"轮遇险沉没，改用"澄平号"渡轮，该码头亦改称为澄平码头。1926 年时，渡轮已达 9 艘，其中以"澄平号"最大，有 400 余总吨，可载客 1 000 余人。转引自：《南京港史》，第 150 页。

1895 年江宁马路建成，将下关商埠经惠民桥①由仪凤门与主城相连，开埠后，惠民河上又陆续建设了龙江桥②、铁路桥、中山桥③，成为下关商埠与南京城的主要陆路交通联系。下关商埠与南京城的陆路联系主要分布在商埠的南侧，其主要原因在于下关商埠的发展集中在北端，而南侧大片地区都处于未开发的状态。随着 1908 年沪宁、1910 年宁垣（宁省）、1912 年津浦铁路的通车，下关商埠成为铁路运输、水运中转枢纽：通过江口车站与下关车站相连，从商埠可经宁省铁路到达城中各站；火车渡轮码头建成之前，沪宁、津浦铁路通过江口车站及下关众码头渡轮实现货客转运。

清末至民国期间，下关商埠周边的地理环境情况基本没有改变。随着铁路的发展，以及浦口码头的兴起，下关作为南京水陆转运枢纽的地位日益重要。于此同时，外部交通的发展也影响着下关商埠内部城市形态的发展与演变，如早期商埠发展集中在大马路及其以北地带与其对岸下关车站的建设、使用有着密切的联系（图 15-2-2）。

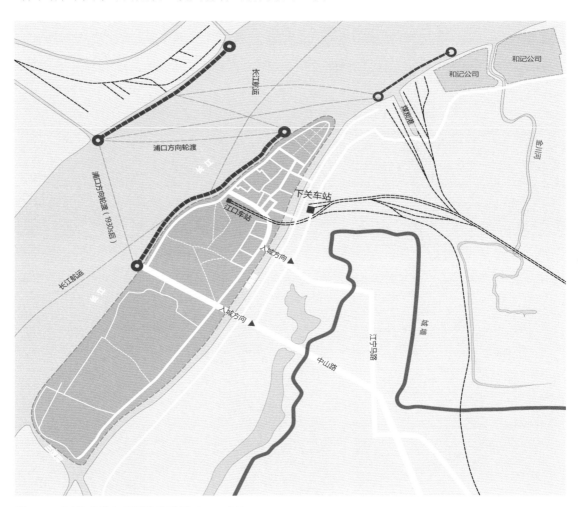

图 15-2-2 下关商埠内外环境及联系（1937 年）
图片来源：东南大学周琦建筑工作室，卢婷绘

---

① 惠民桥：位于大马路路口，仪凤门外，跨惠民河。始建于清同治七年（1868 年），初为简易便桥。光绪二十一年（1895 年），改建为洋式活桥。由下关入城者多循仪凤门大街入城，惠民桥为当时交通要道。民国九年（1920 年），由中国著名桥梁专家茅以升担任顾问，改建为南京第一座钢筋混凝土结构桥。桥为 7 孔，长 57.4 米，宽 8.85 米，桥面高程 10.56 米。结构为钢筋混凝土连续梁、钢筋混凝土柱式墩台。转引自：《百年商埠——南京下关历史溯源》，第 89 页。
② 龙江桥：位于老河口以南 450 米，跨惠民河。始建于明代，几经变迁，桥梁损坏。民国三十七年（1948 年），架设贝雷式军用便桥，用以维持交通。1991 年，该桥因城内防洪排涝工程需要改建为涵闸。转引自：《下关区志》，第 129 页。
③ 中山桥：位于挹江门外，跨惠民河。民国十八年（1929 年）5 月，为迎接孙中山先生灵柩奉安中山陵，兴建中山大道时，在复兴桥原址建造。将原木桥改建为 3 孔钢筋混凝土桥，为双臂式结构，外表做拱形，墩台 27.6 米，边孔跨径 22.7 米，桥面标高为 11.52 米。转引自：《百年商埠——南京下关历史溯源》，第 89 页。

二、商埠区域形态的演变及特征

区域整体形态的发展与演变可归纳成 4 个阶段：初始建设时期（晚清至 1898 年）、集中建设时期（1899—1911 年）、扩展建设时期（1912—1936 年）、破坏及局部恢复时期（1937—1949 年）。

（一）初始建设时期（晚清至 1899 年）

清末南京多次受到战争的摧残，下关更是荒凉破败，南京通商之事因太平天国和战乱破坏而一再搁置。清政府为了拖延开埠事宜，不让列强势力进入南京，有意识地抑制南京下关一带的建设，不允许建设码头等设施。但由于长江轮运的发展，以及洋务运动的影响，下关有了初步的建设。

1898 年《江宁府城图》[①] 中可见，此时三汊河尚未与长江连通，外秦淮河仍经惠民河（时称惠通河）入江，下关商埠大部分地势低洼，沟塘密布。仪凤门外仅有 1 条马路即 1895 年张之洞主持修建的江宁马路经惠民桥连通码头，以及数条小路；下关一带的建筑仅有北侧炮台、惠民河入江口附近的 1 座寺庙和沿江几幢"洋棚"[②]，建筑也多为一二层简陋砖瓦中式房屋；沿江先后建设 2 座码头，其余大片地带为未开发的空地和滩塘。

这个时期下关的发展非常缓慢，少许开发建设集中在北侧一隅，没有形成具有规模的城市区域，仅有一条江宁马路和数栋建筑沿江岸零散布置，其余大部分地带尚未开发。此时东西走向的大马路仅仅起到联系港口与惠民桥的作用，东段垂直于江岸，西段为了连接惠民桥，则有 90 度的转向，接近惠民桥时已几乎与惠民河平行。区域内功能较为单一，仅为用于航运上下客的码头以及军事用途的炮台。

（二）集中建设发展时期（1899—1911 年）

1899 年 5 月 1 日，南京成为正式通商港口，初始口岸界址定在仪凤门外下关地方，1904 年两江总督周馥进一步明确划定"惠民河以西，沿长江 5 华里，宽 1 华里"地带为下关商埠。由于南京下关商埠不同于其他口岸城市的租界由外国人之工部局管理，其管理建设权还在清政府手中，于是清政府在下关设商埠局管理商埠的建设事宜。开埠后的下关吸引了大量外商在此建设港口，经营长江航运业务；与此同时，仓储转运、洋货商行、旅馆、餐饮等行业也快速聚集到商埠一带。下关商埠范围内的公共设施，如道路、堤岸等，均由清政府兴建管理，中外商人则可以在下关商埠租用土地建设码头、栈房及其他各类房屋。开埠后虽然有商埠局主司下关建设事宜，但是由于晚清社会动荡及城市规划理念较为落后，下关商埠的建设不如各国之租界，且并没有全局的、系统的规划。

区域边界方面，1906 年两江总督端方下令疏通了惠民河及三汊河，外秦淮河在下关商埠南端三汊河处直接入江，从此下关商埠区域形成四周环水的类三角形地带，西临长江，东临惠民河，南临三汊河。沟渠、石岸等基础设施建设的推进，使得下关商埠区域内的环境大有

---

① 《江宁府城图》——最早的坐标地图。法国人 P.L. 盖拉蒂于清光绪二十四年（1898 年）所绘，图中注有中、法 2 种文字，有比例尺，并标明坐标北和南京城的经纬度，即北纬 32º3'41"，东经有 2 个标准，格林威治标准为 118º46'55"，巴黎标准为 116º26'41"。图上清楚地标出南京城郭、道路、山、湖、河流、建筑、官署及古迹，为了解清末南京城的基本情况及历史沿革提供了可靠的依据。此图现存于南京太平天国历史博物馆。

② 《南京港史》编写委员会. 南京港史 [M]. 北京：人民交通出版社，1989：98.

改观，大马路南侧初期仍有较大面积的水塘，为满足区域发展的需要，水塘被填，面积缩小。

港口码头从之前大马路端头的 2 座码头，向南、北江岸线发展，建成了多个洋商经营的码头，1903 年时怡和、太古码头已经建成，1910 年美最时、日清码头建成使用。随着码头的建设，清政府拨款修成沿江石岸，并建太古趸船至金陵关的沿江马路（今二号码头至五号码头）、入城马路至怡和趸船马路（今营盘街），加上金陵关码头至惠民桥马路，各个沿江码头已与入城马路联系起来，大大便利了港口交通。在铁路交通上，1908 年沪宁铁路、1910 年宁垣铁路（宁省铁路）的通车，对下关商埠的发展产生极大影响。为了转运需要，从下关站修建了 1 条铁路到大马路旁的江边，辟建江边车站（江口车站），下关商埠从此成为南京水陆交通枢纽。大马路北侧三角地带也逐渐繁荣起来，二马路将西炮台前的营盘街和大马路连通，同时这个区域的惠民河沿岸也有所发展。惠民河东岸老江口至仪凤门一带街市已发展较为成熟，这个时期内商埠区北侧修建的龙江桥和铁路桥，加强了主城与商埠区的联系。

开埠后十余年间，商埠的建设集中在大马路北侧及沿江一带，也形成了比较成熟的街市[1]，建筑都集中在沿江、二马路沿线，大马路及惠民桥北侧，惠民河西岸。由于这个时期的史料较少，根据一些晚清时期下关沿岸的老照片，可以推测这个时期的建筑体量不大，在 1~3 层，形式上因为外商的进入，开始出现中式建筑与西式建筑混杂的情况[2]。随着建设的推进，区域内功能趋于多样化，主要是码头仓储建筑、铁路交通建筑和商业街区的逐渐形成。仓储功能分布在商埠西岸长江沿线，铁路和公路在大马路西端交汇，商业街区则在大马路及二马路沿线。

下关商埠区域这个时期的建设依然呈现自发性，没有统一、整体的规划，与天津、上海等开埠较早城市中的租界区形成鲜明对比。同属对外开放区，租界建设由外国各国自行主持，多反映出当时世界各国的规划技术和理念，呈现出区域结构清晰、街区形状规则、地块易于再划分利用的特点。而下关商埠区域内路网松散，街区形状不规则，呈现"自发"聚集的区域空间状态。

（三）扩展建设时期（1912—1936 年）

1912—1918 年间，下关商埠的管理仍由商埠局主司建设，金陵关管理关税码头事宜。尽管有各种战乱的干扰，但得益于 1912 年通车的津浦铁路带来的交通条件的改善，南京口岸却在这段时间得到了稳步发展[3]。

1928 年，国民政府再次定都南京，这个时期南北统一，南京作为国民政府的首都，"一切建设都须成四周之表率"，出台了一系列南京城市规划，各个方面的建设也有了长足的发展，下关"本埠市政颇见进步"[4]。下关商埠区是清政府对外开放的港口商埠，将外国人限制在此区域内，不得进城租地建房，这个规定一直延续到了民国，外国人依然可以在下关商埠永租土地建设房屋。列强外商在南京港的权势并没有因为清政府的倒台而被削弱，这也为国民政府时期下关的管理建设遗留下了大量隐患。奠都南京后，下关商埠一带成为首都之门户，南京政府也更多地参与到港口商埠的建设和管理中来[5]。

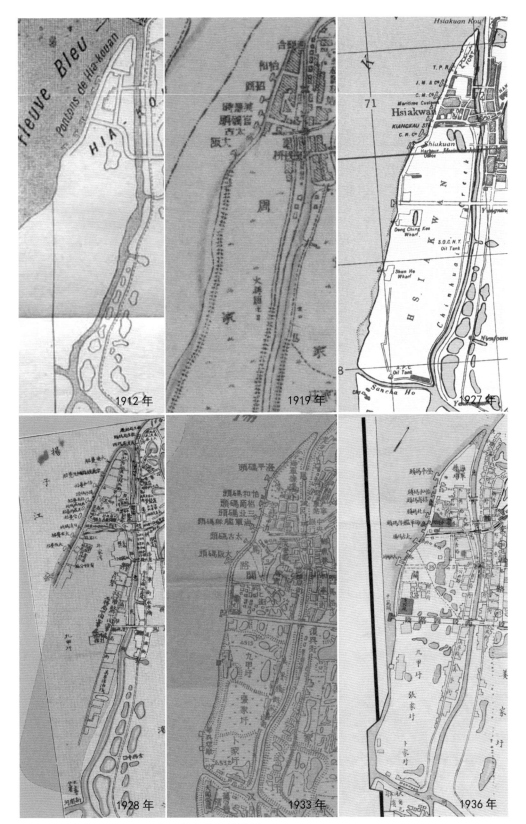

图 15-2-3 南京 1912—1936 年下关商埠部分地图

图片来源：1.1912 年地图：原图来自得克萨斯大学图书馆网站，http://www.lib.utexas.edu/maps/historical/nankin_1912.jpg

2.1919 年地图：网络 http://blog.sina.com.cn/s/blog_406290f50102w6dg.html

3.1927 年地图：原图来自得克萨斯大学图书馆网站，http://www.lib.utexas.edu/maps/ams/china_city_plans/txu-oclc-6566120.jpg

4.1928 年《最新首都城市全图》，来自《老地图·南京旧影》

5.1933 年《新南京城市详图》：来自《老地图·南京旧影》

6.1936 年《南京市定测新图》：周琦工作室，许碧宇师兄供图，原始出处不详

1912—1936 年间，下关商埠的界址范围仍为"惠民河与长江之间，东至石营盘（西炮台），南至新开河（三汊河）"[①]。四面环水，沿长江、惠民河有 5 华里[②]之沿线，商埠区地势较为低洼，随着商埠的建设，大马路以南的水塘都被填平，但大马路南侧大片地带仍是沟塘密布。

至 1912 年，下关开埠已 10 余年，但划定的商埠范围内，仅开发了大马路以北地带，"所成熟之街市，不过占其五分之一，其他地段所以不能发达者，交通隔阂，地势低洼为之也"[③]。因沪宁、宁省铁路车站，津浦铁路[④]中转渡轮及江轮码头汇聚，带动了大马路一带及北侧的繁荣发展。津浦铁路的通车，使得南京港转运量大幅增加，原有的码头设施已经不能满足运输需要，急需延伸岸线，建筑新的码头。于是在下关商埠局的主持下，开始向南开拓建设，开辟新街市。1914 年，在仪凤门南大约 600 米处新开海陵门，填平小南河（今热河路一带），使得惠民河两岸街市向南延伸，1923 年又将年久失修的木质惠民桥改造成钢筋混凝土结构[⑤]。

民国时期下关商埠的发展与建设进一步科学化，主管部门对其建设出台过数部规划。1920 年下关商埠区制订《南京北城区发展计划》[⑥]以加强下关与城区之联系，其中"干路计划"规划在下关沿江辟城市主干道滨江大道，另辟一条南北向的城北主干道将北城区、下关与主城区相连；"区域分配计划"，则将下关商埠划为码头区，商埠以南三汊河地带则为配套居住区。

1928 年南京国民政府设立国都设计技术专员办事处，对首都进行整体的规划。1929 年公布的《首都计划》将下关商埠一带作为南京"繁盛之商港"，在"港口"[⑦]篇中，计划填平下关低洼之处，以作建筑仓库、货场、停车场之用，改善港区交通，建立交桥，修筑马路，等等[⑧]。将商埠长江沿线设计建造成缩进式码头，惠民河南、北两端建造港池，并利用惠民河河道改造成下沉式铁路，用于港口运输。除了商业与码头功能之外，与之前的《南京北城区发展计划》一致，商埠以南地带作为预留港口职工之居住区，并建议"所有码头货栈之建筑，其南京方面者，应由政府回收自办，设立机关，以管理一切关于港口之事务，并以各地出租，而资以为利"[⑨]。

暨《首都计划》之后，南京市政府在 1931 年对下关再次进行进一步规划开发，这次规划开发主要集中在中山路以南。1931 年《开辟下关第一商业区案》中，将"拟划中山路以南、惠民河以西、三汊河以北、长江东岸一带土地计一千一百余亩作为第一工商业区沿江建筑码头。区内填圩成地，复于其中开辟马路以利交通，唯改良计划关系全区，应即一律征收以便统筹办理，此项计划业经首都建设委员会通过兹拟依土地征收法征收"[⑩]。

从《南京北城区发展计划》《首都计划》再到《下关第一工商业区计划》，商埠局、国

① 《南京港史》编写委员会.南京港史［M］.北京：人民交通出版社，1989：139.

② 周馥划定之下关边界，南北 5 华里，东西 1 华里。

③ 同①.

④ 津浦铁路：津浦铁路（Tientsin-PukowRailway），始建津浦铁路全长 1009 千米。北段自京奉铁路天津总站以南两路接轨处起，至山东韩庄，长 626 千米；南段自韩庄至南京浦口的浦口火车站，长 383 千米。2 段分别于 1908 年 7 月和 1909 年 1 月开工，1911 年 9 月接轨。于 1912 年（民国元年）全线筑成通车，是中国南北的要冲，一条重要的南北干线。

⑤ （清末民国）金陵关税务司.金陵关十年报告［M］.南京：南京出版社，2014：129.

⑥ 贺云翱.百年商埠—南京下关历史溯源［M］.南京：江苏美术出版社，2011：66.《南京北城区发展计划》是南京第一部近代意义上的城市规划，主要是加强下关与城区的联系，以加快开发、建设包括下关地区在内的北城区。内容分为"区域分配计划"和"干路计划"2 个部分。"区域分配计划"对城市用地按功能大体划分为 8 个区：住宅区、商业区、工业区、码头区、铁路站场、公园公墓区、要塞区和混合区。这些功能分区在已有的基础上做了适当调整。"干路计划"把道路按宽度分为 5 个等级：120 尺（1 尺约 33.3 厘米）、100 尺、60 尺、45 尺。主干道 2 条：1 条为南北向作为北城区的主干道，1 条为滨江大道。

⑦ 《首都计划》"港口"篇，对下关港口规划做了详尽的描述。

⑧ 陆为震.中国商港建设之现在及将来［J］四海半月刊.1931（民国二十年），2（8）：75-77.

⑨ 同⑥.

⑩ 南京市档案馆，档案号 10010030160（00）0007；《开辟下关第一商业区案》（详见本书第四章）.

民政府南京特别市政府数次规划建设下关商埠港口，并尝试开发拓展商埠南部地带。尽管规划方案一次比一次精进，可实施性也越来越强，但其实施情况却不尽如人意，总体上没有改变下关商埠的区域形态。但在这些规划的影响下，1912—1936 年期间，一些市政设施的建设对区域发展及形态有重要影响，其中包括：中山路中山桥的建设，江边马路的建成通车，商埠局街南向沿长线美孚栈街和宝善街的建成，以及为开辟下关第一工商业区做准备的堤埂建设。

1928 年为了迎接孙中山灵柩，动工兴建由下关经挹江门至紫金山的迎陵大道，并建筑中山码头及横跨惠民河的中山桥，1929 年 5 月建成通车 [①]。中山大道的建成通车，使得下关商埠中部、南部地区逐渐发展起来，惠民河西岸商埠局街街市也向南延伸，形成美孚栈街、宝善街等街市。至此，下关商埠区东侧已建成 4 座桥梁与城区联系。而商埠区西侧长江沿岸，仅大马路附近及北侧至西炮台段码头云集，1928 年时，已有大小码头 11 座，1929 年中山码头建成，但大马路与中山码头之间是一片空地，行人稀少，只有土路可通行。随着码头的发展，原有的江边马路已经不适用，于是在 1933 年，下关江边马路开始施工，1934 年竣工通车，由澄平码头通至中山码头，在大阪码头江边突出处还建有江边小公园一座 [②]。

1933 年公布的《下关第一工商业区计划》中，南京市政府计划将商埠区中山路以南近 1 100余亩地区一并征收统一建设。但时逢"九·一八事变"，由于时局动荡、财政紧张等原因，下关第一工商业区的建设计划被搁置，征地事宜也停滞下来。后下关第一工商业区的建设再一次被提上日程，工务局开始着手将区内地坪填高，周围建筑堤埂，防水堤"挹江门外中山码头起，沿扬子江三汊河及惠民河岸至中山桥止，总长 3 259 尺" [③]。防水堤工程于 1936 年 6月竣工。防水堤建筑完成后，下关商埠中山路以南环境大为改观，为进一步开发建设做好了准备。但不幸的是 1937 年日军发动全面侵华战争，并于同年 9 月占领南京，接踵而至的战乱再次将下关商埠一带破坏殆尽。

1912—1936 年间的下关商埠区经历了扩展开发，此前商埠主要的建设与开发都集中在大马路北侧，并形成了大马路、二马路、三马路及沿长江码头一带繁荣的街区。1912 年之后，下关商埠局开始有意识地开发商埠南部地带，海陵门的开辟使得惠民河两岸街市向南延伸，形成商埠局街南北向线状街区。1929 年位于商埠南北中轴的中山路建成通车，中山路经中山桥、挹江门将中山码头与主城区连接。这条新式马路的建成，突破性地拓展了下关商埠的空间形态，打破了原先集中于北部一隅的格局。

中山码头建成后，沿江马路也向南延伸至商埠中部，江边马路、中山路、石营盘街、商埠街围合出下关商埠区域的外轮廓，大马路北侧区域内部街区较之前更为细化，石营盘街南侧的水塘被完全填平，此处新形成的街区建筑凌乱，以棚户为主，没有清晰的肌理。二马路东侧新建南北向三马路，再次分割了东侧街区。大马路东段南侧片区天字号街区建成，而西侧靠码头一带地势低洼，还是处于荒芜状态。长江沿岸街市仍然集中在大马路附近及北端，虽然中山码头建成，但大马路到中山码头一段仍未形成街区，中山码头以北仅有电厂、煤炭厂零星数栋建筑。相比之下，惠民河东岸则发展迅速，街区呈线性一直延续到三汊河，南北向贯穿整个商埠。

这个时期商埠区中的建筑体量较小，2~3 层为主，且都沿街道紧密布置，呈现出大马路附近及以北紧凑的面状街区和商埠局街至宝善街的线性街区。这些街区的形成，都是依托于

① 贺云翱.百年商埠—南京下关历史溯源［M］.南京：江苏美术出版社，2011：85.
② 《江边马路开始通车》《江边码头市政府饬各轮局改善》，载《中央日报》民国二十三年（1934 年）2 月 28 日第 2 张第 3 版，转引自：《南京港史》编写委员会.南京港史［M］.北京：人民交通出版社，1989：165.
③ 南京市档案馆，档案号 10010011235（00）0002；《南京市工务局北河口至上新河防水堤建筑工程计划书》［民国二十二年（1933年）8 月 10 日］。

交通优势，大马路一带是依托于沿江码头和江宁马路，而商埠局街至宝善街的线性街区则主要依托惠民河，沿河货栈云集。较之1912年前，下关商埠区的开发已向南部拓展，且区域功能更加丰富，水陆交通、商业、办公、居住、工业等混合。

下关商埠区域的形成过程呈现出生长的趋势，且时间跨度长，所形成的区域形态与1912—1936年的2次重要区域规划相去甚远。其中原因，一方面是时局动荡，开发计划宏大但不符合当时的国情，且南京市政府的财政能力有限，无法支持下关商埠整体大规模的开发；另一方面是下关商埠本身土地使用开发混乱且阻力重重，开埠伊始外商就以永租骗租等手段大量增持在下关一带的土地，且金陵关一直由外国人管理，南京港口码头的建设管理方面，南京政府也处处受到掣肘。因此，下关商埠区一带，虽是金陵之门户，也是民国时期南京政府重视的工商业区，但其发展却呈现出极其不平衡、自发无序的状态，所形成的区域形态则呈现出结构松散、道路系统不完整、街区形态不规则等特点。（图15-2-3）

（四）破坏及局部恢复时期（1937—1949年）

1937年7月7日，日本发动全面侵华战争，同年9月多次空袭南京下关，12月13日占领南京城，并在南京烧杀抢掠，给南京带来灾难性破坏，这其中"损失最为严重的是下关，那里主要是作为运输、仓库和制造业中心被破坏了"[1]。下关境内的码头、仓库、工厂、民房遭到日军大量摧毁，损失达11 700万法币，占全城损失总数的47%[2]。下关商埠内除个别坚固可使用的建筑被留下，"江边、大马路、二马路、商埠局街等处房屋均被敌寇中岛部队及小关兵站焚烧拆毁，所有拆毁房屋之材料及地皮，概经敌寇建筑仓库，改筑临时马路之用"。下关商埠"化为一片瓦砾之场"，区域形态已无从谈起，仅剩下断壁残垣和破败零落的街道。1938年，下关商埠一带被划为军事用地，称为碇泊场，由碇泊场司令部实行军事管制，驱逐所有居民，整个区域严加戒备。抗日战争后期，由于转运物资的需要，日军对下关商埠一带码头、仓库进行了一些修复和建设。在中山码头以南新建了3座浮码头，码头前铺有直通下关车站的铁路。日据时期，商埠境内军用和半军用码头共有16座，为配合转运，日军还在江边建设了大量大型仓库，新辟大片储货场等。在仓库和大马路间，日军还建设了一些临时道路，以加强区域交通联系。

1937—1948年间地图显示，下关一带肌理仍沿用20世纪30年代之老地图，没有对实施情况进行更新。对比1949年与1929年的商埠航拍图可以看出，与原商埠内的建筑相比，这个时期日军建设的均为大体量工业仓储类建筑，除了上述提到的沿江码头和仓库，大马路以北，原二马路、三马路、石营盘街一带的房屋完全被摧毁，并新建了数栋大型仓库，这些仓库作为日军战时粮食、衣服的储藏地[3]。大马路沿线仅零落几栋房屋，其北侧原紧凑、整齐的街区荡然无存，惠民桥附近的天保里一带肌理尚存，再往北商埠局街、美孚栈街、宝善街保存下来的建筑也极少。（图15-2-4）

抗战结束后，国民政府收回内河航运权，南京不再是对外通商口岸，这个时期的下关商埠主要是转运战俘、各类物资的港口。解放战争爆发后，下关商埠境内建设活动极少。国民党撤退时，对下关境内的工业建筑、码头设施等进行了破坏，商埠区域形态十分凌乱。

---

① 史密斯《南京战祸写真》，转引自：南京图书馆.侵华日军南京大屠杀史料［M］.南京：江苏古籍出版社，1985：288.
② 同①.
③ 《南京港史》编写委员会.南京港史［M］.北京：人民交通出版社，1989：192.

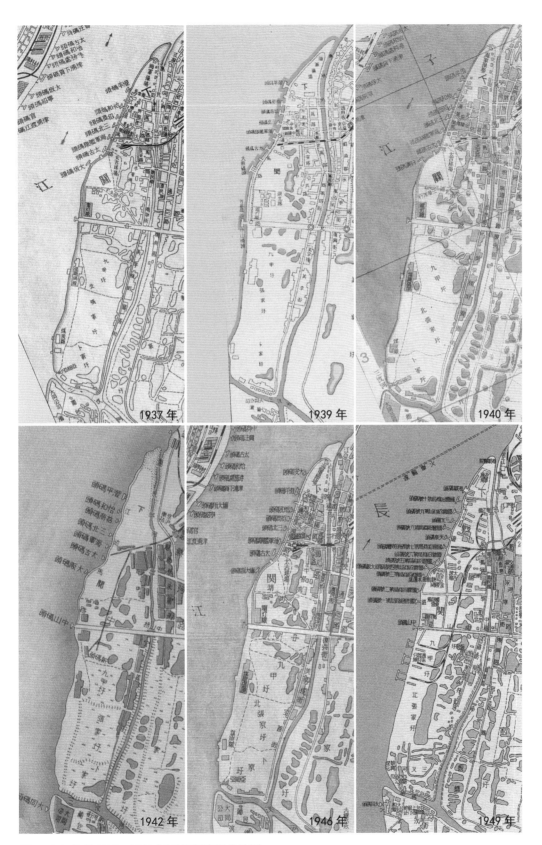

图 15-2-4 南京 1937—1949 年下关商埠部分地图

图片来源：1.1937 年《新南京地图》：来自《老地图·南京旧影》；

2.1939 年《最近新测新南京市详图》：周琦工作室，许碧宇师兄供图，原始出处不详；

3.1940 年《最新南京市街详图》：来自《老地图·南京旧影》；

4.1942 年《南京市市街图》：http://blog.sina.com.cn/s/blog_406290f50102w6wk.html；

5.1946 年《南京全图》：来自《老地图·南京旧影》；

6.1949 年《南京市街道详图》：来自《老地图·南京旧影》

下关商埠区内被敌寇拆毁房屋数目调查统计表 　　　　　表 15-2-1

地名	房屋间数	房屋种类	地名	房屋间数	房屋种类
商埠街	200 间	楼房	北安里	80 间	楼房
大马路	2000 间	楼房	升顺里	50 间	楼房
二马路	2000 间	楼房	升和里	60 间	楼房
三马路	500 间	楼房	天保路	40 间	楼房
龙江路	500 间	楼房	天赐里	20 间	楼房
石营盘街	300 间	楼房	天安里	30 间	楼房
华昌里	200 间	楼房	天保里	10 间	楼房
海军医院	30 间	楼房	天光里	20 间	楼房
沿江一带	5000 间	楼房	公共路	300 间	草房

资料来源：侵华日军南京大屠杀纪念馆档案资料

　　下关商埠的发展得益于其独特的地理优势，而在中国最为动荡的 50 年间，下关商埠又因为其交通枢纽地位而频频遭到战争的破坏。经过对下关商埠 4 个时期区域形态演变的梳理，不难发现在日军占领南京之前，即 20 世纪 30 年代，是下关商埠最为繁荣的时期，也是区域形态形成发展的顶峰，当时下关商埠呈现出近代商埠的主要特点：紧凑的商业街区、混合的区域功能、中西合璧的建筑风格等等。

三、区域路网及街道形态

（一）路网形态

　　从 1894 年第一条江宁马路建成到 1937 年日军占领南京之前的 40 余年时间里，下关商埠区内的交通路网逐步发展、扩张，到 20 世纪 20 年代时，境内"道路经修理后路况良好，许多道路得到了拓宽"[①]，整体结构已形成。下关商埠的建设、发展是由北向南扩展的，道路作为城市区域发展的先导，亦是如此。随着商埠的发展，区内的路网结构也从简到繁，从疏松到紧凑，从单一层级到多层级。（图 15-2-5）

　　20 世纪 30 年代下关商埠鼎盛时期，整个区域呈南北向条状，区内的道路基本上都是呈南北或东西向。由于商埠西侧为长江，东侧为南京城，作为主要港口区，2 条城市公路主干道（江宁马路、中山路）东西向贯穿商埠，成为境内主要的公路交通线，另还有 1 条东西向铁路联系商埠码头与东侧的下关车站。除了 2 条主干道外，其余的东西向道路多是小支路。南北向道路则起到联系区内各个部分的作用，最主要的 3 条南北向道路分别为：联系沿长江各个港口的江边马路，联系龙江桥、海军操场与主干道大马路的二马路，沿惠民河联系下关商埠南北区域的商埠街至宝善街道路。（图 15-2-6）

　　不同于其他口岸城市的租界所呈现出的网格状路网，下关商埠区内路网形态呈现出一种"生长"的过程，即政府建设了一条马路之后，逐渐形成街市，主道路周围街市扩张，再修建支路，街市再沿支路发展，最终形成较为密集的片状街区。到二十世纪二三十年代，南京特别市政府曾经对下关商埠区内的道路进行规划，主要是针对中山路南下关第一工商业区的道路规划，但因为资金、时局等各种原因都未能实施。

　　"生长"式路网形态大多路网密度较大，形态有机，但由于没有全盘规划，往往会具有以下几个弊端：一是区域通达性较差，道路没有连成系统；二是区域发展不平衡，成熟街市

[①]　（清末民国）金陵关税务司. 金陵关十年报告 [M]. 南京：南京出版社，2014：104.

过于拥挤的同时，周边几十米处可能就是完全未开发的荒地；三是形成的街区形状不规则，造成地块不便于利用，且道路曲折无法适应交通的发展，容易造成拥堵。

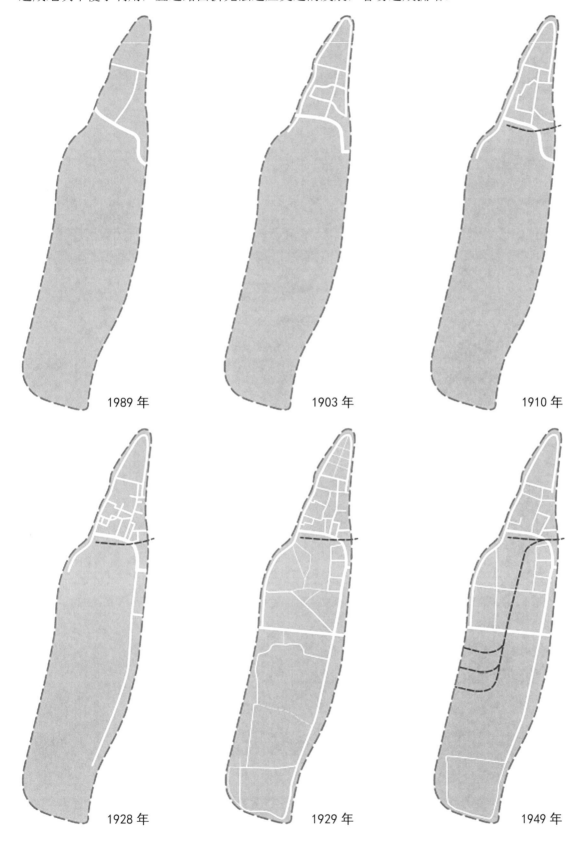

1989 年　　　　　　1903 年　　　　　　1910 年

1928 年　　　　　　1929 年　　　　　　1949 年

图 15-2-5 下关商埠区路网演变分析图

图片来源：东南大学周琦建筑工作室，卢婷绘

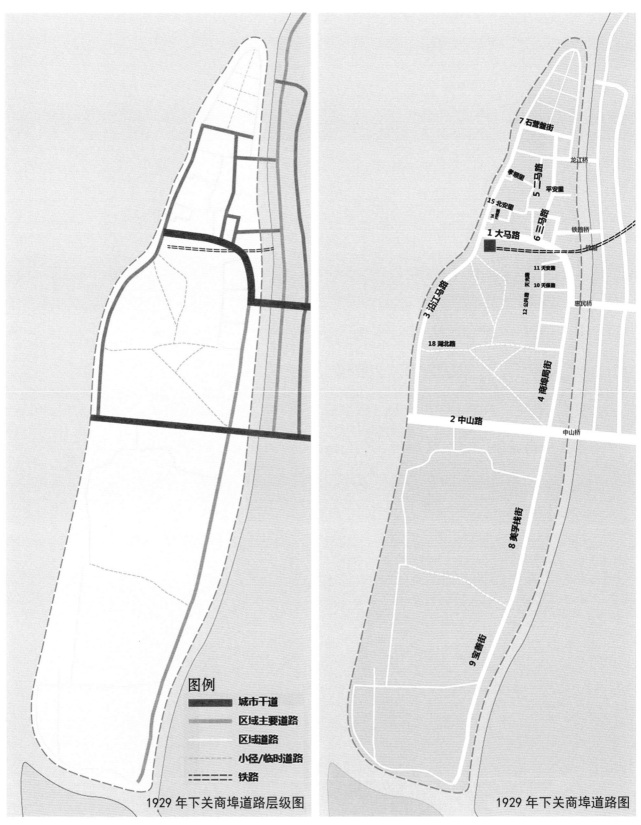

图例

━━━ 城市干道

━━━ 区域主要道路

───── 区域道路

------- 小径/临时道路

═════ 铁路

1929 年下关商埠道路层级图

1929 年下关商埠道路图

图 15-2-6 1929 年下关商埠区道路图

图片来源：东南大学周琦建筑工作室，卢婷绘

（二）道路层级

20世纪30年代，下关商埠区内道路大致可以分成4级：城市级主干道、区域主要街道、小支路、巷道/小径。4级道路的分布，表明了区域的发展情况。2条城市主干道分布在北侧及中部，区域级主要街道集和小支路、巷道都集中在北侧大马路一带，而大马路与中山路即中山路以北，除商埠东西沿江岸的2条街道外，均是稀疏的土路与小径。（表15-2-2）

（三）区域内重要道路

从晚清到民国，下关商埠区内道路系统逐步形成，其中的街道修建于不同时期，具有不同的功能等级，呈现出独特的近代街道特点。

1. 大马路

大马路始建于清光绪二十一年（1895年），在原下关进城石路的基础上改造而成的"现代化碎石大道"，为两江总督张之洞下令修建的南京第一条近代马路——江宁马路的最西段。西起官码头，东沿惠民河向南至惠民桥，南接商埠街，全长484.5米，路幅宽20~30英尺（6~9米）。江宁马路参照上海租界的马路技术结构标准建筑，用砖石铺设，石料主要由绿营兵采自紫金山[1]，初建时道路两旁种植柳树，并在"十字路口及各处都可以见到一两盏零星的路灯"[2]。光绪三十三年（1907年）拓宽大马路至11米，人力车、马车可畅行其间[3]。（图15-2-7）

20世纪30年代下关商埠境内主要道路 　　　　　　表15-2-2

道路级别	道路名称	起讫地点（下关商埠内）	长度（米）	宽度（米）	路面结构	始建年份	改建年份
城市干道	大马路	江边路—商埠局街	484.5	11	沥青砼	1894	1907
城市干道	中山路	中山码头—中山桥	575	40	沥青砼	1928	1935
区域主要街道	江边马路	中山码头—西炮台	1 054.7（1 249.5）	30	沥青、泥结碎石	1874	1933
区域主要街道	商埠街	中山路—惠民桥	558.5(500.2)	12.2	沥青砼	1910s	不详
区域主要街道	二马路	石营盘街—大马路	391(351.5)	8	不详	1906	不详
区域主要街道	三马路	铁路桥—大马路	103.5(71.6)	6	不详	1915	不详
区域主要街道	石营盘街	江边路—二马路	134(198.5)	4.8	不详	1910s	不详
区域主要街道	美孚栈街	中山路—宝善街	487.3	7.5	不详	不详	不详
区域主要街道	宝善街	美孚栈街—石梁柱大埂	343.6	7.5	沥青砼	1920s	不详
区域街道	天保路	天安路—大马路	104.2	7	不详	1916	不详
区域街道	天安路	天保路—大马路	80.5	7	不详	不详	不详
区域道路	天光路	天保路—天安路	102.7	7.2	不详	不详	不详
区域街道	公共路	江边路—商埠局街	251.9	5	不详	不详	不详
区域街道	开和里	北安里—怡和塘	159.8	5	不详	不详	不详
区域街道	北安里	开和里—江边路	219.7	4	不详	不详	不详
巷道	天光里	天安路西侧	不详	1.6~6	不详	1901	不详
巷道	天祥里	天安路东侧，天保里北侧	不详	1.2	不详	1901	不详
小径	湖北街	中山路—江边路	不详	不详	不详	不详	不详

注：表中数据为作者根据《下关区志》《百年商埠——南京下关历史溯源》《南京通史》汇总，括号为资料中存冲突的。

---

① 夏维中，张铁宝，王刚，等. 南京通史·清代卷［M］. 南京：南京出版社，2014：449.
② （清末民国）金陵关税务司. 金陵关十年报告［M］. 南京：南京出版社，2014：29.
③ 贺云翱. 百年商埠—南京下关历史溯源［M］. 南京：江苏美术出版社，2011：85.

大马路建成之后"商民逐渐起盖，房屋夹道，店肆林立"，中外商人纷纷沿街设店，逐渐发展成南京城北最热闹的街市。沿线集中了银行、金陵关、邮政局、教堂、中外百货商铺等，中西式建筑云集，呈现出独特的商埠风貌。大马路是南京第一条近代道路，在道路形式上也与传统土路不同，人车行分区，两侧人行道宽约1.5米，中间为单幅沥青路面，人力车、汽车同行。（图15-2-8、图15-2-9）

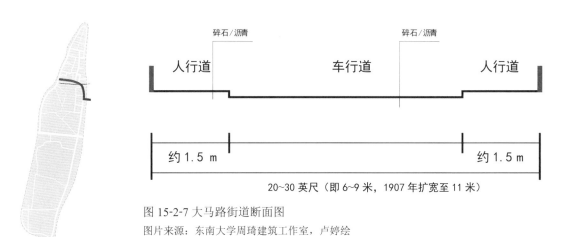

图 15-2-7 大马路街道断面图

图片来源：东南大学周琦建筑工作室，卢婷绘

图 15-2-8 20 世纪 30 年代大马路街景

图片来源：贺云翱 . 百年商埠——南京下关历史溯源 [M]. 南京：江苏美术出版社，2011：126.

图 15-2-9 清末仪凤门处的江宁马路

图片来源：叶兆言，卢洲鸣，韩文宁 . 老照片：南京旧影 [M]. 南京：南京出版社，2012：93.

2. 江边马路

江边马路北起海军操场西炮台，南至中山码头，全长 1 290 米，单幅路。始建于清同治十三年（1874 年），两江总督调用清兵修筑此路，宽约 7 米①。清末时的沿江马路仅太古码头至石营盘街一段，中山码头建成后，重修江边马路迫在眉睫，1933 年南京特别市政府将江边马路延长至中山码头，并全线拓宽至 30 米，快车道路面为沥青表面层，慢车道为弹石面层。（图 15-2-10）

江边马路建筑于江堤顶，道路一侧是石岸码头，另一侧则是沿江建设的栈房、商铺、酒楼、旅社等。江堤石岸在清末时期主要用土石垒筑而成，时常发生塌岸，到了民国时期，堤坝建

---

① 南京市下关区文化局 . 下关区文物志 [M]. 南京：南京出版社，2012：37.

造技术有所提高，采用石块与混凝土结合，沿江堤埂、道路、建筑的安全基本得以保障。

1933 年扩建江边马路，将原来的"一块板"道路改造成人车行分区、快慢车分道、中间设停车道的近代道路。人行道与慢车道间设置草地绿化，下水道、消防栓等设施配置齐全。1945 年抗战胜利，南京市政府修复怡和码头一带沿江马路的一份设计图纸中也记录了当时沿江马路的一些情况。早期的沿江路堤岸侧没有栏杆，道路两侧为约 1.5 米宽的混凝土人行道，紧接着是 3 米宽的弹石慢车道，中间为 6 米宽的沥青路面快车道，总路幅约 30 公尺，即约 30 米。

江边马路旁酒楼、旅社建筑，层数在 3~5 层，中西式建筑混合，房屋麟次栉比，"铁路饭店、大新旅社、金陵大旅社、东亚大旅社、瀛洲旅馆等，皆建有三层洋楼，可眺江景"①，有南京"小外滩"之名。（图 15-2-11、图 15-2-12）

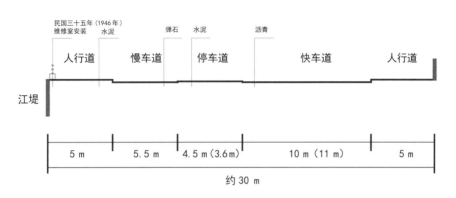

图 15-2-10 江边马路街道断面图（1933 年）
图片来源：东南大学周琦建筑工作室，卢婷绘

图 15-2-11 下关江岸江边马路
图片来源：贺云翱百年商埠——南京下关历史溯源 [M]. 南京：江苏美术出版社，2011：73.

图 15-2-12 民国初年江边马路
图片来源：叶兆言，卢洲鸣，韩文宁. 老照片：南京旧影 [M]. 南京：南京出版社，2012：74.

3. 中山路（下关商埠段）

中山路下关商埠段西起中山码头，东至中山桥，长 600 米，路幅规划 40 米。初建时路幅为 20 米，中间 10 米快车道，碎石路面，1 厘米沥青表面处理，两侧土路宽 4 米，土路外侧各为 1 米宽土排水沟。1935 年，加高地基，按 40 米规划路幅铺筑，3 块板路型；快车道宽 16 米，为 20 厘米碎砖基层，10 厘米泥结碎石路面，双层沥青表面处理；慢车道各 6 米宽，

① 《首都最新指南》［民国二十年（1931 年）］，转引自：南京下关区地方志编纂委员会. 下关区志 [M]. 北京：方志出版社，2005：274.

铺弹石路面；绿岛各宽 1 米；人行道各宽 5 米，为土路 ①。（图 15-2-13）

中山路是为迎接孙中山先生灵柩而建，并由此得名。中山大道即中山路于 1929 年 5 月通车，1929 年 5 月 28 日，孙中山先生灵柩抵达下关中山码头，灵车由下关码头出发，沿中山大道进城。（图 15-2-14）中山路是民国政府奠都南京后兴建的第一条现代化道路，建成后"街道整齐，交通便利"②（图 15-2-15）。中山码头、中山路沿线始建之初周围地带较为荒凉，之后南京市政府将浦口渡轮由澄平码头迁至中山码头，并扩建原中山码头，加之中山路扩建的完成，其沿线及附近地带才缓慢发展起来。

与传统城市道路相比，中山路从道路尺度到建造技术上都有极大改变。道路的设计基于现代交通方式的需要，快慢车道及人车行分离、路间设绿岛等，形成与传统街道完全不同的近代街道空间。二十世纪三四十年代下关商埠区境内中山路两侧建筑较为稀少，街道空间空旷疏离，完全没有大马路及商埠街一带的商业街市氛围。

 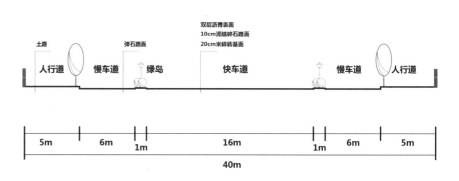

图 15-2-13 中山路街道断面图

图片来源：东南大学周琦建筑工作室，卢婷绘

图 15-2-14 "总理奉安大典"时的中山大道

图片来源：叶皓 . 南京民国建筑的故事 [M]. 南京：南京出版社，2010：170.

图 15-2-15 中山大道与挹江门

图片来源：叶兆言，卢洲鸣，韩文宁 . 老照片：南京旧影 [M]. 南京出版社，2012：94.

---

① 贺云翱 . 百年商埠—南京下关历史溯源 [M]. 南京：江苏美术出版社，2011：85.
② （清末民国）金陵关税务司 .《金陵关十年报告》[M]. 南京：南京出版社，2014：29，36.

四、市政配套及基础设施

（一）电力供应与街道照明

南京最早的电力供应始于 1910 年金陵电灯官厂建成后，初始供电范围在城内，当时"已在大量店铺和私人住宅中得到广泛使用"[1]。1918 年金陵电灯厂装机扩容，供电范围扩展到下关商埠、火车站、码头等。供电初期，因线路过长，下关一带电压不稳，灯光昏暗起不到照明作用[2]。

1920 年，金陵电灯厂在下关商埠中部沿长江地带建设下关发电所，下关商埠地区供电情况大为改观（图 15-2-16）。虽然商埠地区已供电，但电灯的使用并不是完全普及的，商铺及一些较为重要的办公建筑中才装置电灯。到 1923 年，金陵关沿江办公室 2 栋平房 11 间办公室中，仅有清税办公室有电灯；而位于大马路的金陵关，则仍然使用携带式油灯[3]。

图 15-2-16 南京最早的路灯，设置于下关商埠一带

图片来源：下关历史博物馆

图 15-2-17 1929 年中山大道下关中山码头段

图片来源：贺云翱 . 百年商埠——南京下关历史溯源 [M].
南京：江苏美术出版社，2011：91.

南京最早的路灯为清末设置于下关商埠的煤油灯，开埠后，沿江马路也设有煤油路灯[4]。《金陵关十年报告》（1892—1901）中评论道：

"……现在的政策努力推动建设而忽视维护现有道路的情况，道路的维修不够频繁也不够彻底。尽管在十字路口及各处都可以见到一两盏零星的路灯，但政府在道路照明上没有做出系统性的尝试。"

宣统二年（1910 年）金陵电灯厂开始发电之后，电灯在大量店铺和私人住宅中广泛使用，且"被引入市政"用作道路照明，但尚需"沿街装置电灯，并使之得到更为广泛的使用，则更能体现出它的价值所在"[5]。

民国十八年（1929 年），首都特别市政府自中山码头沿中山大道安装路灯 200 余盏（图 15-2-17）。但下关商埠其余区域路灯很少，下关居民仍深受"缺少路灯的痛苦"。民国二十年（1931 年）1 月 18 日，《中央日报》刊登下关居民杜国钧来信称："晚上出门要借沿街住户的门灯照明。""尤其是龙江桥、黑洋桥、惠民桥等仍是黑暗世界，尺步之外，不识人面。"[6] 尽

---

[1]　（清末民国）金陵关税务司 . 金陵关十年报告 [M] . 南京：南京出版社，2014：29，75.

[2]　贺云翱 . 百年商埠—南京下关历史溯源 [M] . 南京：江苏美术出版社，2011：91.

[3]　南京市档案馆，档案号 10470010009（00）0002；《金陵海关官产说明及蓝图》[民国十二年（1920 年）].

[4]　同[2]

[5]　同[1]

[6]　同[2]

管下关商埠一带是南京重要的商业区，但路灯等基础设施仍然较城内落后，仅新建的中山大道有系统的道路照明，其余街区则十分缺乏。

（二）供水与排水

清末民初，下关商埠一带的用水主要依赖水井或江河水、塘水。这个时期，"政府对交通控制和街道照明做了间歇性的尝试，但是关于这座大城市提供清洁饮水和修建有效的排水系统之类更为重要的问题，既未能获得解决，也未被提上工作日程"[①]。

民国二十二年（1933 年），北河口水厂开始局部供水。民国二十三年（1934 年），工务局主持在"大马路（惠民桥至江口）、惠民桥（大马路至鲜鱼巷）、商埠局街（中山桥至惠民桥）、中山路（石桥南至中山桥西块）"一带埋设自来水管道，由裕庆建筑公司承包，于民国二十四年（1935 年）建成投入使用[②]。民国二十四年（1935 年）时，位于大马路 29 号慎泰荣五金行就已使用自来水[③]。同年，江边马路拓宽延长至中山码头时，亦铺设自来水管道，并安装设置救火龙头[④]。下关商埠内主要的街道已建设自来水设施，用于市政消防及为周边居民、商户提供自来水。

下关商埠地势低洼，境内池塘遍布，存在天然排水系统。清末民初，境内主要以明沟排水为主，如中山路两旁设 1 米宽土排水沟，大马路亦为砖石方沟，上用石板相盖[⑤]。到民国中后期，也仅有个别主干道埋设少量小管径混凝土圆管下水道，如 1933 年扩建的江边马路，路面装置小阴井，阴井下埋设 23 厘米管径排水沟管[⑥]。

（三）堤岸建设

下关商埠位于长江、惠民河、三汊河之间的地带，原为长江改道形成的滩地，区域地势低洼，筑堤护岸是商埠建设之要务。下关一带堤防建设可以追溯到明代，清末南京开埠通商，下关商埠划定，修岸筑堤变得尤为重要。光绪二十四年（1898 年）、三十一年（1905 年），清政府多次拨款在下关江边修筑石岸堤防、疏浚河道等。尽管清政府地方当局尝试对堤岸问题进行治理，但于塌岸之根本无补[⑦]。

民国时期，政府工务局、水利部等相关部门对商埠周围的堤岸进行块石砌坡和抛石护岸等修补加固工程。民国八年（1919 年），当局在码头密集区加固堤防时，采用水泥粉面块石护坡，坡脚打木桩护岸。但这些工程规模都较小，仅能局部治标，下关坍岸仍经常发生。1931 年，长江发生大洪水，下关一带原有江堤几乎被全部冲毁[⑧]。（图 15-2-18、图 15-2-19）

1931 年南京市政府将下关商埠中山路南部地带划为第一工商业区，计划统一征收土地进

① （清末民国）金陵关税务司 . 金陵关十年报告［M］. 南京：南京出版社，2014：29，75.
② 南京市档案馆，档案号 10010090106（03）0003；《南京市工务局埋设下关中山桥至大马路自来水管投标须知、合同、施工细则》［民国二十二年（1933 年）11 月 20 日］.
③ 南京市档案馆，档案号 10230011064（00）0001；《南京市自来水管理处·水费计算单》［民国二十四年（1935 年）12 月 17 日］.
④ 同②.
⑤ 南京市下关区地方志编纂委员会 . 下关区志［M］. 北京：方志出版社，2005：133.
⑥ 南京市档案馆，档案号 10010090106（03）0001-B：《下关江边马路计划图》［民国二十二年（1933 年）］.
⑦ 《宣统二年通商各关华洋贸易伦略·南京口》《1911 年中国贸易年鉴·南京贸易汇报》，转引自：《南京港史》编写与委员会，南京港史 [M]. 北京：人民交通出版社，1989：13.
⑧ 贺云翔 . 百年商埠——南京下关历史溯源［M］. 南京：江苏美术出版社，2011：98.

行开发,但由于"市库拮据,款难筹"被搁置。到民国二十二年(1933年),政府工务局"兹拟于开辟该区以前现于沿区四周修筑防水堤一道,以防水患",堤岸"自挹江门外中山码头起,沿扬子江三汊河及惠民河岸至中山桥止总长3 259尺"[①]。

民国二十四年(1935年)此项工程经中央核准,"为促成该区建设计(划),暂借和兰(荷兰)退还庚款,先行与筑该区,周围之堤坝"[②],并于同年公布建筑保养下关第一工商业区堤坝的办法,征收工程范围内的土地。下关第一工商业区之堤坝及抽水机站工程由华中公司中标承包,于民国二十四年(1935年)11月6日开工,工程于民国二十六年(1937年)6月完工验收[③]。

下关第一工商业区堤坝工程建成后,商埠中山路以南地区因地势低洼常年受到水患威胁的情况得到很大程度的改善,建设开发条件得以提升,但中山路以北地带江堤码头仍不时发生严重塌岸事件。抗日战争全面爆发后,日军占领南京,将下关商埠一带划作军事管制区,日军对坍塌的堤岸进行过一些抢救性加固。1947年,时被舆论界称为"下关惨案"的江岸坍塌事故发生,下关三号、四号码头间(中码头以北400米处)一段长88米、宽14米的江岸突然塌入江中,柏油马路倾斜欲崩之宽度为15米。是年,南京市修堤工程处在下关码头、三汊河2处修筑江堤2 822米,堤高达10.25~10.32米,但因堤防均用沙土培高,标准比较低[④]。

图15-2-18 1931年南京下关海陵门外水灾场景
图片来源:《时事月报》第五卷(1931年7月12日),转引自:贺云翱.百年商埠——南京下关历史溯源[M].南京:江苏美术出版社,2011:95.

图15-2-19 1931年南京下关商埠水灾情景
图片来源:贺云翱百年商埠——南京下关历史溯源[M].南京:江苏美术出版社,2011:95.

① 南京市档案馆,档案号10010011235(00)0001:《下关第一工商业区防水堤建筑工程计划书》[民国二十二年(1933年)5月31日].
② 南京市档案馆,档案号10010090106(03)0003:《南京市工务局埋设下关中山桥至大马路自来水管投标须知、合同、施工细则》[民国二十二年(1933年)11月20日].
③ 南京市档案馆,档案号10010030058(00)0002[1]:《建筑下关第一工商业区之堤坝及抽水机站》[民国二十四年(1935年)].
④ 贺云翱.百年商埠——南京下关历史溯源[M].南京:江苏美术出版社,2011:98.

第三节　下关商埠的功能区与典型建筑

一、商业办公

开埠之后，下关商埠作为南京的北大门，水路、陆路交通交汇，区域内中外商铺、旅馆、饭店、银行、政府机构云集，一度十分繁华，时人将下关街市与夫子庙一带老城街市并称："南有夫子庙，北有商埠街""南有秦淮河，北有大马路"。

（一）商业办公区分布及特点

1. 商业办公区分布

下关商埠境内主要商业区位于商埠北部大马路一带，到了1929年，经过数十年的发展，这一带已形成片状商业区，商业区包括大马路、二马路、三马路、沿江马路等繁华街市，道路沿线店铺、办公楼林立，而街区内部则混合旅社、居住建筑。商埠局街一带街市初步形成，但尚未形成片状商业街区。《最新首都指南》称："首都繁荣市街分为城内与下关两部，下关以鲜鱼巷、龙江路、惠民桥、大马路、二马路等处最为热闹，以旅馆业最为发达，夜市常延至十一时。"

商业区内，这些较为成熟的商业街市都分布在区域内重要道路沿线，包括东西向联系港口与入城马路的大马路、南北向长江沿岸联系各码头的江边马路、南北向惠民河西岸的二马路及商埠局街。其原因在于，下关商埠发展之初没有整体的规划，而是"以路带市"，即政府修建道路，道路建成之后，商民在道路沿线购地建房，经营商铺，从而形成街市。（图15-3-1、表15-3-1）

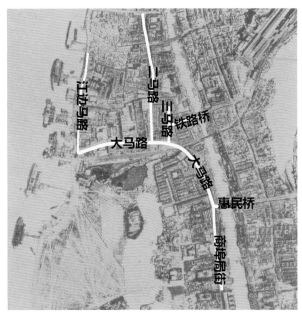

1928年下关商埠繁盛街道及范围　表15-3-1

街路名称	范围
大马路	西至日清码头，东至惠民桥
二马路	北至西炮台，南至下关警署
惠民桥	西通二马路、石营盘街以至怡和码头，东达虹门口、邓府巷等处
路桥	西通二马路，东至电报局，北及公共汽车站，南接商埠局街
江边马路	南有湖北街，北至西炮台，此路共有大小码头10余所，为渡江之要道

图15-3-1 1929下关商埠主要商业街市分布图
图片来源：根据1929年南京航拍图绘制

2. 商业区域之特点

（1）线性商业空间

下关商埠区内所形成的商业片区与近代租界商业区相似，其主要的商业空间由线性的街道空间与街道两侧的商铺建筑围合而成，整个区域内则由数条这样的街市相联系。即使是在已较为成熟的大马路、二马路商业区中，商业空间也仅限于街道沿线，没有延伸到街区内部。

（2）街区内部功能混杂

由于下关商埠的建设没有整体的规划，所形成的街区形状、尺寸都不规整，这对街区内部地块的使用造成了一定影响。同时也因为商埠之发展很大程度上是利益驱动的自发性建设，即中外商民自行购置土地建房，且在 1928 年之前，区域内没有监管建设的部门，造成区域内的建设很混乱。除了商业价值较高的沿街地块被建以"市房"、办公建筑等之外，街区内部有的建设里弄住宅，有的是旅馆，有的甚至为草棚等简陋的建筑。许多街区内部的建筑肌理十分混乱，建筑形式混杂，间距狭窄，巷道纵横，由于其自发无序且无监管的建设开发情况，根据 1929 年航拍图可以看出，街区内部建筑密度极大，空间品质较差。

（3）商业界面连续，但街道品质无法保证

提取商业区内成熟的街市大马路、二马路、三马路、沿江路的沿道路两侧建筑肌理，可以发现，街道界面连续，以 2~3 层的"市房"为主，一些西式"洋楼"穿插其中。"市房"类沿街建筑，店面轮廓线多直接压道路红线，甚至建有招牌、遮阳棚之类的构筑物侵占道路，加之旧式道路路幅有限，且人车混行，使得街道品质及通行条件受到一定影响。

（二）"商业办公区金融街"——大马路

大马路始建于清光绪二十一年（1895 年），全长 485.5 米，西起江边路，东接惠民桥，是下关码头入城的主要道路，也是下关商埠最早发展起来的街市。

清末民初，大马路曾是金陵关、江苏省邮务管理局、民生实业公司南京公司、三北轮船公司南京公司及下关区警察署的所在地。民国时期，大马路一带聚集了海关、出入境管理局、邮政部、交通部、水电部、铁道部、粮食部、中央商业银行等 10 多个国家部委[1]。此外大马路更是各种洋货店及商行酒肆、茶楼旅馆云集，至 20 世纪 30 年代已成为南京城北最为繁华的街市。（表 15-3-2）

下关大马路沿线商铺及建筑情况统计   表 15-3-2

类　型	店　名	地　点	类型	店　名	地　点
政府部门	金陵关	大马路 118 号	餐馆	周兴园	大马路
	江苏邮政管理局	大马路 116 号		一品香	大马路
	交通部	大马路		永顺	大马路
	水电部	大马路		南京咖啡厅	大马路 14 号
	铁道部	大马路	茶社	荟芳	大马路
	粮食部	大马路		迎春	大马路
	下关区警察署	大马路与二马路交叉口	医药	下关药房	大马路 92 号

---

[1] 贺云翱. 百年商埠——南京下关历史溯源 [M]. 南京：江苏美术出版社，2011：137.

类型	店名	地点	类型	店名	地点
商贸	泰成布店	铁路桥口	服务	同庆昌	大马路
	庆华鞋帽洋货炒庄	天保路路口		马应龙眼药店	大马路
	大西洋钟表眼镜公司	大马路		五洲药房	大马路
	戴金锦鞋店	大马路		大中西药房	大马路
	大方（货）栈	大马路		喜新洗染店	大马路 22 号
	多利栈	大马路		达丰洗染公司	大马路
	荣盛古玩铺	大马路		天然池浴室	大马路
	西服店	大马路	旅社	江口花园酒店	江边马路大马路街口
	慎泰荣五金号 [①]	大马路 29 号		招商旅馆	大马路
	马玉山糖果公司	大马路		大东旅馆	大马路
	西门子洋行	大马路		中华旅馆	大马路
	荣昌火柴公司	大马路		荣鑫旅馆	大马路 23 号
金融	交通银行浦口分行	今大马路 53~57 号		萃华旅社	大马路
	中国银行南京分行下关办事处	今大马路 66 号		长发旅社	大马路
	浙江兴业银行南京分行下关分理处	大马路		金陵大旅社	大马路
	邮政储蓄金汇业局南京分局下关办事处	大马路		天乐旅社	大马路
	新华信托储蓄银行下关办事处	大马路		建业楼	大马路
	中国农民银行南京分行下关办事处	大马路 116 号		老长发客栈	大马路
	源丰钱庄	大马路		大华旅馆	大马路 37 号
	永年寿险公司	大马路		天乐旅社	大马路
餐馆	得意楼菜馆	大马路	工业	胜昌机器厂	大马路（修理船舶和动力机械为主）
	庄孚信	大马路			

资料来源：根据《下关区志》《百年商埠——南京下关历史溯源》等资料汇总

1. 街道建筑界面

不同风格及功能的建筑汇集于大马路，使这段总长 485.5 米的街市形成独特的、中西融合的商业空间及界面。根据 1929 年航拍图及历史照片和资料的汇总，对 20 世纪 30 年代大马路两侧沿街界面、街道空间节点进行推测性复原。

大马路被由下关车站至江口车站的铁轨分成南、北 2 段，2 段街市由于街道连接、两侧建筑形式、布局方式等有不同，所形成的街道界面也有所区别。

大马路南段，南北走向，南起惠民桥，北至铁道，长约 180 米，在惠民桥以北 40 米处与天保路相接，铁轨以南 40 米处与天安路相连。两侧市房排列整齐，道路边缘即建筑外轮廓，无道路红线退让，店面直接位于道路两侧，形成了整齐、连续的沿街界面。

大马路北段，东西走向，东起江边，西至铁道，长约 300 米，距铁道以西 38 米处与三马路相接，距铁道以西 86 米处与二马路相连，距铁道以西 130 米处为通往北安里的小路，二马路、三马路及小路均位于道路的北侧。

道路北侧街道界面被道路分成 4 段，除最西段有约 178 米的连续建筑界面外，其余 3 段建筑连续长度均在 50 米左右，加之中国银行、江苏邮政局等西式古典建筑与市房在建筑体量、样式方面对比强烈，且不连续，使得大马路南段北侧建筑界面呈片段、不连续的效果。

---

① 南京市档案馆，档案号 10230011064（00）0001：《慎泰荣五金店租约等》［民国二十四年（1935 年）］。

道路南侧界面没有被道路打断，但最西段 50 米内的建筑布局较为杂乱，江口车站前退让形成小片空地，紧接着 3 层高的金陵大旅社近 120 米长的沿街界面完整连续，金陵大旅社以东至铁道之间为数间市房。南侧建筑界面相对于北侧较连续，但道路界面仍稍显杂乱，缺少秩序。

2. 街道空间

街道空间主要由道路及两侧建筑围合而成，道路两侧建筑高度、退让距离与道路宽度之间的关系，直接影响街道空间尺度及街道空间的使用情况。

大马路路幅约 7.5 米，两边为宽 1~1.5 米的人行道。两侧建筑体量及布局方式的变化，使得大马路街道空间也有所变化。

图 15-3-2 1938 年大马路南段街景

图片来源：贺云翱 . 百年商埠——南京下关历史溯源［M］. 南京：江苏美术出版社，2011：187.

图 15-3-3 大马路北段街景

图片来源：贺云翱 . 百年商埠——南京下关历史溯源［M］. 南京：江苏美术出版社，2011：125.

（1）道路断面

南段道路（惠民桥至铁路桥路口）两侧以市房为主，沿街市房多为 2 层，高约 7 米，街道高宽比（临街遮阳建筑高度与街道宽度之比）为 1:1，属于适宜的商业街道尺度。（图 15-3-2）

北段道路，由于位于两侧的江苏邮政管理局与金陵大旅社建筑体量相对较大，高度分别约为 14.3 米与 10.5 米，且无退让，沿街建筑高度是街道宽度的 1.5~2 倍，因此此段街道空间较为压抑。金陵大旅社以东的街道两侧以市房为主，与南段街道空间相似，街道宽比约 1:1，属于适宜的商业街道尺度。（图 15-3-3）

（2）街道空间节点

大马路沿线主要包含街口和小型广场 2 种街道空间节点。街口节点共有 5 处，自西向东分别为江边马路与大马路丁字街口、二马路与大马路丁字街口、三马路与大马路丁字街口、天保路与大马路丁字街口。一处小型广场位于江口火车站前。

与其他口岸城市租界中街口节点不同，大马路沿线的街口节点均为丁字路口，形成"T"形空间，其主要原因在于上文分析得出的"以街带市"的发展过程。且此类街口两侧的建筑没有经过统一的规划和设计，空间特征不如经过规划建设的租界街市明显。

图 15-3-4　大马路北侧立面复原图

中国银行南京分行

图 15-3-5　沿江马路—二马路

图 15-3-6　二马路—惠民桥

图 15-3-7　铁路—惠民桥

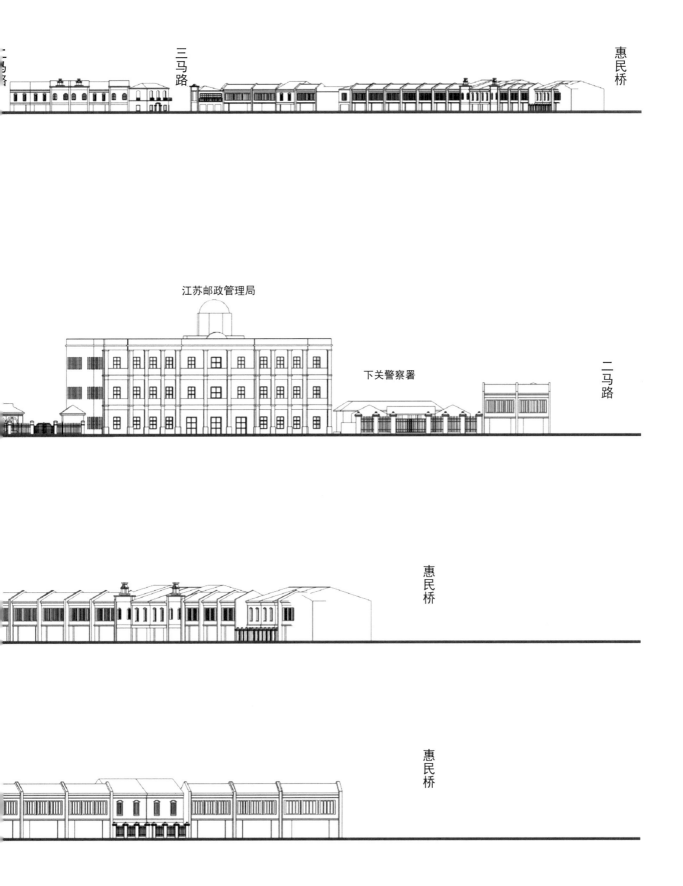

三马路

惠民桥

江苏邮政管理局

下关警察署

二马路

惠民桥

惠民桥

图 15-3-8　大马路南侧立面复原图

金陵大旅社

图 15-3-9　铁道—江边马路

"天字号"街区

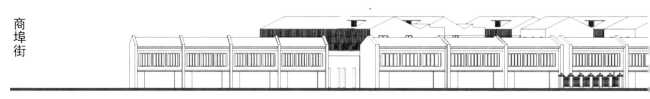

图 15-3-10　商埠街／惠民桥—铁道

90　第十五章　下关商埠区

江边马路

江口车站／南京咖啡厅

江边马路

交通银行浦口分行

庆华鞋帽炒庄

大马路北段

图 15-3-11 三马路与大马路丁字街口

图片来源：叶兆言等．老明信片：南京旧影［M］．南京：南
京出版社，2011：248.

图 15-3-12 大马路与江口车站站前广场

图片来源：贺云翱．百年商埠——南京下关历史溯源［M］.
南京：江苏美术出版社，2011：125.

　　江边马路与大马路丁字街口，道路尽端对景为码头及江面。街角处北侧房屋做抹角处理，
且以抹角处为建筑主入口，这是街口空间常用的处理方式，使转角处街道空间得以放大，南
侧房屋没有进行抹角处理，仅为在一层退让。

　　其余四处街口空间，出现于 2 条道路的交叉口。以三马路与大马路丁字街口为例，道路
尽端的对景，没有经过安排及设计，仅为一般的市房。街口东、西两侧的建筑也没有进行抹
角处理，仅仅是出于交通需要略有退让。

　　小型广场节点位于江口车站门前，由于建筑向后退让，与道路之间形成了一片空地，用
于缓冲车站人流。小型广场呈梯形，由"L"形江口车站和金陵大旅社围合而成。广场为金
陵大旅社和江口车站入口，广场内没有经过设计布置，仅为碎石混凝土平地。尽管站前广场
规模较小且简陋，但车站旁的南京咖啡馆、对面西方古典建筑风格的中国银行、西侧精巧的
中式建筑金陵大旅社，使得这个小广场的空间极具商埠特色。

　　小型广场的存在使得江边马路与大马路街口处，从码头区转入大马路时，3 层高挑轻盈
的金陵大旅社和西方古典样式的江苏邮政管理局成为对景，对街道空间产生引导效果，呈现
出下关商埠独有的中西建筑形象碰撞、对比的景象。

（三）典型商业办公建筑

1．江苏邮政管理局

　　1918 年，由于人员及邮局业务的发展，在紧贴金陵关税务司之东——繁华的下关大马路，
建造了江苏邮政管理局第一座 3 层楼房。新大楼由时任邮局帮办、英国人睦兰主持建造。其
建筑面积为 4 361.8 平方米，建筑费用 25 万元。

图 15-3-13 20 世纪 40 年代民国江苏
邮政管理局总平面示意图
图片来源：根据南京市档案馆档案绘制

民国江苏邮政管理局用地大致呈矩形，范围南至大马路，北至北安里，西至金陵关，东至连接大马路和北里的小路，东侧与下关警署一路之隔。建筑主体成"L"形，布置于用地的南侧，紧邻大马路。主楼西侧有一座一层"临时膳房"，民国三十五年（1946年）改建成一层钢筋混凝土结构建筑作为办公用房[1]。用地北侧、西北角有数栋一层双坡顶附属用房。业务入口沿大马路布置，从大马路直接进入一楼邮政大厅。场地入口位于连接大马路与北安里的小路上，运送邮件的车辆由此进入，院中央空地便于邮件装卸、邮车停放等（图15-3-13）。

　　主体建筑为钢筋混凝土结构，地上3层，地下2层，建筑面积4 545平方米，正面外墙写有"1918"字样。立面为外廊式，立柱厚檐，平屋顶（图15-3-14）。楼顶建有一座圆顶的双层塔楼。建筑物的柱侧、檐口、腰线及门楣等处都塑有水涮石浮雕图案。建筑物拐角、底层柱面为普通水泥錾假石粉刷，墙面为水涮石，局部侧面为普通水泥砂浆粉刷（图15-3-15、图15-3-16）。大楼底部为邮政大厅，空间宽阔。大楼四周设有全浇混凝土楼梯，压花方铁栏杆，硬木扶手，宽边踢脚线。楼层为内廊式布置，三楼中部设有2座采光天井，走廊沿天井布置，房间设在建筑四周。屋顶有一座可上人的穿顶塔楼，塔楼就耸立在平台上，内有木质楼梯，可供人登临远眺。

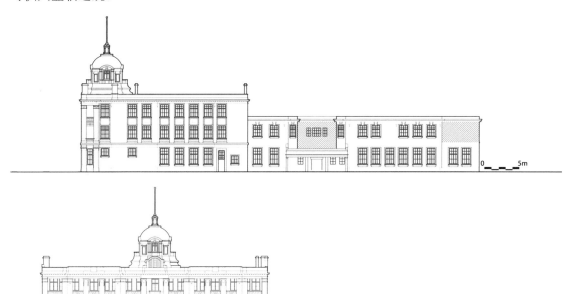

图15-3-14 民国江苏邮政管理局现状测绘修缮西立面图（上）、南立面图（下）
图片来源：东南大学周琦建筑工作室

图15-3-15 民国江苏邮政管理局历史照片
图片来源：贺云翱.百年商埠——南京下关历史溯源［M］.南京：江苏美术出版社，2011.

图15-3-16 民国江苏邮政管理局现状照片
图片来源：下关区文化局

---

[1]　南京市档案馆，档案号10030082543（00）0100：《江苏邮政管理局修缮请照图单》［民国二十五年（1936年）］。

2. 中国银行南京分行

1912 年 2 月 14 日，中国银行将原大清银行南京分行改为中国银行南京分行。同年南北统一，国民政府北迁，次年 8 月北京正式成立中国银行。1914 年 1 月 3 日，中国银行南京分行再度成立。中国银行南京分行总部位于新街口，1923 年于下关设立下关汇兑所[①]。

中国银行南京分行旧址准确的建设时间不详，应当和下关汇兑所设立时间相近，即 1923 年左右。建筑位于大马路与江边马路街口附近，西侧原为一座中式楼房，东侧为金陵关，对面为江口火车站。建筑平面大致呈"凸"字形，坐南朝北，建筑原面积 840 平方米，房屋 74 间（图 15-3-17）。

建筑与大马路之间略有退让，一层主入口高于地面 2.14 米，经两侧楼梯上至入口平台，再经数级台阶到达柱廊入口。建筑为 3 层钢筋混凝土结构，立面为古典式，呈严格中轴对称布局，6 根爱奥尼式立柱贯穿一、二层，立面及立柱用水刷石粉刷。三层屋面上有一座塔楼，根据历史图像资料，早期塔楼顶部为穹顶式设计，现塔楼为八边形平面平顶，推测现塔楼为民国中后期重建。根据 1929 年航拍图及未修缮前的历史照片（图 15-3-18），原建筑为 2 层平屋顶，二层处有连续的檐口线脚及女儿墙，现三层部分应为后期加建（图 15-3-19）。该建筑一定程度上代表了西方古典式民国建筑风格（图 15-3-20、图 15-3-21）。

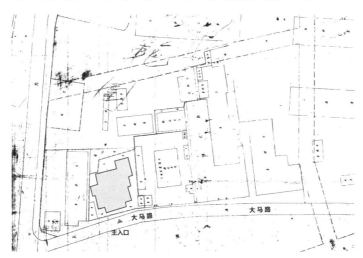

图 15-3-17 20 世纪 40 年代中国银行南京分行总平面示意图

图片来源：根据南京市档案馆档案绘制

图 15-3-18 中国银行南京分行旧址历史照片

图片来源：贺云翱 . 百年商埠——南京下关历史溯源 [M] . 南京：江苏美术出版社，2011.

图 15-3-19 中国银行南京分行旧址现状照片

图片来源：下关区文化局

---

① 贺云翱 . 百年商埠——南京下关历史溯源 [M] . 南京：江苏美术出版社，2011：124.

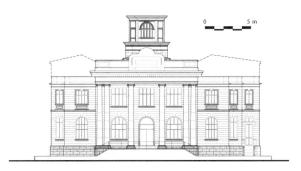

图 15-3-20 中国银行南京分行旧址现状测绘修缮西立面图

图片来源：东南大学周琦建筑工作室

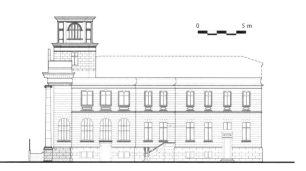

图 15-3-21 中国银行南京分行旧址现状测绘修缮南立面图

图片来源：东南大学周琦建筑工作室

3. 金陵关

光绪二十五年三月二十二（1899 年 5 月 1 日）金陵关正式开关，首任税务司为英国人安格联，设关之初，关址定于江宁县仪凤门外下关江边，由于来不及修建办公房屋，初始办公地点设在大马路西端的接官厅码头上[①]。

金陵关办公地点现已无遗存，根据民国十二年（1923 年）金陵关税务司关产统计中的资料，当时的金陵关大楼位于大马路 116 号，东侧为江苏邮政管理局，西侧为中国银行南京分行。1923 年统计时，称坐落于大马路的金陵大楼为"临时"办公楼（Temporary Custom House），建筑为砖平房，建于 1915 年，是在金陵关旧址上建设的，原金陵关大楼于 1913 年被烧毁[②]。

金陵关毗邻大马路，院落占地 278 平方米，沿大马路设围墙，围墙内东角设门卫接待处，西角为源成号小型钱庄，其"受托于海关税务司负责征收关税"（图 15-2-22）。院中央为海关大楼，四周设走廊，进入后为综合办公室，之后为内廊式，两侧分布小间办公室。院东侧坐落着午餐室和档案室，推测为 1 层砖木结构房屋。院子后部为附属车库和卫生间（图 15-2-23）。整个院落布局规整，内部形成环形交通，院内还栽植树木等。

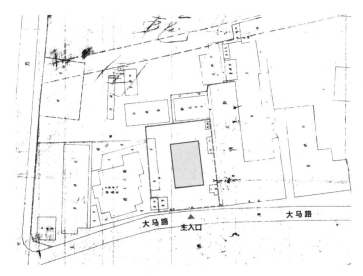

图 15-3-22 20 世纪 40 年代金陵关总平面示意图

图片来源：根据南京市档案馆档案绘制

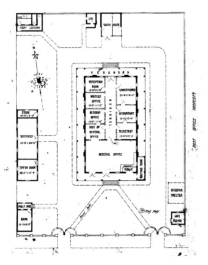

图 15-3-23 金陵关临时办公楼（Temporary Custom House）

图片来源：南京市档案馆

---

① 沈云龙. 近代中国史料丛刊［M］. 台北：文海出版社，1966.

② 南京市档案馆，档案号 10470010009（00）0002：《金陵海关官产说明及蓝图》［民国二十三年（1934 年）］.

图 15-3-24 金陵关推测复原南立面图

图片来源：东南大学周琦建筑工作室

　　与相邻的江苏邮政管理局和中国银行南京分行相比，金陵关并未紧贴道路，而是用栏杆围合其用地范围（图 15-3-24）。其对面的金陵大旅社于街道无退让，且连续界面近 100 米，金陵关的前院使得狭窄的空间略有缓解，增添了大马路街道空间的变化。

二、码头

（一）码头分布及特征

1. 码头范围及分布

　　在南京被列为通商口岸，但尚未正式开埠时，美商旗昌轮船公司曾在下关江边建设"三号两进，计六间两厢"洋棚，后招商局于光绪三年（1877 年）收购时已破产的旗昌公司。而下关商埠境内的近代码头前身则可以追溯到左宗棠在任两江总督时，于光绪八年（1882 年）下令由招商局建造的"功德船"。1895 年张之洞下令修建官码头，位于功德船码头以南约 80 米处（图 15-3-26）。

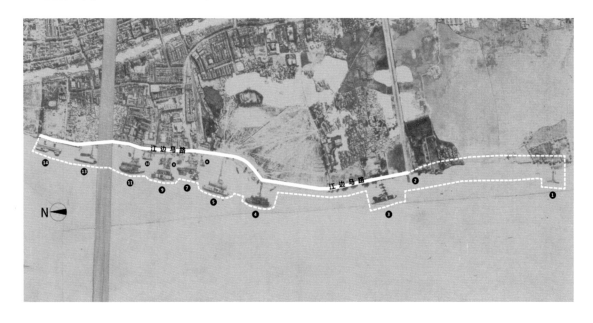

图 15-3-25 1929 年码头范围及分布示意图

图片来源：根据 1929 年航拍图绘制

开埠前的码头区域仅以这 2 座码头为范围。光绪二十五年（1899 年）年下关开埠之后，众多外商涌入，在已有的 2 座码头附近建筑趸船码头。1901 年时，商埠内有 4 座码头，由南向北分布为太古码头、官码头、招商码头、怡和码头，但码头之间尚未建设道路，港口沿线也未发展起来。为满足商埠建设需要，1902 年，清政府拨款修成沿江石岸，并修筑了沿江马路。

到 1908 年，商埠内的码头区域拓展到沿长江近 400 米的范围，有 6 座码头，由南向北分别为日清码头、太古码头、官码头、美最时码头、招商码头、怡和码头（图 15-3-27）。

此后，官码头及以北沿江之码头区逐渐发展起来，旅社、餐馆云集，中、西式建筑鳞次栉比，大小船只往来如梭（图 15-3-28）。在开埠时即已划定南京港口的界限是"下游自草鞋夹江口遗址抵浦口为止，上游自大胜关夹江口一直抵浦口为止"[①]，商埠之西岸均在港区范围之内，沿线均可租地建设码头、货栈等，但较为繁华的区域是官码头附近及以北（图 15-3-25）。

图 15-3-26 1895 年之前，南京下关"功德船"及江岸

图片来源：贺云翱 . 百年商埠——南京下关历史溯源 [M]. 南京：江苏美术出版社，2011：48.

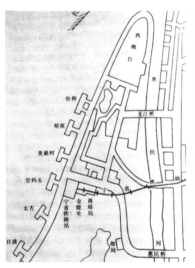

图 15-3-27 1908 年下关中外码头

图片来源：《南京全图》，日本堂书店于日本明治四十三年（1910 年）印

图 15-3-28 20 世纪 20 — 30 年代下关大马路口附近码头

图片来源：叶兆言，等 . 老明信片：南京旧影 [M]. 南京：江苏美术出版社，2011：30.

① 《南京港史》编写委员会 . 南京港史 [M]. 北京：人民交通出版社，1989：93.

名 称	建设时间	所有者	形 式	地 点	用 途
生泰恒码头	不详	生泰恒煤号	木栈趸船码头	九家圩	专门为生泰恒煤号装卸煤炭
中山码头	始建于 1929 年，1930—1935 年扩建	南京市政府	木栈趸船码头	中山路西端	原为迎接孙中山灵柩而建，1936 年开业，经营客运轮渡业务
源大码头	不详	华商源大公司	木栈趸船码头	紧接中山码头	停靠往返和县及口岸（高港）的内河小轮
日清码头（大阪码头）	1902 年	日商日清公司	栈桥、锚泊趸船码头	距源大码头 244 米	原停靠各外商轮船，货运为主
太古码头	1901 年	英商太古公司	木栈趸船码头	江口车站对面	原停靠各外商轮船，货运为主
泰丰码头	不详	华商泰丰公司	木栈趸船码头，趸船长 24 米	紧靠太古码头	停靠往返芜湖、扬州、九里埂、六合等地的内河小轮
海军码头（接官厅码头）	1895 年	清政府海军部	木栈趸船码头	大马路路口	清政府海军专用
天泰码头	不详	华商天泰公司	木栈趸船码头，趸船长 20 米	紧靠海军码头	停靠往返芜湖、扬州等地的内河小轮
鸿安码头（三北码头）	1906 年	华商鸿安三北公司	木栈趸船码头	海军码头与招商码头间	停靠内河小班轮
泰昌码头	不详	华商泰昌公司	木栈趸船码头，趸船长 15 米	紧靠鸿安码头	停靠内河小班轮
招商码头（前身为"功德船"）	1882 年	国营招商	木栈趸船码头	大马路口以北约 150 米	原停靠各外商轮船，后因设施破旧一度落寞
协和码头（扬子码头）	不详	华商扬子小轮公司	木栈趸船码头，趸船长 15 米	靠近招商码头	停靠内河小班轮
怡和码头	1900 年	英商怡和洋行	木栈趸船码头	江边路怡和塘	原停靠各外商轮船，是下关商埠最早建设的外商码头
澄平码头	1914 年	国民政府港务处	木栈趸船码头	石营盘西街口	原为停靠下关、浦口间客运渡轮，渡轮迁至中山码头后，为军用品及邮件撰写码头

资料来源：《南京港史》编写委员会. 南京港史［M］. 北京：人民交通出版社，1989：167.

　　1928 年国民政府奠都南京，为迎接孙中山灵柩，在下关商埠中部江边建设中山码头。1934 年江边马路拓宽延长，由澄平码头抵中山码头，全长 1 290 米，中山路以北数十座码头连成一线[①]。20 世纪 30 年代是下关商埠码头区发展的鼎盛时期，至 1937 年，商埠内较为成熟的码头集中在中山码头及以北长江沿岸，商埠南侧长江沿线仅有煤炭厂码头 3 座且较分散。

　　1937 年，日军占领南京，此后下关商埠区域被划为军事管制区，各国资产均被日军占领。日军对下关商埠内的码头进行改造及重建，日军在中山码头以南新建了 3 座浮码头，境内码头设施几乎都为军用，仅有一座码头用于停靠浦口、下关间渡轮。日据时期，商埠内军用和半军用码头共 16 座，码头区范围扩展至中山路以南地区。

---

① 　《南京港史》编写委员会. 南京港史.［M］. 北京：人民交通出版社，1989：164.

1945 年抗日战争结束，下关商埠境内日军遗留码头设施由国民政府接收，用于军事物资运送及战俘转运等，民用商业一时间未能恢复，这个时期的码头未有大规模的改造及建设，码头区延续着日据后期的范围。

2. 码头的特点

南京下关商埠开埠之初即设立金陵关管理关税、港务、航政等事项，清政府则设下关商埠局主司商埠之建设。1928 年国民政府奠都南京之前，在码头建设问题上，下关商埠局管理江岸租赁，金陵关则也有审批码头设施兴建的权利。国民政府奠都南京之后，政府更多地参与到码头管理中，规定："本市沿江、沿河之码头及土地水影，均由市政府工务局管理之。"[①]此时下关商埠局裁撤，由工务局负责建筑、码头等设施建设的审批，江岸及码头的租赁，港区驳岸和马路招标承建等。尽管如此，金陵关代表外国列强在商埠之利益，其职权与工务局在码头建设上有许多重叠和牵制，致使南京政府在商埠码头的建设上常常困难重重[②]。

20 世纪 30 年代是下关商埠境内码头发展建设的繁荣时期。大小码头集中于中山路以北约 1.2 千米的江岸地带。与许多近代租界，如上海外滩、汉口沿江大道等相似，江岸沿线的码头由于便利的水运交通条件，吸引了大量货栈、洋行、旅社、餐饮甚至金融行业的聚集。

码头是下关商埠区内的重要区域与特征空间，由于其交通优势，沿岸往往发展成街市或货栈、仓库云集，一侧是鳞次栉比的建筑，另一侧则为码头密布的开阔江面。与同时期汉口、上海租界沿江码头相比，下关商埠区内码头呈现以下突出特点：

（1）码头区域空间发展不平衡

下关商埠码头区域兴起于客货运码头之集中，初始时期以交通功能为主，之后发展成街市。江边马路初建于清末，道路狭窄且建筑物无退让，致使码头区域中街市繁华地段的滨江空间局促。且较为成熟的码头集中于大马路以北，大马路以南广大岸线仍处于荒凉状态。

（2）建筑界面连续，中、西式混合

下关商埠中、西商民公用的性质，使得码头港区内的建筑、设施等风格中、西混合。相比起汉口、上海租界码头区域沿江整齐的西式风格建筑，下关商埠码头区域的沿江建筑界面既有中式市房，也有高大的西式古典建筑，呈现出独特的近代商埠特征。

（3）堤岸、码头设施相对简陋

码头区域内多为木栈趸船码头，沿江堤岸、道路建设都十分老旧，且时常发生塌岸事故。江边马路拓宽重修之前，码头沿线道路狭窄，路面坑洼不平，堤岸边沿也没有防护设施。国民政府奠都南京之后对港口堤岸的建设进行统一管理后，情况才有所改观。

（二）南京"小外滩"——江边马路

江边马路始建于清同治十三年（1874 年），宽约 7 米，初时仅有太古码头至怡和码头段。1933 年，江边马路拓宽至 30 米，北起海军操场，南至中山码头。由于大马路一带及其以北

① 《组织码头整理委员会案》，载《南京市政府公报》第 140 期第 67 页，民国二十三年（1934 年）4 月 30 日刊；《南京市码头整理委员会组织规则》，载《南京市政府公报》第 177 期第 16 页，民国二十六年（1937 年）5 月刊。转引自：《南京港史》编写委员会. 南京港史 [M]. 北京：人民交通出版社，1989：151.
② 《南京港史》编写委员会. 南京港史. [M]. 北京：人民交通出版社，1989：154.

的长江岸线码头云集，水陆交通在此交汇，江边马路沿线逐渐形成洋货商铺、货栈、旅社、餐馆汇集的街市。

商埠的码头区域，沿岸边相连有怡和、招商、三北、太古等各家大型轮船公司的码头和仓库。1927年，由下关发送的水运乘客年均20万人次左右，江面大小船只穿梭，码头上轮船抵埠，旅客上下，商贩往来。码头港口的货运业务带动了沿江马路一带报关业和转运业的兴盛，怡和陵、太古协、厚记、盛永记等报关行坐落于此，这些报关行除代理报关业务之外，有的还附设旅社、货栈和扛帮行。此外江边马路坐落着一些当时著名的旅馆，如花园饭店、铁路饭店、大新旅社、金陵大旅社、东亚大旅社、瀛洲旅馆等，皆建有3层洋楼，可以眺望江景。

1. 沿江建筑界面

江边马路时为商埠码头区域内最繁华之地带，被称为南京"小外滩"，其中西合璧的建筑界面和沿江密布的木栈趸船码头，形成典型的近代码头区域空间。江边马路东侧的商铺建筑相关记载较少，根据1929年航拍图与同时期的历史图像资料，可对江边马路建筑界面进行推测性复原分析。20世纪30年代，江边马路经过拓宽翻修后，全长达1 290米，但东侧较为连续完整的建筑界面仅有约270米，南起大马路路口，北至怡和塘。沿江建筑界面自北向南分别为1~2层市房、1座2层洋楼、3层面阔约40米的大体量西方古典式建筑、连续约50米2层市房、3层洋楼、2层洋楼、2层市房，尽头为大马路街口（图15-3-29）。这些建筑形成了沿江马路的东侧界面，中、西建筑混合，既有大型西方古典式建筑，又有中式砖木结构市房。建筑界面与远处大马路沿线之中国银行南京分行、江苏邮政管理局之塔楼以及一座中式塔楼的四坡起翘屋脊，共同构成错落有致、高低起伏的下关商埠沿江天际线。

图15-3-29 下关沿岸建筑界面（大马路街口附近）

图片来源：贺云翱.百年商埠——南京下关历史溯源［M］.南京：江苏美术出版社，2011：113.

2. 滨江空间

江边马路一带滨江空间，东侧为整齐、连续的建筑界面，西侧为数十个栈桥趸船码头。码头入口多设有门楼招牌等。江边马路扩建之前仅有7米，滨江空间之街道宽比为1:1~2:1，且沿线建筑无退让，与同时期的上海、汉口租界滨江空间相比显得非常局促。此时的江边马路为人车混行的一块板式道路，码头集客、货运于一处，交通混乱，沿线没有绿化、江堤防护设施，滨江空间品质整体较差。

1933 年，江边马路全线扩建至 30 米，滨江空间之街道高宽比变成 1:5~1:2，滨江空间较之前开阔。道路采用人车分离，快、慢车道分置，设有停车处、草地等设施。沿江路拓宽的同时，南京市政府通知各轮船公司对沿江码头进行改造，以美化门面。并在大阪码头江边突出处建江边小公园一座 ①，沿江马路滨江一带从交通码头区，向品质较高的滨江城市空间过渡。

图 15-3-30 江边马路江堤及建筑

图片来源：叶兆言，卢洲鸣，韩文宁.老照片：南京旧影 [M].南京：南京出版社，2012：23.

图 15-3-31 江边马路一带滨江空间

图片来源：贺云翱.百年商埠——南京下关历史溯源 [M].南京：江苏美术出版社，2011：73.

（三）典型港口码头及交通建筑

1. 招商局

清同治十一年（1872 年）轮船招商局在上海正式开业并开辟长江航线，次年，招商局"在金陵下关地方，设立棚厂，接送行人上下"，由庄椿山代理经营。光绪三年（1877 年），招商局收购美国旗昌轮船公司，并将其于下关的旗昌洋棚进行改造，仍委托庄椿山经营。

1822 年下关修建南京第一座趸船码头"功德船"，由招商总局从芜湖分局调派"四川号"趸船到南京。功德船码头位于大马路西端 140 米左右江岸处，其即为招商局码头之前身。20世纪 30 年代，招商木栈趸船码头设施较从前有所提升，设有入口栅门，出入旅客分行，并设有旅客候船室、宪兵监察室、官员验货房等 ②。

抗战结束后，招商局于 1947 年在下关江边营建候船和办公的综合性大楼一座，设计者为基泰工程司的著名建筑师杨廷宝。建筑坐落于大马路北 164.8 米江边路沿线，沿道路设围墙，大门两侧设 2 个警卫室 ③。该建筑为钢筋混凝土结构，平面呈方形，底层作为售票、候船及库房，二、三层主要是业务办公用房和宿舍，顶层为电报、电话用房以及俱乐部。建筑主入口设于西面中央，面向江边马路，进入建筑大门经楼梯直接到达位于二层的业务厅。建筑为框架结构，为建筑内部提供了开放的大空间。建筑主体部分为 3 层，主立面（西立面）中部高起为 4 层，建筑外形仿船型，以示水运交通建筑的特征。外立面有带状连续窗，外圈出挑阳台，转角处采用弧角处理，与船只造型中常有的曲线呼应，整体造型轻盈、别致。（图 15-3-32、图 15-3-33）

① 《江边马路开始通车》《江边码头市府饬各轮局改善》，载《中央日报》民国二十三年（1934 年）2 月 28 日第 2 张第 3 版.
② 国学航业之监督——招商局南京分局码头之整理 [J].政治成绩统计，1935（12）：95-106.
③ 1947 年国营招商局下关办公厅总平面，南京招商局提供.

图 15-3-32 南京招商局旧址 20 世纪 90 年代照片
图片来源：www.cmhk.com

图 15-3-33 南京招商局旧址 2016 年照片
图片来源：m.ctrip.com

图 15-3-34 二十世纪八九十年代初中山码头照片
图片来源：贺云翱.百年商埠——南京下关历史溯源［M］.南京：
江苏美术出版社，2011：75.

图 15-3-35 1929 年 5 月 28 日 "威胜" 号军舰
停靠中山码头
图片来源：贺云翱.百年商埠——南京下关历史溯源
［M］.南京：江苏美术出版社，2011.

2.中山码头

中山码头（图 15-3-34）位于中山路最西端长江江岸，1929 年为迎接孙中山灵柩由北平（现北京）运送到南京安葬而营建。是年 5 月 28 日，孙中山灵柩经浦口由 "威胜" 号军舰运送渡江至中山码头[①]（图 15-3-35）。当时的中山码头较为简陋，仅有木栈桥一座。此后，中山码头仅停靠官差轮船，码头附近仍旧一片荒凉。为了永久保留这座有纪念意义的码头和繁荣中山码头及中山路附近街市，南京市政府将浦口、下关间的轮渡由澄平码头迁至中山码头。

1930 年，中山码头开始扩建，并于 1935 年竣工。竣工后的中山码头有 "300 英尺（约合 91 米）长趸船码头 1 座，钢结构栈桥 3 座，城堡式候船室 1 座，候船室为钢筋混凝土结构"[②]。根据历史照片，1935 年扩建后的中山码头候船厅为 1 层，框架结构，中间入口处略高于两侧候船室。立面采用水刷石粉刷，两侧候船室立面有大面积窗洞与竖向条形窗洞相间，富有韵律感。钢架结构使得候船室开窗更为自由，钢框（或铁框）玻璃窗窗口纤细，室内采光良好，视线通达。码头竣工之初并未立即投入使用，直至 1936 年 3 月中山码头前的广场扩建工程完成才正式开业。

---

① 贺云翱.百年商埠——南京下关历史溯源［M］.南京：江苏美术出版社，2011：74.
② 《南京港史》编写委员会.南京港史［M］.北京：人民交通出版社，1989：166.

三、居住

清末下关开埠之前，仪凤门以外滨江地带十分荒凉，"蒿莱弥望，匪类潜踪"。开埠之后，下关商埠成为清政府划定的外国商民购地建房之地。随着中外码头、货栈洋行的汇集，下关商埠人口激增，中外商民、外来平民、劳工等纷纷在区内建筑房屋以满足居住需求。

（一）居住街区分布及特征

1. 居住街区分布

清末民初，下关商埠区内住宅建设没有严格的监管和规划，因此住宅的类型多样且分布零散，包括西式住宅、中式住宅（合院、市房）、里弄、棚户等。区内最有代表性的2种住宅类型为里弄和棚户，南京最早的里弄式住宅就出现在下关商埠区内。

随着商埠的建设、发展，地价逐渐上涨，下关成为寸土寸金之地。大量中外商民通过各种方式囤积土地，外商为避免购地之限制，以中国的堂名字号向政府纳税请照[1]。随着地价的增长和居住需求的增加，下关一带出现营建里弄式住宅对外出租的私营房地产公司。

下关商埠的兴起，吸引了许多来自山东、皖北、苏北等地到南京依托车站、码头、工厂谋生的平民。这些平民在商埠内较为荒凉的地区搭建大批结构极为简易的棚屋居住。据1934年国民政府民政部门的调查，下关地区棚户有5 000户，这些棚屋结构简易、局促集中，居住环境恶劣。

里弄式住宅区主要分布于大马路南段及三马路东侧。里弄式住宅成条状整齐排列，房屋间隔较近，数栋形成片状街区。规模最大的为法国天主教兴建的天保里、天关里、天祥里。

棚户区主要集中在惠民河沿岸及尚未开发的湖北街、怡和塘、唐山路、南通路、九家圩、宝善街西侧、美孚栈街北段等处，惠民河两岸就集中了800多户，怡和塘一带规模也极大[2]。

此外，商埠区内沿主要街市大马路、二马路、北安里一带商住混合，传统沿街店房除做商铺外亦是居住用房，在街区内部也有各式小型住宅混合其中。

2. 居住街区之特点

（1）商住混合

商住混合反映在2个方面，一是商埠内大量砖木结构的二三层市房、店房本身就是集商住功能于一身；二是大马路一带形成的片状街区，沿街为商业店铺，街区内部则住宅密集，有条形联排公寓式住宅、中式合院、小型砖木住宅等。

（2）居住品质不均

下关在开埠之前十分荒凉，开埠之后中外商人纷纷购地建屋，地价飞涨。于此同时，大量外来依靠码头、火车站等谋生的平民也在下关商埠聚集，高昂的地价使得这些平民只能自

---

① 《南京港史》编写委员会.南京港史［M］.北京：人民交通出版社，1989：108.
② 贺云翱.百年商埠——南京下关历史溯源［M］.南京：江苏美术出版社，2011：92.

建棚屋解决居住问题。商埠区内有高档优质的西式独栋住宅，也有高密度的中档里弄房屋，还有极其简陋的棚户，而且棚户混杂在商埠区内各处，十分混乱。

（3）层数低且密度大

"天字号"里弄住宅区是南京最早的里弄式住宅区，位于下关最繁华的街市附近。住宅街区建筑层数低，密度大，间距小，采用单元式设计，居住空间使用效率较高。商埠区内其他街区中的私人住宅大多是砖木结构，由于繁华街区土地紧张，住宅多是 1~2 层砖木结构，房屋之间的间距很小，整体密度大。

（二）最早的房地产开发——"天字号"

"天字号"街区由天保里、天光里、天祥里及天主教堂等部分组成，位于大马路南段西侧，由法国天主教在 1901 年左右开发兴建。开埠之前，南京已吸引了大量传教士团体。天主教是较早进入南京的教会团体之一，早期以护理和关注病人为主要特色，在南京拥有大量信徒。根据《金陵关十年报告》（1892—1901 年）中记载，到 1901 年，"（天主教）在江苏省有113 631 个受洗的信徒，其中有 29 490 个新教徒。……最近在下关获得了面积相当大的地产，其范围延伸到了江宁马路的边缘，在不久的将来会提供绝佳的建筑用地"。

"天字号"街区的营建始于天主教在南京的发展，加之下关开埠后外国商民可在商埠区内建屋盖房，因此教堂在整个片区中占据重要地位，甚至住宅只是教堂的辅助部分。片区内里弄住宅的使用方式，有两种说法：一者认为教会将其对公众出租以营利；二者认为教会通过提供住房的方式吸引教徒，即信教者即可居住其中。1946 年的建筑修缮请照文件中，天保里三十四号业主田长康陈述道："窃民于民国二十四年（1935 年）向下关天主教堂承租天保里三十四号原有三间二层楼房一座。"[1] 此外，民国四年（1915 年），慎泰荣五金号也曾向天主教堂租赁大马路 41 号坐西朝东市房 1 座作经营用途[2]。由此可推测，"天字号"一带属天主教堂之地产、房产，天主教堂将其对外放租，而非专供教徒居住。

"天字号"街区是南京早期房地产开发的雏形，由教会组织开发且临近教堂，以出租谋利为经营方式，建设于晚清时期，是南京现存最早的里弄式住宅区。国民政府奠都南京之后，在南京其他地区也兴建了类似的住宅，里弄式住宅作为经济、高效的住宅形式得到推广。

1."天字号"街区总体布局

"天字号"街区的大致范围：东至大马路，西至牛家湾，南至天保路南侧，北至江宁铁路江口车站前（图 15-3-36）。整个区域包括教堂、住宅、沿街市房等。区域内主要交通通道呈"U"字型，分别为东西走向的天保路和天安路，以及南北走向的天光路。天保路宽约 7 米，东接大马路，西接天光路、公共路；天安路宽约 7 米，西接天光路，东接大马路；天光路宽约 7.2米，南接天保路，北接天安路。除以上 3 条主要道路之外，区域内巷道纵横，将整个区域联系了起来。

---

① 南京市档案馆，档案号 10030080906（00）0001：《为请求发给执照俾便修理主屋由》［民国三十五年（1946 年）］。
② 南京市档案馆，档案号 10230011064（00）0001：《慎泰荣五金店租约等》［民国四年（1915 年）］。关于租约的时间，落款字迹损坏，无法辨认。但在租约落款后的一段加证中写道："立重订合同天主堂、慎泰荣双方一定房租由丙辰年十一月初一日期至壬戌年十底为满，每月行租六拾六元正。以两年为限，期内两不加减两不解租。"文中所说丙辰年为民国五年（1916 年），壬戌年为民国七年（1918 年）。且落款中天主堂主人英文签名日期以"15"结尾，推测为"1915"之意，为行租开始前一年，与"立重订合同"中的相符。且契约落款字迹极似"乙卯"，故考证该契约签订于民国乙卯年，即民国四年（1915 年）。

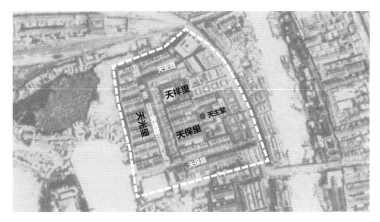

图 15-3-36 "天字号"街区范围示意图

图片来源：根据 1929 年南京航拍图绘制

天主教堂位于街区的中部相对私密的位置，东侧、北侧与市房相接，西侧、南侧与天保里里弄住宅区相连。教堂由数栋 2 层楼房及面积约为 680 ㎡的院子组成。沿大马路一侧由北至南分别为交通银行办公楼、庆华鞋帽炒庄、数栋市房、合院。沿大马路一侧房屋均坐西朝东，形成连续的街市界面，有的为独栋洋楼，有的则为多进式合院，西侧边界长短不一。

里弄式住宅排列整齐，除天光路东侧一列住宅呈东西朝向外，天光里、天保里、天祥里的住宅均呈南北朝向。里弄式住宅较规整，每栋建筑长约 27 米，宽约 14 米。天保里包括天保路南侧 1 排 2 栋建筑，天保路以北 4 排 5 栋建筑，及天光路东侧南北向 1 排建筑。天光里包括天光路以西 7 栋建筑。天祥里则包含天保里以北 2 栋独栋建筑，及其以北天安路两侧的 2 栋房屋[①]。

整个"天字号"街区经过精心布局、设计，是下关商埠区内少有的经过规划设计之街区。内部交通系统简洁、通畅，土地利用率较高，且居住品质得以保证。

2. 建筑形式

（1）教堂

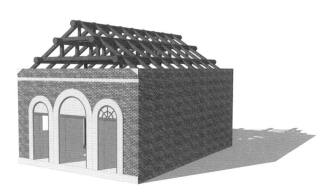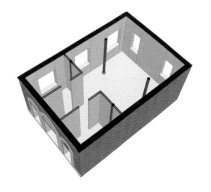

图 15-3-37 下关天主教堂屋架模型图（左）、室内模型图（右）

图片来源：东南大学周琦建筑工作室

根据 1929 年航拍图，下关天主教堂院中有数栋建筑，现存天主教堂范围内有 6 栋建筑。根据建筑的形制和装饰风格，推测现存房屋西北角上一层双坡屋顶、砖木结构建筑为天主教堂。

---

① 天保路南侧的建筑现在已不存在，根据其形制，推测其属于天保里。天祥里现遗迹仅有 1 栋建筑，天安路两侧房屋已不存在，按在其所在位置，推测为天祥里，也有可能属于天保里。

教堂面阔 6.78 米，进深 10.3 米。主入口设于北面山墙，拱形门洞位于中央，两侧开 2 扇拱形窗，建筑西侧开 3 扇拱形窗。门窗上部有放射式木窗花装饰（图 15-3-37）。北立面拱形门洞正上方有一圆形窗洞，窗洞周围有白色花环样式浮雕装饰。内部可见抬梁式木屋架，室内 4 根立柱与墙分离，通过短梁与墙体连接。中间两匹屋架之间做拱圈吊顶（图 15-3-38）。

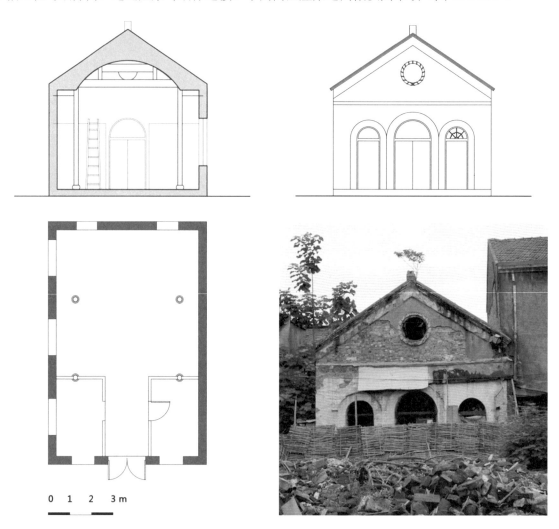

图 15-3-38 2017 年下关天主教堂旧址现状测绘南立面图（左上）、剖面图（右上）、平面图（左下）、现状照片（右下）

图片来源：东南大学周琦建筑工作室

（2）住宅

天保里在整个"天字号"街区（图 15-3-39）中所占比例最大，属于典型的里弄式住宅。房屋为 2 层砖木结构，表面水泥抹灰，入口门洞上方做拱圈线脚装饰。每栋房屋由 5~10 个单元组成，单元呈长方形，面阔 3.8 米，进深 14 米。单门独院，前院中部有小天井，进入后为 2 间房间，中间为简易木隔墙，房间后为楼梯间，狭窄的木楼梯通往 2 层。厨房位于单元后部，设有后门出入。二层布局与一层相同，楼梯两侧房间有 3 级楼梯的高差。厨房一侧三层为可上人平台，砖砌水泥抹灰女儿墙，主房间侧为双坡屋顶（图 15-3-40）。

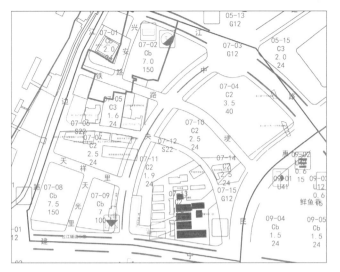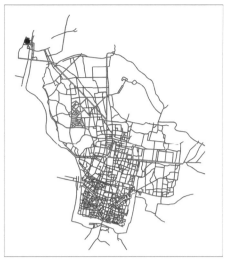

图 15-3-39 2017 年天字号街区总平面图（左）、城市区位图（右）

图片来源：东南大学周琦建筑工作室

　　前后 2 栋房屋间的弄堂宽 2.5 米，二层相距 4 米。由于弄堂一侧为 2 层，另一侧为 1 层前院，虽然弄堂宽度较窄，但空间并不局促，且通达感强。现状中弄堂两侧房屋外加装洗手池，使得并不宽裕的交通空间更加局促。

　　每栋建筑由多个单元组成，进深较大，导致中间的房间没有采光，楼梯间则通过天井或侧高窗有间接采光。进深大带来的另一个问题是，不利于房间的使用，隔断后单元中部的房间作为交通空间可穿过，私密性不能得到保证。（图 15-3-41、图 15-3-42）

　　除了里弄式住宅之外，"天字号"街区中还有一些一二层楼房。民国三十五年（1946 年）的一份房屋修缮申请中记录了天保里 34 号 1 栋 3 间 2 层楼房的基本情况。楼房与天主教堂庭院相邻，东西朝向。业主"于民国二十四年（1935 年）向下关天主教堂承租"，抗战时期房屋损坏严重，故申请修缮。

　　建筑面阔 9.6 米，进深 4.2 米。砖木结构，14 根立柱承重，四周为斗子墙。东面 6 扇窗，西面仅二层 3 扇窗，入口设于南侧。三檩"人"字形屋架，二层杉木楼板，一层为地砖面层。室内一"L"形双跑楼梯，位于建筑东南角。

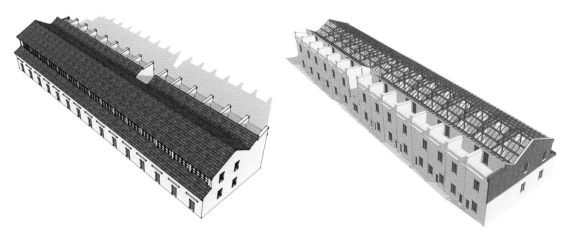

图 15-3-40 下关天保里住宅模型图(左)、屋架模型图(右)

图片来源：东南大学周琦建筑工作室

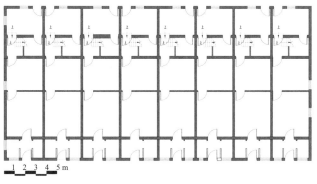

天保里住宅一层平面测绘图

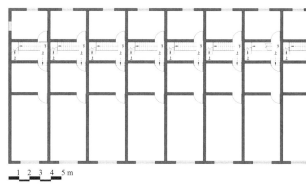

天保里住宅二层平面测绘图

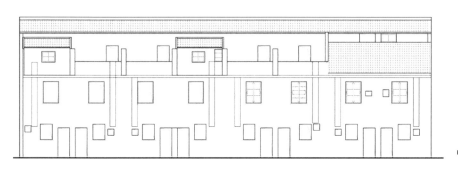

天保里住宅北立面测绘图

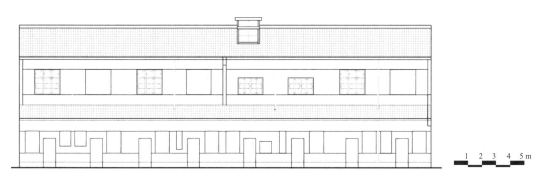

天保里住宅南立面测绘图

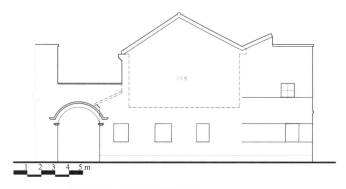

天保里住宅西立面测绘图

天保里住宅东立面测绘图

图 15-3-41 2017 年天保里住宅测绘图

图片来源：东南大学周琦建筑工作室

图 15-3-42 天保里现状照片

图片来源：东南大学周琦建筑工作室，李莹韩摄影

4. 配套设施

民国二十二年（1933 年），大马路一带自来水管道已铺设完成。民国二十四年（1935 年），天主教教堂的租户，大马路 29 号市房的业主慎泰荣五金号已使用自来水，更换了旧电表，安装、使用了电话设备①。由此可见，"天字号"街区现代化的供水、供电设施在 20 世纪 30 年代已齐全。

"天字号"街区居住人口众多，相关教育、生活设施也在周边聚集。天保里一带就有 4 所学校（表 15-3-4）。民国十六年（1927 年），工务局曾计划于天光里西侧建中型菜市场 1 座。菜市场为钢筋混凝土结构，呈"L"形，由廊房式市场和 4 个市厅组成，从天光里横街可到达市场。菜市场设计图刊登于《南京特别市工务局年刊》（1927 年）中，但在 1929 年航拍图内并没有看到市场，推测市场并未建成，但其亦可反映出"天字号"街区一带配套设施的建设水平是较为领先的。

清末至民国三十八年（1949 年）天保里街区内小学一览表 表 15-3-4

序 号	原校名	校址	性质	类别	开办年份	演变情况
1	景风义务小学	天保里 35 号	不详	不详	民国九年（1920 年）	民国十二年（1923 年）迁至中华圣公会内
2	天保路小学	天保路	市立	初小	民国二十三年（1934 年）	民国二十六年（1937 年）12 月停办
3	俭德小学	天保路	市立	初小	不详	解放后改称大马路小学
4	首都第一交通职工子弟小学	天保里 35 号	市立	初小	不详	不详

资料来源：南京市下关区地方志编纂委员会. 下关区志［M］. 北京：方志出版社，2005:737.

---

① 南京市档案馆，档案号 10230011064（00）0001：《慎泰荣五金店租约等》［民国四年（1915 年）］。

四、工业

下关自南宋、明清时期，就是造船工业之聚集地。清光绪二十年（1894年），浙江宁波商人徐阿炳在大马路开办胜昌机器厂，以修理船舶和动力机械为主，首开下关乃至南京近代工业之先河[①]。下关开埠通商之后，优越的水陆交通条件，吸引了大量中外商民来此投资开设各类手工作坊、工厂等。民国时期，商埠区内设有发电厂、煤炭厂等较大规模工业设施，商埠南部一度成为民国政府划定之工商业区。

（一）工业分布及特征

商埠区内工业规模大小不一。小型作坊、工厂用地小，人数有限，加工场地即为销售场地，多位于二马路、三马路等街市中。大型的工业设施，如电灯厂发电所、九家圩煤炭厂、油栈等，依赖于便捷的水陆交通，分布在长江沿岸、惠民河沿岸。清末民初，南京工业发展相对滞后，加上早期下关商埠的发展建设监管混乱，并没有专门的工业区域规划，造成工厂分布零散而没有形成片区。下关商埠濒临长江，便利的水运、铁路交通条件及丰富的水资源，使之成为发展近代工业的理想选址。1927年国民政府奠都南京后，一系列城市规划分区中，下关商埠定位均为工、商业区，1927—1937年政府着力发展南京之工商业，继而对下关商埠一带有一系列开辟建设计划。（表15-3-5）

1928年下关商埠区内工厂一览表　　　　　　　　　表15-3-5

类型	名称	地点
机器厂	协昌机器厂	下关街
	永骏机器厂	宝善街
煤炭厂/炼焦厂	兴仁煤炭厂	三马路
	普益煤炭厂	二马路
	同兴煤炭厂	二马路
	永骏机器煤球厂	宝善街永森里
	华兴煤炭厂	九家圩
	兴顺炼焦厂	湖北街
	永源炼焦厂	九家圩
米厂	嘉和机米厂	惠民桥
	天福机米厂	惠民桥
布厂	丽新布厂	三马路
	振新纱厂	二马路
电厂	电灯分厂	湖北街
油厂	美孚油栈	美孚栈街
	亚细亚大油	三汊河北
	美大煤油公司	三汊河北

资料来源：《实用首都指南》，第206页，1928年，上海中正书局出版

[①]　南京市下关区地方志编纂委员会．《下关区志》［M］．北京：方志出版社，2005.315.

（二）第一工商业区计划

下关商埠濒临长江，水源充足且交通便利，是发展工商业的绝佳地点。

国民政府奠都南京之后，数次对南京整体城区进行分区规划，下关商埠的定位也略有变化：1928 年《南京市政府制订之全市分区计划》中下关商埠全境属于商业区；1929 年颁布的《首都计划》则将下关商埠划为第一工业区[①]；1933 年颁布的《首都分区规则》中下关商埠仍被划作第一工业区。南京市政府在 1933 年对下关再次进行进一步开发规划，这次开发主要集中在中山路以南地带。1931 年《开辟下关第一工商业区案》[②]中，"拟划中山路以南，惠民河以西，三汊河以北，长江东岸一带土地计一千一百余亩作为第一工商业区沿江建筑码头。区内填圩成地，复于其中开辟马路以利交通，唯改良计划关系全区，应即一律征收以便统筹办理，此项计划业经首都建设委员会通过兹拟依土地征收法征收"。

工务局对第一工商业区的规划中，长江沿岸"采用顺岸式码头"。区内辟一条宽 22 公尺[③]的"马蹄式干路"，干路北端与中山路相连，南端成回路，此"道路边线距江岸及三汊河岸一百公尺，距惠民河岸七十四公尺，中间复辟东西向之干路三条亦宽二十二公尺"，该区域被分隔成沿江地带、沿惠民河段落 9 个及中间 4 块腹地。沿江地段宽 100 英尺[④]，作工厂、转运业之用；腹地东西宽 300 公尺，南北长 250~350 公尺，适用于"趸售商业及其他工商业之用"。

江岸线与干道之间 100 公尺地带，"自江岸起即可顺次建设人行道、起重机轨道、仓库、铁路、工厂及马路等"[⑤]。2 张《工商区沿江布置断面图》中详细绘制了计划中所规划的港区地带：自西向东，趸船码头木栈道联系江堤，江岸边设 3 公尺人行小路，小路东侧为 2 条起重机轨道总宽 11 公尺，铁路及空地区宽 36 公尺（第二张图中为 16 公尺宽货栈与 20 公尺宽铁道），工厂及商店区宽 50 公尺。工厂及商店区之建筑为 4~6 层，高度约为 20~35 公尺。后经市政府商议，将沿江港区地带扩大至 150 公尺，其中 60 公尺为货物起卸用途。

沿惠民河一侧港区地带，自东向西为 3 英尺人行道、11 公尺宽的 2 条起重机轨道以及 60 公尺宽的工业及货栈区。主干道位于两侧码头与中间腹地之间，宽 22 英尺，两侧为 5 英尺宽人行道，中间为一块板式马路。2 条起重机轨道环绕整个第一工商业区。铁道则将工商业区与位于商埠北部的下关火车站相连。

第一工商业区是对下关商埠南部地区的一次详尽的工商业区域规划，计划希望通过统一开发，基础设施如堤岸、铁路、起重机轨道、道路等的建设，带动商埠南部及南京工商业的发展。此计划充分利用了下关商埠之水陆交通优势，且考虑到大规模货运及工厂建设的需求，但此计划需要征收商埠中山路以南近"一千一百余亩"土地，对于当时的国民政府而言，这项工程耗费过于巨大。因此，最终位于下关南部的第一工商业区的建设并未能如期推进，搁置 2 年后，南京市政府决定先行修建四周之堤埂以待未来开发。第一工商业区防水堤于 1937年修建完成，随后抗日战争全面爆发，第一工商业区计划就此夭折。

---

① 王俊雄. 国民政府时期南京首都计划之研究［D］. 台南：成功大学，2002.
② 南京市档案馆，档案号 10010030160（00）0007：《开辟下关第一商业区案》。
③ 1 公尺＝1 米。
④ 1 英尺 ≈0.3 米。
⑤ 南京市档案馆，档案号 10010030160（00）0002：《函至续拟下关第一工商业区干路计划图案及议案即呈至首都建设委员会核议由》。

（三）典型工业建筑——下关电厂

下关电厂（图15-3-43）位于中山码头北侧，前身为金陵电灯官厂。1919年下关商民给内务部递交呈文，要求解决下关地区电力不足问题，建议在下关一带增设电厂。江苏省立南京电灯厂应商民要求，同时考虑到西华门交通不便，运煤困难，以及内秦淮河水源不足等原因，决定在下关江边建立分厂。厂址选在飞虹码头（今中山码头）与湖北街之间，向下关商埠局购买九亩多"官荒地"[①]。1920年初动工兴建厂房，并于同年10月正式发电运营，定名为"江苏省立南京灯泡厂下关发电所"。此时电厂范围较小，仅有1栋主要发电厂房，占地约6 200平方米，发电厂与中山大道之间有60米距离的空地。

1927年国民政府奠都南京，1929年建设委员会决定扩建下关发电所，扩建工程分为2期进行。一期扩建工程于1930年12月28日动工建筑厂房，1932年2月竣工，同年发电运行。二期扩建工程于1934年开始营建厂房，次年4月安装设备，并向整个南京地区供电。此次扩建后，达到国民政府时期下关发电所厂区范围及建筑规模的顶峰时期。厂区南侧扩展到中山路，东侧至距江边路约150米，北侧边界基本保持20世纪20年代原状。1933年江边马路扩建，电厂原有老发电厂房被征收拆除。

1932年一期扩建后的首都电厂有2栋主要的发电厂房，一栋为靠近沿江路的老厂房，另一栋则位于厂区东侧的"10 000基罗瓦特新厂"（图15-3-44）。新厂建筑自南向北层层增高，东立面锯齿式山墙开竖条长窗，南立面圆方窗相间。

1934年二期扩建工程对一期扩建时建设的"10 000基罗瓦特新厂"进行改造加建，加建部分位于原厂房西侧。民国二十三年（1934年）4月开始打桩，共打钢筋混凝土预制桩802根，至年底完工[②]。二期扩建厂房建筑形体与原厂房相似，由南向北依次增高。二期厂房扩建由华盖建筑事务所童寯设计。建筑东、西立面采用竖向条窗，南立面采用通长横向条窗，屋檐、窗檐、窗台强调连续横向线条。建筑整体设计简洁而富有韵律，是近代工业建筑设计之代表。

全面抗日战争时期，首都电厂被日本侵略军占领，厂区及发电设备遭到严重破坏。抗日战争结束时，厂区内仅留下二期扩建的发电厂房。电厂与政府着手恢复和扩建厂区，将厂区范围向东扩张至洮南路，但厂区扩建规划并没有得到实施。

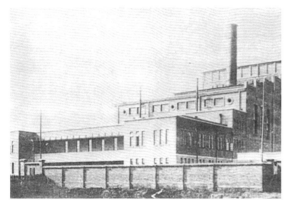

图15-3-43 下关电厂历史照片

图片来源：贺云翱.百年商埠——南京下关历史溯源［M］.南京：江苏美术出版社，2011：130.

图15-3-44 首都电厂一万基罗瓦特新发电厂

图片来源：南京档案馆，档案号10030032415（00）0001[1]；《扬子电气公司首都电厂二十周年纪念册》.

---

① 《下关发电厂志》编纂委员会.下关发电厂志［M］.南京：江苏人民出版社，1994：6.
② 同①：10.

第十六章
梅园新村

图 16-1-1 梅园新村中共代表团办公原址
图片来源：东南大学周琦建筑工作室·

第一节 梅园新村近代住宅区规划与建设发展历史

一、梅园新村近代住宅区规划建设的影响因素

（一）1927 年国民政府定都南京对梅园新村近代住宅区产生的影响

1927 年到 1937 年间，南京作为国民政府政治文化中心，有国民党党政军人员大量涌入，同时吸引了周遭大量农村人口入宁，城市人口急剧增加。从 1927 年到 1936 年，南京城市人口从 36 万增至 95 万。急剧增加的人口导致了城市内部住宅稀缺，地价、房价高涨，许多人只能租房，因而房租暴涨。

1. 人口的大量增加，刺激房租的增长

人口的大量涌入，导致住宅紧缺，房租高涨。1927 年前，南京大部分住宅都集中于人口稠密的城南地区。城中区域主要为官署，城北为荒地一片，尚无新式住宅区。定都以后，人口增加，住宅供不应求，房屋租金与国民政府定都前相比增加了 10 倍以上。

2. 人口和房租激增，促使地价高涨

人口持续涌入及房租激增，也促使地价高涨。1927 年前南京每平方米土地不超过十元，但国民政府定都之后，土地价格猛涨，每平方米高达数百元甚至上千元，傅厚岗、五台山、高楼门等无人问津的城北区域也高涨起来。于是大量资金涌入房地产市场，很多人开始炒地皮，因而南京城市住宅问题更加严峻。

3. 政府关于住宅的建设计划

国民政府定都南京之后所产生的居住问题，已经严重影响了南京的城市建设和发展。南京特别市政府采取了一系列措施来解决这一问题，其中提出了许多关于住宅的建设计划，如政府修建平面住宅、改造棚户区、鼓励私人修建住宅等等。1929 年 12 月，《首都计划》制定并开始结合实际进行实施。关于住宅区，《首都计划》中主张按照人群收入水平划分为一至四等住宅区。低收入人群应在城南、城中等人烟稠密地方居住，政府职工住宅区应靠近中央政治区，城北则可提供给高收入者修建别墅而居。

在 1929 年《首都计划》对住宅的分区规划中，包括第一、二、三住宅区及棚户区 4 种类型，梅园新村近代住宅区所在区域被划分为第二住宅区。《首都计划》中的住宅分区规划对各个住宅区的土地用途、房屋高度、地段面积、庭院设置要求、建筑覆盖率等都做了详细要求。作为第二住宅区，房屋高度不得逾 4 层楼，或 14 公尺，或所在街之宽度，取其最低之一项为限制。每地段面积至少须有 350 平方米，其最窄之宽度须有 11 米。第二住宅区住宅的前院至

本章作者为胡楠。

少得 6 米进深，后院则最少有七 7 米进深。有旁院的房屋及附属房屋的总面积不得超过该地段总面积的 45%；如无旁院，不得超过该地段总面积的 55%。第二住宅区的定位即为政府高级职员提供居所。当时的中央政治区即规划于明故宫地段，而梅园新村近代住宅区距离明故宫较近，且此地未曾有传统民居，便开发作小型新式住宅区。

（二）梅园新村近代住宅区独特区位的影响

南京梅园新村近代住宅区的地理位置独特（图 16-1-2 灰色填充部分），这一片区不同于城北的颐和路公馆区和城南密集的旧式住宅区，它处在南京城中地区。城中区域自古以来均为南京城内官署所在区域，住宅分布较少。国民政府定都南京时，城中区域也依然保留了较多荒地。梅园新村近代住宅区位于民国总统府及佛教圣地毗卢寺之间，往南的钟岚里片区与逸仙桥小学相连，紧邻中山东路；西北方向为当时的国立中央大学，即现在的东南大学四牌楼校区；往东出西华门，则是明故宫区域，距离当时所规划的中央政治区也较近（图 16-1-3）；往西距离市中心新街口总长 1.7 千米。

1. 梅园新村近代住宅区周围环布众多政府机关、学校、医院

1932 年南京市地图显示，梅园新村近代住宅区约 2 千米范围内的政府机构有：国民政府行政院（即国民政府总统府）、立法院、农业部、教育部、财政部、司法部、模范监狱等。此范围内的教育机构有金陵中学、汇文女学、中央大学、中央军官学校、军事学校、步兵军校等等。还有 2 处医疗机构，为鼓楼医院和第四后方预备医院（图 16-1-4）。以上机构的职员是梅园新村近代住宅区内部住户的主要来源。

进入南京的政府机构职员纷纷在此置业定居。钟岚里片区居住的均是中南银行的职工，梅园新村 1-4 号户主原是医生，梅园新村 35 号原户主为大学教授，雍园 1 号是国民党政府要员白崇禧的住宅，梅园新村 44 号是郑介民的住宅。

图 16-1-2 2017 年梅园新村近代住宅区
图片来源：周琦建筑工作室

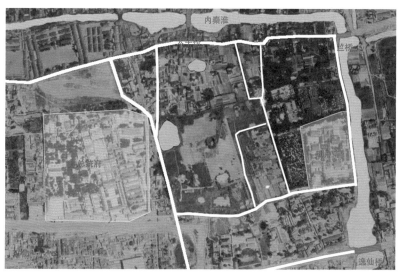

图 16-1-3 1929 年梅园新村周边环境
底图来源：1929 年南京航拍图

图 16-1-4 1932 年梅园新村周遭机关单位分布

底图来源：1932 年南京地图

2. 梅园新村近代住宅区与市中心新街口

梅园新村近代住宅区优越的地理位置，与当时新街口的繁荣密不可分。1930 年代，南京道路系统修建完善，新街口的地理位置得以彰显，国民政府也有意将新街口打造成南京的商业、文化中心，新街口迅速繁荣起来[①]。1927 年的新街口仅为 2 条小路的交叉口，先后开辟了中山路、中山东路、中正路、汉中路以及新街口广场，新街口成为城市的辐射中心。此后，新街口地区开设了大量餐饮、娱乐场所，繁华热闹。1930 年新街口银行区的开辟，吸引了众多银行前往建筑行屋，进行营业。当时中南银行就集资在梅园新村对面的钟岚里修建了职员宿舍，即分布在汉府街南侧的钟岚里片区。

3. 梅园新村近代住宅区周围的交通路线及设施

梅园新村近代住宅区周遭有着便利的交通设施（图 16-1-5）。由西向东，梅园新村紧挨竺桥街、太平桥、竺桥，包括紧邻这一片区南面的中山东路、贯穿其中并连接国府路的汉府街。其东侧还有当时自下关而贯穿南京的京市小铁路，在此设国府站。

1927 年，南京国民政府成立之初，南京特别市政府发布公告开辟国府路。由于国民政府位于此段马路上，当时此路状况较差，南京特别市市长刘纪文在蒋介石的命令下，着手开辟道路，1928 年修建完成。这也是国民政府定都南京后所修的第一条马路。此段马路全长 1065 尺[②]，总宽度达到 100 尺，修建之后，道路状况因此得到了极大改善。

---

① 徐智·拓展与改造—南京城市空间形成过程研究（1927—1937）［D］.上海：复旦大学，2013：229.

② 1 尺 ≈0.33 米。

京市铁路在宣统元年（1909年）通车，在南洋劝业会时达到鼎盛，据称当时每月载客数十万人次。这段铁路上通行的火车被市民称为"小火车"，是当时南京市内主要的交通工具①。

汉府街将梅园新村及钟岚里分隔两边，尽端连接毗卢寺，垂直于内秦淮河。1927年以前，汉府街蜿蜒曲折，不利通行。1928年南京特别市政府宣称中正街至汉府街一带亟需开辟马路以利交通②。1930年，汉府街开始修筑马路。

便利的交通和繁华的新街口吸引着人群聚集。众多政府机构、医院、学校的分布在于，吸引了大量中高产阶级人士在此置业。梅园新村近代住宅区的区位重要性得以彰显。

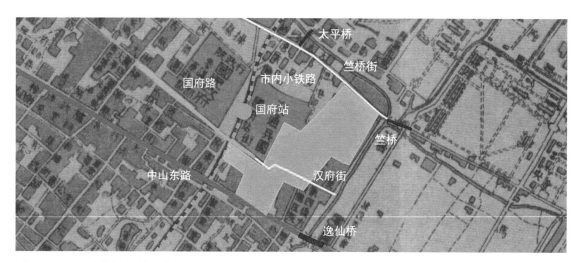

图 16-1-5 1932 年梅园新村周遭交通图
底图来源：1932 年南京地图

（三）近代房地产业兴起所产生的影响

南京市的房地产业可追溯至清末明初。那时下关已辟为商埠，工商业的发展致使住房紧缺。法国天主教教堂在下关营建天光里等里弄住房，已成为盈利性质的房地产公司。国民政府定都之后，南京人口急剧增加，房屋紧缺促使房租、地价高涨，南京的房屋普遍以租赁为主。大量资金进入房地产业，房地产经营蓬勃发展。各大银行以本行名义或化用"信业堂""信立堂"等名义经营地产，除少量自用外，余皆待价而沽或建房出售。此外有营造业的康金记营造厂，在中山东路营建市面楼房1幢、忠林坊里弄式住宅楼房5幢出租。还有军政界要人（如张静江、曾养甫）在新街口商业区开发前买下百货商店、大华电影院等处地皮，等待开发。陈调元在淮海路营建树德坊，建房百余间出租，胡竞义营建仁义坊住宅楼18幢出租。同时，还出现了挂牌经营的私营房地产公司，或自建房屋出租、出售，或炒买炒卖地皮，或代客介绍房地产买卖等③。

周坤寿在《南京市市政府实习报告》中提及：

"南京自建都以来，人口渐多，从事建设，交通渐便。如新街口在十六年以前每方不过十数元，现在每方高达二三百元，其增值之所得为不劳而获。年来投机事业日见风涌，如乐居房地产公司，在未开办前为一经纪人，说合买卖，代人申请登记以取中资，二十二年成立公司，十二万元矣。目前又与银行合作收买土地，在国府路梅园新村建筑洋房招租，又如宜昌地产公司每月行市有二万以上，至若实业上海兴业中国等各银行收买之土地皆在

① 谢波，刘守华档号档案穿越（2012）[M].南京：南京师范大学出版社，2013：95.
② 南京市档案馆，10010011738（00）0751："开辟中正街到汉府街马路案。"
③ 南京市地方志编纂委员会.南京房地产志[M].南京：南京出版社，1996.

一百万元以上。"①

　　这一时期出现了众多房地产公司。20 世纪 30 年代后，经营南京房地产租售业务的公司迅速增加，至年底已突破 10 家②。南京至今仍有迹可循的近代西式住区几乎都建于 1930 到 1936 年间，如笼子巷、傅厚岗、梅园新村、复成新村等。这种住宅区普遍为新式住宅区，建筑面积也较为宽裕，从 100 到 500 平方米不等，大多数有上、下水设施，带有庭院，有的还有全套进口卫生设备，住宅类型以独立式和联排式居多。这些住宅区一般位于南京城市中心地区，规模较小，如梅园新村、桃源新村、良友里、复成新村等，每一片区住宅数量为 20~40 栋。

　　这反映了近代南京房地产的兴盛，导致大量资金流入房地产也是影响梅园新村近代住宅区开发建设的直接因素。这一近代住宅区中的梅园新村、桃源新村、大悲巷由乐居房产有限公司开发租售，而钟岚里片区则主要为当时的中南银行投资开发。

二、梅园新村近代住宅区的开发建设模式

　　1927 年国民政府定都南京后，南京城市家庭制度及生活发生了众多变革。传统大家庭制度开始瓦解，随着民国新婚姻法律的颁布，家庭小型化趋势明显，折中型及小型化家庭在城市家庭中所占比例增多。社会人员收入呈两极分化趋势，脑力劳动者与体力劳动者收入差距明显③。国民政府在南京定都之后，增设了大量政府机构及文化教育设施，吸纳了大量精英阶层如政府官职人员及大学教授等。这些人大多受西方文化影响较多，而且收入丰厚，是当时西式房屋的主要需求人群。1931 年 8 月 6 日《中央日报》刊登的一则征求出租房屋的广告反映了这种趋势："兹有某机关需租宽大西式房屋一所为办公之用，地点须近大路能容汽车出入，凡有此项房屋而愿出租者请来中央房店二百一十五号面洽可也。"④

　　家庭规模小型化，人们的生活观念及方式逐渐发生变化，对住的功能也就产生了不同的需求。从住宅建造来看，居民分户自建的形式仍继续存在，但是以房地产开发为主体的住宅比例愈加增大。与此同时，政府部门也从不同的方面投入住宅建设，制定各种法规、治理棚户区、修建平民住宅、开辟新住宅区等等⑤。其中梅园新村近代住宅区的开发方式主要包括房地产公司开发、银行企业筹资建设、居民自建 3 种方式。

（一）房地产公司开发建设模式

　　当时南京房屋的建筑主要由主人自主购地、设计和建设，房地产商则倒卖土地、房屋建造和图纸。

1. 乐居房产有限公司

　　乐居房产有限公司的前身与金陵房产合作社有着紧密联系。1931 年的金陵房产合作社是

① 周坤寿 . 南京市市政府实习报告［M］// 萧铮 . 民国二十年代中国大陆土地问题资料 . 台北：成文出版社，1977.
② 《京市房地产概况》，载《中央日报》民国二十四年（1935 年）2 月 7 日第 2 张第 3 版。
③ 张斌 .1928—1937 年南京城市居民生活透析［D］. 长春：吉林大学，2004：14.
④ 《中央日报》民国二十年（1931 年）8 月 6 日第 4 张第 1 版。
⑤ 吕俊华，彼得·罗，张杰 . 中国现代城市住宅（1840—2000）［M］. 北京：清华大学出版社，2003：45.

社员合作建房的模式，不同于专门营利的房地产公司，主要为其社员代办土地购买及房屋建造等业务，后期也发展成为营利组织。金陵合作社早期刊登的广告上所表明的开发区域与乐居房地产有着高度吻合，皆为良友里、梅园新村、桃源新村、复成新村等区域[①]。乐居房产是 1933 年成立的股份制企业，根据南京市档案馆的《乐居房产有限公司章程及股东名单和董事监察人员名单会议记录》，可以发现到 1941 年为止，其股东人数为 109 人，数量甚多，有个人及当时南京的一些商户代表。

乐居房产有限公司的地产业务主要为出售及出租房屋，租金收益为其主要收入来源，有多处住宅、办公楼、商铺、地产，当时已经存在买卖房屋及房租分期付款的模式。

1937 年，乐居房产有限公司将办事处转移至上海。1941 年 6 月 18 日，乐居房产有限公司在上海召开临时股东会议，决定呈请政府发还被日本人占用的房屋和地产，并呈请发还被本国政府机关占用的地产产权，付给租金。在乐居房产有限公司呈交给当时南京汪精卫政府的请求书里，列有一份被日本人占据的房屋名单[②]（表 16-1-1）。

尽管日据时期乐居房产有限公司的房屋及地产被大量占用，但该公司依然于南京局势稍稳定之时，就返回南京申请营业执照，恢复营业。抗日战争胜利以后，乐居房产有限公司复向国民党当局申领营业执照，继续其房地产事业。1947 年该公司购买了高楼门一带的土地。其后直至 1949 年新中国成立，由于社会动荡，资料遗失，该公司去向不甚明朗。

房屋清单　　　　　　　　　　　　　　　　　　　　　　　　　　　表 16-1-1

地点	门牌号	房屋种类	日据时期用途
中山东路华侨路路口	69	3 层市房 1 幢	日商大丸洋行
中山东路华侨路路口	71、73、75	3 层市房 2 幢 4 层市房 1 幢	日商大丸洋行
中山东路华侨路路口	77	3 层市房 1 幢	日商大丸洋行
复成新村西部	31~33、35~36	住宅 5 幢	满洲大使馆办公地、职员宿舍
复成新村东部	6、16~20	住宅 7 幢	"绥靖军官学校"日籍军官居住
复成新村西部	34	住宅 1 幢	华中电业公司经理居住
申家巷	18	平房 8 间	满洲大使馆仆役居住
汉府街梅园新村	5~8、13~16 18、30、37	住宅 11 幢	日本陆军部队居住
竺桥街桃源新村	31、1、新建 3 幢	住宅 5 幢	日本军官居住
西华门三四条巷良友里	18	住宅 1 幢	"慰安所"

资料来源：南京市档案馆，档号 10020041614(00)0006；《关于乐居房产公司请求归还民房一案令查办及市政府呈咨复》

2. 房地产开发建设住宅区的流程

房地产公司建设住宅区，首先得获取土地。1928 年，南京特别市政府为控制混淆公私土地产权的违规行为，确立起严格的土地买卖呈报制度[③]。市民不允许私下交易土地，土地买卖须送交政府核准，交易才能生效。北伐战争胜利后，南京特别市政府开始集中标卖接收的包括市内荒地和下关滩地在内的市有土地。1929 年的南京航拍图反映了桃源新村、雍园在当

---

① 南京市档案馆，档案号 10020041614(00)0006；《关于乐居房产公司请求归还民房一案令查办及市政府呈咨复》.
② 同①.
③ 徐智. 拓展与改造——南京城市空间形成过程研究（1927—1937）[D]. 上海：复旦大学·2013：127.

时并无大量房屋建筑，梅园新村为农田一片，钟岚里片区内存在着少量低矮的房屋。乐居房产有限公司可能是通过政府的土地标卖获得此处土地的所有权。

获得土地之后，据记载，乐居房产有限公司将土地分块标号，出让给他人或自行建筑西式房屋租售。根据档案资料，乐居房产有限公司获甲等营造业执照后自行建造了各式房屋，包括汉府街梅园新村50余幢，竺桥桃源新村50余幢，西华门四条巷良友里30幢，马路街复成新村30余幢，中山路、华侨路路口企业办公房等，工程完成后出租或出售。

（二）企事业单位开发建设模式与居民自建模式

国民政府定都南京之后，南京城市人口骤增，住房紧缺。一些企业建造住宅作为职工宿舍，如银行界的宁中里、邮政界的五台山村等[1]。这些都属于企事业单位开发建设模式。梅园新村近代住宅区中的钟岚里也属于此种类型，是中南银行南京分行的自建宿舍，南京沦陷后被日军占据。国民政府还都南京之后中南银行将房屋收回，沿街部分出租，其余作员工宿舍及出租之用。1949年后，钟岚里划归南京军区总医院，此后做部队家属住宅小区。

企事业单位开发建设住宅区的流程与房地产公司建设类似。近代南京土地买卖活动中，银行机构购买了大量土地，进行房产建设、买卖以营利。

近代南京城市范围内，居民自建模式较普遍。城北的第一住宅区皆是居民向政府认领土地，然后找人设计并自盖房屋。梅园新村近代住宅区中仅少量房屋属于此种模式，其中较典型的是汉府街3号黄裳将军故居，为黄裳于1936年自盖，耗资3万余元。梅园新村43号也属于自建模式，房主为满足3个子女日后成家所用，建成相同的3个单元，分上、下2层。各单元在临近马路处设置单独入口，临近院子一侧则通过花园联系。

三、梅园新村近代住宅区的历史变迁

（一）1929年前

1929年国民政府的《首都计划》颁布后，南京的城市建设蓬勃开展了起来。此前，梅园新村近代住宅区这一区域并不存在。对比1898年、1928年南京市的地图（图16-1-6、图16-1-7），位于两江总督府（后改作国民政府）和毗卢寺中间的梅园新村近代住宅区区域没有发生明显变化，一直呈空置状态。1929年的南京航拍图能清晰地提供梅园新村近代住宅区形成之前的情形（图16-1-3）。对比梅园新村当代的区域地图（图16-1-8），1929年的地图上，梅园新村片区显示为一片农田，而毗卢寺后面的雍园及桃源新村片区为一片树林。其中只有钟岚里片区所在位置上，有一些零星的建筑。1929年前的梅园新村近代住宅区还保留着田园阡陌的形态，整个地块主要为田地及零星的池塘。

（二）形成期（1929—1937年）

1929年后，南京住宅建设逐步增多。1931年，金陵房产合作社曾征求同志共同开发建

---

① 南京市地方志编纂委员会.南京房地产志［M］.南京：南京出版社，1996：157.

设桃源新村。从 1932 年的南京地图来看，这一片区已出现少量房屋，此时梅园新村片区显示为被兵团交通局所占据。直至 1941 年，南京地图上关于此片区才出现梅园新村及桃源新村的地名（图 16-1-11）。梅园新村的最终形成约为 1934 年，该年 12 月 8 日，乐居房产有限公司又在《中央日报》上刊登过一则广告，宣称梅园新村现已完全落成，出售梅园新村房屋。而位于梅园新村南面的钟岚里片区，同年由中南银行南京分行建设完成。

1934 年后，该区域部分房屋出租或售卖给南京市内高收入人员，包括政府官员、部分大学教授等。1937 年全面抗战爆发，国民政府迁都洛阳，南京局势动荡，乐居房产有限公司撤离南京，该区域的建设活动基本停止（图 16-1-14）。

（三）日据时期（1937—1945 年）

1937 年 12 月，南京沦陷，为逃避战乱，梅园新村近代住宅区内各户业主纷纷丢弃房屋离开南京，梅园新村片区被日军陆军部队所占据，桃源新村片区被日军军官占用，钟岚里片区也被日本军队所占用。在此期间，除了部分房屋损坏，并无新建房屋，该区域街区形态及建筑面貌没有发生重大改变。1941 年汪精卫南京政府成立后，乐居房产有限公司从上海返还南京，收回部分产业，恢复业务。

这期间的南京地图（图 16-1-10、图 16-1-11）无法显示梅园新村近代住宅区的街区形态变化，整体可能没有显著变化。由于被日军占用，可能存在一些建筑修缮活动。

（四）国民政府还都时期（1945—1949 年）

1945 年 8 月，抗战胜利，国民政府还都南京。梅园新村近代住宅区的多数房屋业主也返回南京回收产业。部分房屋业主因战乱而亡故，因此梅园新村内诸多房屋因无人认领而收归政府所管，待有业主申请返还时再交还。一些返还南京的机关单位因无处办公，于是向南京特别市政府申请租用梅园新村房屋。

1946 年 12 月，为准备国共谈判，国民党政府曾令南京市政府借用梅园新村房屋招待中国共产党代表，也就是现在的梅园新村 17 号、30 号、35 号房屋。其中梅园新村 30 号房屋原为汪胡桢先生所有，建于 1933 年，中共代表团来宁谈判期间，此处成为周恩来生活和办公的场所。

在此期间，梅园新村近代住宅区内有一些住宅修缮、道路修理、公厕清理等活动。

1945—1949 年期间，根据资料可以推测梅园新村近代住宅区规模没有发生变化（图 16-1-12、图 16-1-13）。住区内住户身份变化较大，大量军政、机关人员占用此处房屋。可以推测住宅区内房屋整体样式及数量均无显著变化。梅园新村地名已经完全出现在此时的地图上，1949 年南京地图关于此区域的描绘已经较为清晰，已经出现较为明显的街区形态，其中梅园新村道路及建筑轮廓也清晰可见，与现存的街区形态相比相差无几。

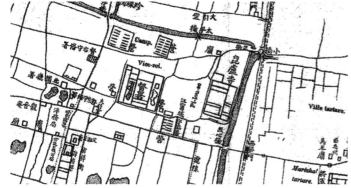

图 16-1-6 1898 年梅园新村近代住宅区区域地图

图片来源：1898 年南京地图

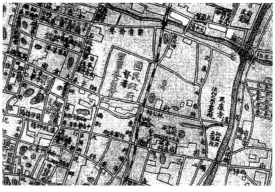

图 16-1-7 1928 年梅园新村近代住宅区区域地图

图片来源：1928 年南京地图

图 16-1-8 当代梅园新村近代住宅区区域分析

底图来源：谷歌卫星地图

图 16-1-9 1932 年梅园新村近代住宅区区域地图

图片来源：1932 年南京地图

图 16-1-10 1937 年梅园新村近代住宅区区域地图

图片来源：1937 年南京地图

图 16-1-11 1941 年梅园新村近代住宅区区域地图

图片来源：1941 年南京地图

图 16-1-12 1946 年梅园新村近代住宅区区域地图

图片来源：1946 年南京航拍图

图 16-1-13 1949 年梅园新村近代住宅区区域地图

图片来源：1949 年南京航拍图

1930年以前

1932年左右

1933年左右

1934年左右

图 16-1-14 梅园新村近代住宅区生长图

图片来源：东南大学周琦建筑工作室

第二节　梅园新村近代住宅区的单体建筑

一、建筑平面

（一）平面类型

20世纪30年代，西式住宅已大量出现在一些大城市当中，其空间组织方式以功能为基础，与中国传统住宅以象征家庭内部等级差异的排布方式极其不同，当时南京社会中普遍以住入西式房屋为风尚。

梅园新村近代住宅区即反映了当时人们对西式住宅及其背后生活方式的向往。这些西式住宅类型多种多样，它们在南京梅园新村近代住宅区中均有反映。按照平面布局形式进行归纳分类，大致可分为独立式住宅、双拼式住宅、联排公寓3种类型。

1. 独立式住宅

这种类型的住宅，在成片开发的近代住宅区中拥有最优良的条件，一般是独门独户的独栋住宅，大部分带有庭院，少部分因为庭院面积较小而形成入口天井。这类住宅居住质量高，采光、通风效果好，而且多数拥有宽敞舒适的庭院，外环以围墙，避免外界干扰。其建筑面积也相对较大，一般在200～1000平方米不等。梅园新村近代住宅区内，这类住宅在梅园新村、桃源新村、雍园、钟岚里内皆有分布，在梅园新村片区内较多。这类住宅功能配置完善，如梅园新村30号（图16-2-1），底层有厨房、车库、餐厅、起居室、书房、厕所，主卧室还带卫生间，二层有4间卧室，辅楼部分还设有佣人房，充分满足了当时南京上层阶级人士的家庭生活。

2. 双拼式住宅

这类住宅为镜像对称式布局，两户公用中间的墙体，底层入口独立分开。每户建筑面积相对于独立式住宅而言较小，面积一般为100～300平方米之间。双拼式住宅院落空间一般较小，建筑覆盖率也较高，内部功能配置完整。这种类型的住宅一般为2～3层，第三层一般为阁楼空间。其房屋结构一般为混合结构，砖墙承重，顶上为木楼板及木屋架。1栋住宅包括2户。该种类型较为典型的是钟岚里建筑群（图16-2-2）。

3. 联排公寓

此种住宅类型表现为平面由多个单元重复排列，因此多为长条形，规模一般在100～200平方米。单元平面特征为小面宽、大进深，底层每单元入口独立，且带有前院，建筑中部一般还设有天井，类似于竹筒楼，内部的通风采、光较差。此种类型住宅在桃源新村有较多分布。桃源新村目前尚存5栋此类联排公寓式住宅（5～12号、19～23号、24～34号、35～42号、43～48号），（图16-2-3）。钟岚里片区沿汉府街的一长排公寓也属于此种类型（图16-2-4）。

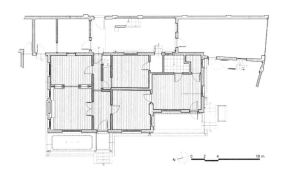

图 16-2-1 梅园新村 30 号一层局部平面图

图片来源：东南大学周琦建筑工作室

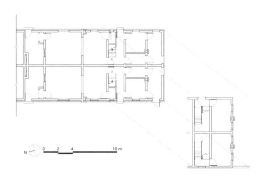

图 16-2-2 钟岚里双拼式住宅一层平面图

图片来源：东南大学周琦建筑工作室

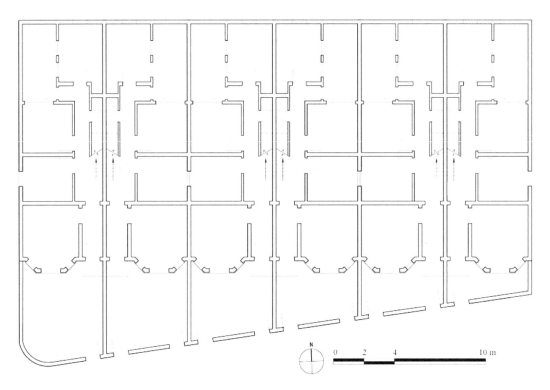

图 16-2-3 桃源新村 43 ～ 48 号一层平面图

图片来源：东南大学周琦建筑工作室

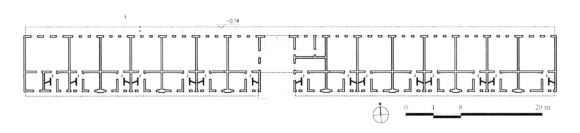

图 16-2-4 钟岚里联排公寓一层平面图

图片来源：东南大学周琦建筑工作室

（二）平面类型形成

1. 近代西方文化及生活方式对建筑平面的影响

国民政府定都南京之后，南京的城市住宅也进入了快速近代化过程。这些近代城市住宅反映了传统生活方式向现代生活方式的转变。南京梅园新村近代住宅区是其中的典型代表。这一近代住宅区内建筑平面类型的形成与近代中西文化的交融密不可分。

梅园新村近代住宅区由于便捷的地理位置和优美的环境吸引了诸多社会中上层人士在此置业。这些人受教育程度普遍较高，很多有国外留学经历，是当时最先接受西方文化影响的一批人。相对于中国传统的生活环境，西方生活习惯及生活环境更能吸引他们。江南地区传统住宅形式采光、通风不佳，居住、使用不便，为当时新派人士所诟病。城市住宅由早期样式的模仿发展为使用方式的西化。梅园新村近代住宅区内的西式洋房，是一种生活新潮流，也符合国民政府当时所提倡的新生活运动的要求。

梅园新村近代住宅区内的建筑平面以功能为主导，设计标准为欧美国家流行的小住宅式样。梅园新村近代住宅区的主要开发商乐居房产有限公司宣传的重点也是西式洋房，内部卫浴设施均采用进口商品。

2. 近代南京家庭变迁对建筑平面的影响

清朝末年，中国工商业经济得到快速发展，小农经济大量破产，农民在这一城市化过程中涌入城市谋求生存。1912年中华民国成立，封建制度解体，传统的社会关系也产生了重大变革。国民政府颁布法律规定了一夫一妻制，促进了传统大家庭转型为中小型家庭，不仅使家庭人口减少，也简化了家庭所承担的责任与功能。20世纪30年代，南京城市中大量存在的是折中型家庭，家庭人员组成一般不超过3代，每户平均人口为5.08人[①]。这也就促使了住宅平面由适合大家族居住的传统民居多进院落式平面转向房间数量少量化的西式洋房平面。家庭住宅也由建筑群转变为单体建筑。

家庭结构的小型化，使得传统家庭所承担的社会教化功能等逐渐被社会上的专门机构所替代，家庭所需要的生活空间也趋向于小型化，这也就使得传统住宅的多进院落的轴线空间失去了存在的基础。各个空间仅需满足家族内部使用的需求，因此出现了明确分工的功能空间：门厅、起居室、卧室、厨房、卫生间等。

（1）客厅

梅园新村近代住宅区的住宅客厅与传统的民居客堂不同，位置也不同于传统民居中轴线上的客堂或穿堂。这些住宅没有严格意义上的客厅，客厅与起居室已经合二为一，且客厅空间与卧室相似，在平面布局中为一个单独封闭的房间。

（2）门厅

梅园新村近代住宅区的住宅主入口处一般为小门厅，与楼梯相联系，作用类似于传统民居中的穿堂，一般面积较小，最大不超过10平方米。门厅作为交通中心，联系起居室、饭厅，以及通向其他房间的走道。门厅一侧一般是楼梯出入口，穿越门厅就可以方便地上下。

---

① 张斌・1928—1937年南京城市居民生活透析［D］.长春：吉林大学，2004：15.

如此卧室的私密性可以得到较好保护，符合西方注重个人隐私的习惯，这与传统民居区别较大。

（3）起居室

与门厅直接联系的一般为起居室，其面积较大，约为10平方米，大的可到15～16平方米。起居室可以南北开窗，窗户样式多样，大多数做成突出窗式，有圆形、四边形、六角形和八角形等几种形式，其中六边形和八边形比较常见。窗户外面通常是花园，通风、采光充足。它是环境最好的一个房间，既用于招待重要客人，平时又是一家人使用的"家庭厅"。很多起居室都设有壁炉，这些壁炉更多的是装饰作用，屋顶上会有烟囱突出，丰富了建筑外立面造型。起居室与传统民居的厅堂相比，不具有轴线意义上的重要性，不再具有象征意义，仅承担接待客人及家人日常相聚的功能，这也是近代住宅平面功能受到西方文化和生活方式影响的具体体现。

（4）卧室

这一片区的独立住宅内部，房间数量都为5～7间，数量满足民国时期由传统大型家庭向小型化家庭过渡的需要。据调查，当时南京的家庭人口数量为7～9人。这一片区的家庭很多还雇有佣人，住宅内很多设有佣人房。佣人房一般与儿童房相通，或单独布置在厨房一侧。主人卧室一般呈南北向，东西边也会开窗，卧室光线充足。

（5）厨房

厨房一般在住宅北侧，与住宅的次入口紧密相连。由于现存建筑后期变动较多，厨房旧貌已不复存在。另外有一些住宅内不设置厨房，而单独建一层小房子做厨房。如汉府街3号黄裳将军故居，在其建筑主体西侧，修建一层平房用作厨房及佣人房间。梅园新村42号在其北侧修建一层三开间小屋用作厨房。

（6）卫生间

在这些住宅内，卫生间数量相对卧室数量来说偏少。一般1栋住宅仅1个卫生间。卫生间通常布置于二层，面积较小，约2平方米。当时已经普遍采用抽水马桶、浴缸等现代卫浴器具。当时南京也有一家公司名为金陵房产建设社专门经营卫浴器具。

3. 差异化开发用途对平面的影响

梅园新村近代住宅区区域内大部分住宅皆为乐居房产有限公司设计开发，也存在一些居民自建房屋以及银行投资建设的宿舍。不同开发者及住宅差异化的用途对建筑平面产生了更为直接的影响。

中南银行建设的钟岚里片区内双联式住宅房屋为职员宿舍，因而建筑面积较小，功能布局紧凑，平面类型单一。1栋建筑为2个对称式单元，同样的住宅单体规则地布置排列为一片。沿汉府街的联排公寓则由多达15个相同单元排列而成。

还有一些居民自建住宅，因家里子女较多而修建成几个相同单元排列在一起的平面形式。如梅园新村43号为2层三联住宅，有3个相对独立的居住单元；梅园新村1~4号和9~12号是2栋相似的民国住宅，均为四联住宅，有一梯两户和一梯一户2种户型。

此外，还有一些房屋，虽然为住宅式样，但实际用途不是住宅。其中最典型的是汉府街37号。据记载，此房屋为宜兴旅京同乡会活动的馆舍，内设礼堂及俱乐部，馆舍内陈列着乡土文物[①]。因此，该建筑平面与一般住宅相比有较大差异。

诸多因素影响着梅园新村近代住宅区内的建筑平面，功能布局呈多样化状态。

二、建筑立面特征

梅园新村近代住宅区的建筑与传统民居在形式上有较大差异。由于梅园新村近代住宅区内建筑修建时间较为集中，地域范围较狭小，该区域内建筑风格较为统一，倾向于装饰艺术风格，单体建筑仅在部分细节处理上有所差异。尽管建筑造型特征各异，但由于形成于相同时期及区域，建筑立面具有一些相似的特征要素或重复的模式。

（一）立面造型特征分类

1. 外廊式

这种立面造型手法，最早是西欧殖民者在殖民地城市和通商口岸，为适应各地的建筑结构、材料、施工技术和气候环境特点等，逐渐演变、发展形成，被称为中国近代建筑的原点[②]。这种立面造型特征在于建筑平面上有外廊空间，立面上一般由柱廊或拱券围合。外廊式注重通风、遮阳，适宜炎热多雨的岭南地带，但南京气候较为温润，无需此种形式，且南京冬季寒冷，外廊式影响室内的日照采暖，因而这种形式在梅园新村近代住宅区内不多见，但还是有所应用。梅园新村 30 号是其中的典型（图 16-2-5），入口处屋顶挑出约 2 米，底下采用木质装饰艺术风格柱式支撑，并有木质栏杆进行围合，形成外廊空间。另外还有桃源新村 13 号郑介明故居，其中的一栋住宅也局部采用了这种建筑形式（图 16-2-6）。这栋住宅在一层入口处后退形成了约 2 米的一层外廊空间。

图 16-2-5 梅园新村 30 号实景照片
图片来源：东南大学周琦建筑工作室

图 16-2-6 桃源新村 13 号郑介明故居实景照片
图片来源：东南大学周琦建筑工作室

外廊式的建筑造型元素在这一区域的住宅建筑中运用得并不普遍，更多的在于建筑的局部处理突显出入口空间，并没有在建筑主体大范围运用，而且其柱廊及拱券式样都简化得不甚明显。唯有梅园新村 17 号比较特别，其南立面二层右侧设有一券柱式外廊（图 16-2-7、图 16-2-8），采用装饰艺术风格的欧式壁柱与拱券组合排列的形式，3 个大的拱券间夹杂着 2 个小的拱券，中间的拱券在后期被加设了一扇窗户。这一外廊使该住宅具有浓郁的西式殖民地建筑风情。

---

① 江庆柏.江苏地方文献书目（上）[M].扬州：广陵书社，2013：489.

② （日）藤森照信.外廊样式——中国近代建筑的原点[J].张复合，译.建筑学报，1933（5）：33-38.

图 16-2-7 梅园新村 17 号实景照片　　　　　　　　图 16-2-8 梅园新村 17 号南立面测绘图
图片来源：东南大学周琦建筑工作室　　　　　　　图片来源：东南大学周琦建筑工作室

2. 突出阳台

突出阳台式指在建筑主体上将阳台突显出来。这种建筑立面造型特征非常普遍。阳台的种类丰富，有矩形、弧形、梯形或不规则形状等等，材质和装饰也多种多样。阳台常见宽度约 2 米，长度小于等于 1 个开间，而外廊长度一般大于等于 2 个开间。

住宅建筑主入口处通常会采用这一元素，在二层挑出阳台，为一层主入口形成一个半开放式的过渡空间。平面布置上可分为非对称式和对称式 2 类运用方式。

非对称式平面的建筑，采用突出阳台强调入口空间，或在二层某间房间外突出小阳台增强外立面的观赏性。如梅园新村 42 号，在入口处采用双扇拱券门承托二层小阳台，形成了良好的入口空间秩序。梅园新村 17 号则在二层一卧室外悬挑出一个木质小阳台，阳台柱子及栏杆皆为中式风格，栏杆为铜钱纹串，柱子为三段式，与中式家具中的床柱式样接近，柱子上部连接有直棂格栅，顶部覆盖斜坡屋面。这个精致的中式小阳台，为该栋住宅的建筑造型增添了许多观赏趣味。

对称式平面布局的建筑，阳台的位置一般为主入口处，与柱式相结合形成建筑造型的构图中心，建筑整体呈现大气、庄严的气势。其中较典型的有汉府街 37 号、雍园 5 号、雍园 23 号、雍园 25 号等。汉府街 37 号入口处阳台为混凝土浇筑，立面采用装饰艺术风格柱式，栏板为水泥浇筑的鱼鳞纹镂空栏板。阳台原貌现已遭破坏，推测如图 16-2-9。雍园 5 号为民国时期的单栋住宅，共 2 层，四坡折衷红瓦屋顶。平面呈对称的矩形，立面也呈对称式样。主入口处为一突出六边形阳台，底下采用柱头装饰化的塔斯干柱式支撑。雍园 23 号平面呈规则长方形，四坡顶，楼高 2 层，有阁楼和老虎窗。入口处与雍园 5 号相似，出挑一六边形阳台。此阳台整体风貌保存完整，底下柱式也为塔斯干式样，栏板为镂空铜钱纹式样，整体白色粉刷，在以青砖色为主要颜色的建筑立面中非常突出。最特别的是雍园 25 号入口阳台。这座住宅楼高 3 层，入口处阳台为两层叠加。该阳台为弧形式样，底层采用白色科林斯柱式支撑，栏杆为铁艺花纹式样。首层较高，二层相对低矮，装饰精致、美观，强调了入口。

3. 突出外窗式

突出外窗式指立面外窗突出建筑主体。这种形式特征在梅园新村近代住宅片区内最为常见。建筑主要立面的主要房间外窗会采取此种形式，如一层南面的起居室、会客厅，二层的卧室等。窗台突出式，形式丰富，有圆形、四边形、六边形等，此区域多为六边形。平面布局上可分为单个突出、对称突出、不对称突出窗式。

单个突出窗式在该片区主要可分为单突四边形式和单突六边形式。前者在平面布置上一般为一开间房间，突出主体约 2 米，建筑入口相对往后退，有些在二层加设外廊或阳台，形成底层入口的空间过渡。二层的突出外窗的房间，在侧面通向阳台处，可开一小门出入。最典型的为梅园新村 42 号（图 16-2-10），在其东侧主入口，东北角房间外突，二层设置阳台，底层采用双层券门围合入口空间。其南面东侧间也外突约 2 米，底层房间西侧开一小门出入花园。

梅园新村 18 号也如梅园新村 42 号有着相同的处理手法（图 16-2-11、图 16-2-12）。梅园新村 44 号则较为简单，仅突出东侧房间外窗，突出也相对较小，不到 1 米，主入口处也不作处理（图 16-2-13）。雍园片区内也有一定数量的建筑采用此种立面特征，其中雍园 1～4 号较为典型。桃源新村片区中相对较少，仅桃源新村 1 号及 49 号采用此种特征。

图 16-2-9 汉府街 37 号模型立面图
图片来源：东南大学周琦建筑工作室

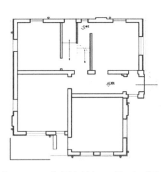

图 16-2-10 梅园新村 42 号平面图
图片来源：东南大学周琦建筑工作室

图 16-2-11 梅园新村 18 号实景照片（一）
图片来源：东南大学周琦建筑工作室，胡楠摄

图 16-2-12 梅园新村 18 号实景照片（二）
图片来源：东南大学周琦建筑工作室，胡楠摄

该区域中，单突六边形相对于单突四边形而言较少。这种外窗突出式样不便与主入口及阳台做结合处理。外立面采用单边突出六边形式的建筑立面时处理较简单，但是整体艺术效果也不错。其中典型的为大悲巷 9 号、11 号，雍园 6 号、31 号。

大悲巷 9 号与 11 号是 2 栋式样一致的双联住宅。单栋住宅仅有一侧一开间突出外窗，其余两开间于立面不做其他处理，但此房在当代使用中被居民在入口处加建了一楼梯。雍园 31 号与此类似，在一侧开间处突出六边形外窗，斜边开窗，形成丰富的外立面效果（图 16-2-14）。

对称突出窗式即在立面和平面上，建筑两侧对称开间均有相同突出外窗。在这一区域中，这种突出的外窗形式主要分 2 种，一种为对称突出六边形式，另外一种为对称突出四边形式，其中对称突出六边形式较为常见。汉府街 37 号及雍园 25 号为典型对称突出六边形窗式。对称突出四边形式较为少见，汉府街 3 号黄裳将军故居的北立面为典型（图 16-2-15）。

不对称突出窗式比较少见，其中最为典型的案例也是汉府街 3 号（图 16-2-16）。该建筑南立面突出了 2 间六边形式外窗及 1 间弧形外窗，因而该建筑南立面的构图较为独特。这在梅园新村近代住宅区域内也仅此一例。

图 16-2-13 梅园新村 44 号实景照片

图片来源：东南大学周琦建筑工作室，胡楠摄

图 16-2-14 雍园 31 号实景照片

图片来源：东南大学周琦建筑工作室，胡楠摄

图 16-2-15 汉府街 3 号北立面对称突出四边形式

图片来源：东南大学周琦建筑工作室，胡楠摄

图 16-2-16 汉府街 3 号南立面不对称突出窗式

图片来源：东南大学周琦建筑工作室，胡楠摄

（二）装饰特征

20世纪30年代，现代建筑的思潮逐渐在世界范围内得到传播，并影响到南京的住宅建筑，梅园新村近代住宅区即成形于此时。这一时期南京国民政府大力倡导民族主义式建筑，因而梅园新村近代住宅片区的建筑风格偏向于装饰艺术风格与早期现代主义建筑风格，细部装饰又往往带有中国传统或者西方古典风格特征，立面装饰的主要特征呈现为柱头与梁板过渡装饰构件，门窗无装饰性花纹。

梅园新村 17 号是一座有着典型装饰艺术风格的住宅。该建筑整体形式简洁，水泥拉毛的外墙面上围着一圈竖条纹水泥装饰带（图 16-2-17），局部挑出中国传统风格的木构阳台。还有一些建筑在其他部分展现出装饰艺术风格。梅园新村 1～4 号住宅建筑的山墙面采用了混凝土浇筑的折扇形花纹（图 16-2-18）。梅园新村片区内有若干住宅的山墙面皆采用相同的装饰花纹，如梅园新村 31～33 号、36～37 号等两坡顶具有山墙面的住宅（图 16-2-19）。拱券门的大量运用也是这一区域住宅的一大特点。联排公寓与独立式住宅主入口的处理不同，联排公寓仅采用干黏石线脚的拱券门。较为典型的为梅园新村 1～4 号、31～33 号、35～37 号等（图 16-2-20）。

图 16-2-17 梅园新村 17 号西立面水泥装饰带

图片来源：东南大学周琦建筑工作室，胡楠摄

图 16-2-18 梅园新村 1 号山墙面照片

图片来源：东南大学周琦建筑工作室，胡楠摄

图 16-2-19 梅园新村 36 号山墙面照片　　　　图 16-2-20 梅园新村 1～4 号入口大门照片
图片来源：东南大学周琦建筑工作室，胡楠摄　　图片来源：东南大学周琦建筑工作室，胡楠摄

三、局部设计特征

梅园新村近代住宅区内的建筑局部特征都具有较统一的特点，但每一栋上又有变化。丰富多样的细部塑造和组合成就了梅园新村近代住宅区建筑多样的形态及丰富的内涵。

（一）屋顶特征

屋顶作为建筑第五立面，是形成建筑整体轮廓形态不可缺失的部分。屋顶的形态特征，对于普遍具有三段式构图的建筑主体形态特征而言，具有重要意义。

梅园新村近代住宅采用了多种形式的建筑屋顶。由于经济、技术条件所限，钢筋混凝土未大量使用，大多数住宅采用坡屋顶，屋架形式有三角形屋架和传统砖木立帖式，也有山墙直接承檩。由于处于较小的同一区域，建造技术及材料具有统一性，屋顶绝大多数以传统木结构为主体、覆红色机平瓦的坡屋顶。建筑平面布局的差异导致了屋顶形式的多样化。建筑主体屋面形态主要有双坡顶式、歇山顶式及四坡顶式等等。

1. 双坡顶式

双坡顶指屋面有 2 个对折的双向斜坡面。梅园新村近代住宅区内双坡顶式样屋顶又可以分为硬山式双坡顶、悬山式双坡顶、单面复折式双坡顶、双面复折式双坡顶。

硬山式双坡屋顶的形式与传统硬山顶较类似，屋顶两侧都有山墙围合。这种屋顶形式在此区域内主要运用于联排公寓或一些成排布置的独立住宅。这一区域内大量建筑采用此种屋顶形式，包括梅园新村 1～4 号、5～9 号、31～33 号、35～37 号，桃源新村 5～12 号、24～34 号、43～48 号等，较典型的为梅园新村 35 号住宅（图 16-2-21）。

图 16-2-21 梅园新村 35 号西立面测绘图
图片来源：东南大学周琦建筑工作室

悬山式双坡顶也是较为普遍的屋顶形式，与硬山式双坡顶的区别在于屋顶两侧山墙与屋檐的关系，悬山式双坡顶的屋顶两端悬出山墙外。这一区域内包括梅园新村17号、22号、38号，雍园1号、6号，桃源新村13～14号、19～23号、35～42号、48～51号等。较典型的为梅园新村17号住宅的屋顶及桃源新村43～48号住宅的屋顶。

单面复折式双坡顶在梅园新村住宅中出现较少，现存建筑中仅有梅园新村30号及钟岚里的长排公寓采用此种屋顶。二者折法相反，屋顶底层坡度要缓于上层（图16-2-22）。梅园新村35号屋顶整体坡度陡峻，与英式乡村住宅颇为类似，单侧屋面坡度有变化，与孟莎式屋顶坡度变化相反，坡度变化为上陡下缓，上层开设老虎窗。

双面复折式双坡顶与孟莎式顶类似，下层坡度陡，上层较缓。钟岚里的双拼式住宅属于此种，屋顶之上还开老虎窗（图16-2-23）。大悲巷7号的屋顶也是此种类型。

图16-2-22 梅园新村30号西立面图
图片来源：东南大学周琦建筑工作室

图16-2-23 钟岚里双拼式住宅西立面图
图片来源：东南大学周琦建筑工作室

2. 歇山顶式

梅园新村近代住宅区内建筑受到的传统文化的影响，不仅体现在一些细部装饰纹样上，更多的是体现于建筑的屋顶形式上，其中最具有中国特色的当属歇山顶式屋顶。梅园新村近代住宅区建筑的歇山顶是传统宫殿式歇山顶的简化，正脊、垂脊、戗脊都呈直线状而非曲线，也无脊饰。其屋顶内部的木结构相当简化，类似于桁架结构，与传统歇山顶的抬梁式屋架结构不同（如图16-2-24）。雍园5号、23号，大悲巷9号、11号，汉府街37号、3号等皆为歇山顶式。其中最为典型的当属汉府街37号，该建筑屋顶为歇山顶式样，覆盖以红色机平瓦，并结合突出外窗部分的六角攒尖顶，构成了极其丰富的建筑第五立面（如图16-2-25）。汉府街3号黄裳将军故居的建筑屋顶主体也属于歇山顶式，覆盖着蓝色琉璃瓦，其正脊之上还有云形鸱吻。

图16-2-24 汉府街3号屋顶构架实景
图片来源：东南大学周琦建筑工作室，胡楠摄

图16-2-25 汉府街37号模型图片
图片来源：东南大学周琦建筑工作室

3.四坡顶式

四坡顶式屋顶指梅园新村近代住宅区内主要由四面斜坡加正脊为主体的空间形态构成的建筑屋顶形式，这一屋顶形式可分为普通四坡顶式和切割山墙四坡顶式。

普通四坡顶式屋顶在此区域较常见。其中梅园新村 34 号、42 ～ 43 号、45 号，桃源新村 49 号，雍园 21 号、31 号、33 号的屋顶均属于此类。其中较典型的为梅园新村 42 号，其屋顶平面主体为四坡顶，南面及东面局部突出，形成丰富的屋顶形式组合。

切割山墙四坡顶式屋顶为普通四坡顶的两侧屋面垂直切割，留有小片屋面及梯形山花。该形式的屋顶在此区域内也有较多实例，如梅园新村 18 号、34 号、42 号屋顶的局部，桃源新村 1 ～ 4 号，雍园 29 号等（图 16-2-26 ～ 图 16-2-28）。

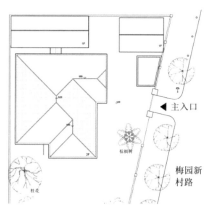

图 16-2-26 梅园新村 42 号屋顶平面测绘图
图片来源：东南大学周琦建筑工作室

图 16-2-27 梅园新村 42 号模型图
图片来源：东南大学周琦建筑工作室

图 16-2-28 梅园新村 34 号实景照片
图片来源：东南大学周琦建筑工作室，胡楠摄

（二）门窗

梅园新村近代住宅区建筑的门窗是这一片区建筑立面特征的重要元素。该片区住宅建筑风貌的一致性与门窗式样的一致性密切相关。

根据窗扇和窗洞的组合形式来分，该区域内的住宅窗户常见的种类有单洞双开、单洞四开等。单洞双开的窗户宽度约为 0.7 ～ 1 米，窗高一般约小于 2 米，接近 1.8 米，常出现于建筑的东西两侧墙面，南北两侧的此窗一般出现在楼梯及走道等处。有些建筑南面卧室处出现单洞双开窗，且一般为两扇并置。单洞四开窗的宽度一般约 1.8 米，长宽比接近 1:1。这种窗户常出现于建筑南、北两侧，为卧室及起居室的窗户。另外也有少量单洞三开窗，宽度一般为 1.2 米左右，窗扇开启模式也与其他窗户相同。由于梅园新村的建筑多为混合结构，窗户位置一般上下对齐。

梅园新村近代住宅区内门的尺度与位置有关。户外门宽 1 米至 1.4 米，室内外单扇门一般都约 1 米。建筑首层的门相对较高，门头上设有亮子，有些门高约 2.7 米。

梅园新村近代住宅建筑一般采用砖木混合结构，门窗上部多数采用砖券形式过梁，因而出现了一些拱券形式的门窗，也有一些使用混凝土材质的过梁。门窗构造一般为单层木框嵌玻璃。窗扇上层为窗亮子，下层为多层分隔，有三四块玻璃。现存门窗对外大多涂红漆，内为乳黄色油漆。

近代住宅建筑与英式乡村住宅建筑的门窗风格特征较为相似。窗扇采用木条分隔玻璃，玻璃单片面积较小。木条不同的组合方式形成丰富的窗户装饰式样，这使得建筑门窗的风格一致，但是每一栋建筑的门窗又有着独特之处。很多民国住宅建筑在后期改造中，采用铝合金窗替换了这些木质窗户，建筑历史风貌遭到很大破坏。由于门替换较多，现存的门的式样相对较少。

（三）阳台与基座

梅园新村近代住宅区内建筑有很多风格迥异的小阳台，栏板样式及材料也较丰富。这些民国住宅内很多居民将阳台进行改造，因此目前保存良好的阳台仅为少数。

住宅区内建筑普遍都采用基座架空的做法，建筑首层室内一般高于室外 0.3~0.5 米。基座内部架空，建筑外墙面上设置通风口。通风口处会加设铁篦子，以防老鼠进入。这种基座便于通风和防潮，同时还能有效避免白蚁、老鼠等虫害。建筑地面多用木地板，其构造也考虑了防潮：一般做法是在架空的木方上铺 30 毫米厚的底板，地板上架木龙骨，龙骨间的空隙满铺混入碎炭粒的干石灰，上面再铺设 15~20 毫米厚的优质木地板。地板下架空层做成通风基座层，内设通道，四面外墙都开通风孔。有些基座层与建筑主体材料一致，用青砖砌筑；也有一些在青砖表面抹水泥砂浆。

四、典型单体建筑

（一）汉府街 37 号

汉府街 37 号（图 16-2-29）位于钟岚里民国建筑群西侧，据档案记载，该建筑建于 20 世纪 30 年代，曾为阳羡邑馆之产，由善堂会馆管理委员会进行管理。建筑为青砖外墙、歇山屋顶、对称布局，风格朴实、端庄。建筑外观不乏细部装饰，主入口的柱式及其上部的阳台、次入口的半圆踏步都使得建筑更加典雅。建筑采用砖木结构，高约 7 米，面积约 316 平方米。

（二）钟岚里双拼式住宅

钟岚里双拼式住宅群位于钟岚里街区中部（图 16-2-30），街区内共有 9 栋相同的建筑，其中 6 栋保持了原有建筑样式。据记载，该建筑始建于 1934 年，为砖木结构，双折两坡屋顶，初期作中南银行员工宿舍，1947—1948 年外租给军官或个人，1949 年后华东军区医院（现东部战区总医院）收购钟岚里片区建筑群作为医院工作者的居住用房，并延续至今。

该栋建筑面积约 405 平方米，占地面积约 156 平方米，屋脊最高点距室外地面 10.9 米。建筑坐北朝南，主体建筑 3 层，一层层高约 3.6 米，二层层高约 3.2 米，楼梯处有双夹层，夹层一相对标高 2.4 米，夹层二相对标高 4.8 米。建筑保存状况一般，砖木结构，墙体主要为青砖，外墙面涂黄色漆，室内楼梯、地板屋架部分均为木质，屋顶用红色块瓦。

图 16-2-29 汉府街 37 号实景照片
图片来源：东南大学周琦建筑工作室，胡楠摄

图 16-2-30 钟岚里双拼式住宅实景照片
图片来源：东南大学周琦建筑工作室，胡楠摄

（三）钟岚里联排公寓

据档案记载，钟岚里民国建筑群始建于 1934 年，民国时期是中南银行职工宿舍，划归南京军区总医院管理后，一直是部队家属住宅小区，占地约 4 000 平方米。钟岚里民国建筑群-1 栋是一排接近 200 米长的联排公寓式住宅，建筑共 2 层，顶层各设一个突出的阁楼，总建筑高度约 10.5 米，整排皆设老虎窗（图 16-2-31）。该建筑沿街立面现为青砖表面，未经粉刷，住区内部立面则均经黄色涂料粉刷，掩盖了原有"灰砖灰瓦"的建筑风貌。房屋为混合结构，砖墙承重，木格栅楼板，木屋架，屋顶设有阁楼。建筑共有 15 个单元，依次排列，每个单元均有独立入口。单元面宽约 5 米，进深约 10 米。中部设有门洞进入钟岚里片区内部。

（四）汉府街 3 号

汉府街 3 号（图 16-2-32）位于汉府街钟岚里建筑群东侧，据南京市房产管理局档案馆记载，其业主原为国民政府将军黄裳。房屋建于 20 世纪 30 年代，为 2 层小住宅，占地约 320 平方米，带有一占地约 1800 平方米的院落，总建筑面积约为 600 平方米，建筑总高度约为 12 米。建筑面阔三间，面宽约 20 米，进深约 16 米。建筑外表面材质为斩假石，采用木质红漆门窗，蓝色琉璃瓦屋顶，铁艺阳台栏杆。

2006 年汉府街 3 号交还于黄氏后人，多名黄氏后人现居住其中。此建筑已列入南京市文物保护单位。其整体保存完好，但部分门窗被替换为铝合金门窗，破坏了原本的风貌。建筑内部空间格局保存为原样，部分内部装饰已遭破坏。

（五）梅园新村 17 号

梅园新村 17 号（图 16-2-33）住宅是带有独立院落的西式洋房，位于梅园新村片区梅园路东侧，占地面积 725 平方米，建于 20 世纪 30 年代。其原为国民政府某高官宅邸，后曾作中共代表团工作人员办公和居住的地方，现属于梅园新村纪念馆的一部分，2005 年维修过。住宅北楼由2层主楼与3层附属楼组成,两者间由位于二层的楼梯相连。建筑为木质楼板、砖墙承重,最大开间达5.7米。立面采用砖墙拉毛处理,上有一系列长条形水泥装饰。该住宅在场地设计上充分利用了梯形地块,造型简朴,内部空间划分明确,体现了当时力求简洁、实用的建筑设计思想。

(六) 梅园新村 30 号

梅园新村30号(图16-2-34)住宅院落位于梅园路西侧,是一栋典型的西式洋房。在国共谈判时期曾作为周恩来和邓颖超办公和居住的地方,现也是梅园新村纪念馆的重要展厅之一。该建筑1933年由乐居房产有限公司设计建造,1934年竣工。院落面积约480平方米,园内植有圆柏、桂花等古树名木,主要建筑有南侧传达室和北侧主楼,均为2层。其传达室位于院落的东南角,平面贴合院墙角度设计为弧形,立面入口处有仿古典柱式。主楼建筑面积约为360平方米,入口处设有门廊,北侧设有后院,二层房间并不完全连通,有2处木质室外楼梯,平面空间比较紧凑。其立面为红板瓦屋顶,清水砖墙面,山墙为陡坡顶。建筑虽然整体上采用了西方别墅设计理念,但立面细部处理和室内装修上还是体现了浓郁的中式风格。

图 16-2-31 钟岚里联排公寓实景照片
图片来源:东南大学周琦建筑工作室,胡楠摄

图 16-2-32 汉府街 3 号黄裳将军故居实景照片
图片来源:东南大学周琦建筑工作室,胡楠摄

图 16-2-33 梅园新村 17 号立面照片
图片来源:东南大学周琦建筑工作室,韩艺宽摄

图 16-2-34 梅园新村 30 号街景照片
图片来源:东南大学周琦建筑工作室,韩艺宽摄

(七) 梅园新村 35 号

梅园新村35号(图16-2-35)住宅院落位于梅园路西侧,是一栋二层住宅。国共谈判时期曾作为中共谈判代表办公和居住的地方,现也是梅园新村纪念馆的重要展厅之一。院落面积约为150平方米,立面原为清水砖墙,局部新近粉刷过。

（八）梅园新村 42 号

梅园新村 42 号（图 16-2-36）是梅园新村民国住宅区内的一栋独院别墅，位于梅园新村路西侧、梅园新村 30 号民国建筑的北侧，从最早建成到现在户主几经易手。梅园新村 42 号有一主房和两辅房。主房为 2 层砖木结构，建筑面积 197 平方米；辅房一为单层砖木结构，建筑面积为 34 平方米；辅房二为单层砖木结构，建筑面积为 18 平方米。

（九）桃园新村 35 ～ 42 号

桃园新村 35 ～ 42 号（图 16-2-37）是作为居住性质使用的民国联排公寓建筑。现状为 3 层，第三层为 2002 年左右统一加建而成。现状为两坡顶，还有天台。外部是黄色涂料，墙面进行过拉毛处理。原所属单位不详，解放后收为集体所有，现住户较多。

（十）桃源新村 43 ～ 48 号

桃园新村 43 ～ 48 号为民国时期的联排公寓，共 6 个单元，每个单元入口现都砌有独立院落，作居住性质使用。该住宅为两坡顶，高 2 层，北侧利用楼梯平台高差设计为 3 层。每个单元都已被分隔为若干房间。外部粉刷维护较好，内部结构保留完好，内墙壁有所损坏，楼梯为木结构，栏杆有部分损坏。其原所属单位不详，解放后收为集体所有，现住户较多，平均每个单元住有 2 ～ 3 户。

图 16-2-36 桃园新村实景照片
图片来源：东南大学周琦建筑工作室，胡楠摄

图 16-2-35 梅园新村 35 号实景照片
图片来源：东南大学周琦建筑工作室，韩艺宽摄

图 16-2-37 桃园新村 35 ～ 42 号实景照片
图片来源：东南大学周琦建筑工作室，胡楠摄

第十七章
颐和路街区

图 17-1-1 颐和路历史街区总平面图

图片来源：东南大学周琦建筑工作室

第一节 颐和路街区近代规划与筹备工作

颐和路街区（图 17-1-1）作为国民政府《首都计划》规划建成的南京近代高端住宅区，反映了南京民国时期公馆、使馆类建筑的统一建筑规则。相对于其他住宅片区而言，颐和路住宅区整体完成度最好，住宅等级最高，保存最完整，是南京近代住宅建筑最高水平的代表。

一、城北住宅区在城市规划演变过程中的确立

城北在南京一直以来相对荒芜，下关商业的发展使城北区域的价值逐渐提高。从民国八年（1919 年）至 1949 年的 31 年间，南京共有 7 次城市总体规划，在规划调整过程中，城北住宅区的功能逐渐明确和确立。国民政府定都南京之后，南京作为政治、经济、文化中心，党政军人及其家属大量涌入，住宅稀缺，地价及房价高涨，官员及家属的住所问题一时难以解决。

南京特别市市长魏道明于 1930 年首都建设委员会第二十三次常务会议上提议建筑模范区。1930 年底，第 73 期《首都市政公报》正式公布了《建筑新住宅区计划》。

在刘纪文市长任期内，提出甲、乙、丙、丁、戊 5 种住宅计划，其中甲种住宅在其任期内没有开发建设，直至魏道明提出建设"模范住宅区"（后更名为"新住宅区"）。

1930 年 12 月 5 日的《会商各国使馆地点记录》提到的位置中，第一处即为"江苏路、宁海路、广州路、新疆路、察哈尔路之间地点（即新住宅区）"。1930 年 12 月 12 日，《第二次会商各国使馆地点记录》中江西路、西康路及北平路两旁指定的 16 处公馆、使馆位置中，有 6 处公馆、使馆位于新住宅区内，其中 2 处在第一区内，面积约占整个第一区的 1/7。在新住宅区内建筑各国公馆、使馆成为当时新住宅区建筑计划中的重要部分。

新住宅区第一区（图 17-1-2）通过颐和路与牯岭路十字交叉之后分为 4 段，加莫干路东侧的三角地一区，共为 5 段，每个片区都有一定的内向性。

广场设计：广场根据位置及大小可分 3 个层级。第一级为中心广场，颐和路与牯岭路的交叉点为方形中心广场，为所有广场中最大的；第二级广场分布在各区段内，相对封闭，服务区段内部，如珞珈路小公园及宁海路中段的 2 个小广场；第三级位于外部道路周边，分为区内与外部道路交叉点的半圆形广场和外部道路转角处的三角形广场，前者如江苏路广场、宁海路广场、颐和路与西康路相接的广场等，后者如江苏路与宁夏路转角处、江苏路与原湖南路转角处的广场，此类广场较开放，面积较小。

道路设计：片区内道路均为双向车道加人行道。如江苏路为外部城市级别的道路，宽约 20 米；颐和路为区内主要的道路，宽度为 15 米；其他道路基本宽 8 米左右。

公共建筑设计：一般与广场相结合，如江苏路与原湖南路转角处为菜场及市场。

分户设计：因新住宅区内建筑级别较高，每户均为独立的花园式别墅，故基本每户均为长方形，短边临道路，形成背对背的分户形式。

建筑设计：南京工务局根据宅地的大小及形状的不同，设计了不同的建筑式样供业户选择（此后有调整）。建筑平面全部呈"凸"字形，分 1、2A、2B、3、4、5、6、7 等 8 种类型，

本章作者为赵姗姗。

面积从240平方米到510平方米不等，其中数量最多的是第3、4、5样式。第1种样式面积最大，基本布置在宁海路周边分户进深较大的宅地内；第7种为联排样式。

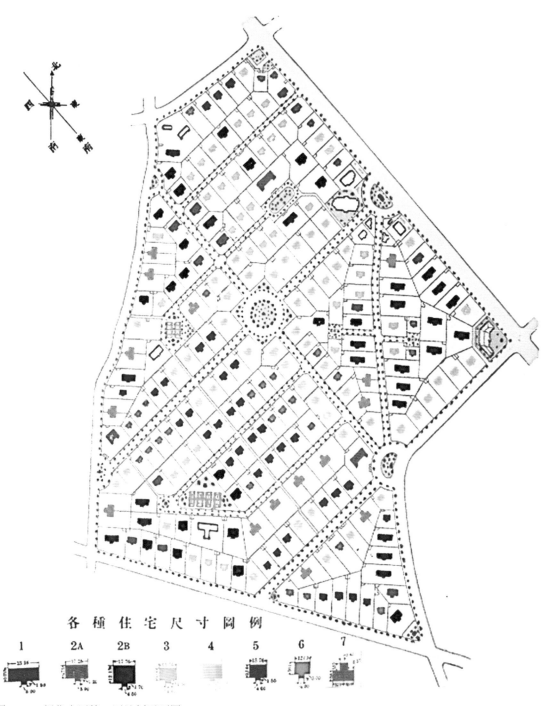

图 17-1-2 新住宅区第一区计划平面图
图片来源：南京市政府秘书处.南京市政府民国十九年度工作报告 [Z].南京：南京图书馆，1931.

二、新住宅区第一区的征地

自1930年6月4日首都建设委员会决议通过开辟新住宅区，至1933年9月21日新住宅区第一区正式开工[①]，土地征收经历了3年左右的时间。因各业户对土地被征收不满，与

_____

① 《新住宅区昨已开工》，载《中央日报》1933年9月22日第2张第3版。

政府之间出现多次摩擦，一度成为新住宅区无法开工建设的最主要原因。

1930 年 7 月 4 日，南京土地局未经内政部核准便提前发布了征地公告，同时通知被征收之业户来协议地价。各业户无人到场，土地局便自持依据《土地征收法》展开工作，并发布《南京市土地征收审查委员会议定书》。此议定书的公布受到了业户阻碍。

迫于压力，南京特别特别市政府重新调查地价之后，于 1931 年 9 月 22 日撤销了此前议定的地价，并改为重新议定。受"九一八事变""一·二八事变"等战情影响，建设新住宅区的进程受到影响，甚至一度停滞。直到 1932 年 9 月份，南京土地局开始重新议定地价，到 1933 年 9 月才重新议定地价并发布新的《南京市土地征收审查委员会议定书》[①]。

三、新住宅区第一区的领地

1931 年 3 月，南京工务局开始测量新住宅区的分户地形，于 4 月下旬绘成了第一区平面图并钉分户界桩。但自 1931 年 2 月新住宅区区界及布置划定之后，第一区便已经开始申请承领宅地了。至 1932 年，在申请承领土地的 33 户业户中，有近 20 户曾向南京土地局申请发还地价。1932 年 10 月，为尽快将第一区的宅地放领完，市政府下调地价。至 1933 年下半年，新住宅区第一区内土地征收工作进行完毕，开始正式宅地的承领阶段。

根据 1933 年颁行的《修正南京市新住宅区第一区领地章程》，该区内宅地面积大多分甲、乙 2 种，每宅占地分别约 2 亩和 1 亩半，分别测量并绘制地图、编列号数并注明亩数。区内的宅地由业户申请承领，每户领地最多不能超过 2 处宅地。新住宅区第一区第一、二段为原业户优先承领，第四、五段在优先承领期间，可由普通领户预先订领，原业户不肯放弃优先权时，市财政局对预先订领者另换宅地或退还原价。

四、新住宅区第一区建设经费来源

新住宅区第一区在建设之初即明确，区内整理地基、修治道路、建筑公共场所等费用均来自本区内土地放领所得地价。在建设经费整体紧缺的状态下，新住宅区第一区的建设实施与其使用人群定位有直接关系。新住宅区的使用人群定位为政府官员，领地业户大多为南京甚至全国的精英阶层，财力雄厚，可以承担过高的地价。

新住宅区建设中，道路等工程的经费来源于"建筑新住宅区专款"，市财政局对该专款的使用控制非常严格、明确。以建筑山西路为例，以现江苏路为界，山西路西段在新住宅区第一区内，东段在第一区外，这两部分的建筑经费由财政局从不同处拨款。西段部分的工程款拨自建筑新住宅区专款，东段部分的工程款由财政局另行拨发。

第一区的土地自 1931 年 2 月放领，因地价过高其业户承领积极性受阻。市政府最终重新规定承领地价并减少建设工程预算，以应对财政资金中建筑新住宅区专款的减少。

---

② （民国）南京市政府. 【金陵全书】（丙编·档案类）南京市政府公报（第一一七—一二三期）[M]. 南京：南京出版社，2012:781-784.

第二节　颐和路街区的建设历程

一、道路建设

新住宅区第一区的道路建设带动了周边城市道路的发展（图 17-2-1）。新住宅区第一区周边的山西路、江苏路、安徽路、西康路、北平路、宁海路、湖南路均为城市级道路，依托新住宅区的开发建设得以建设。其中山西路为由中山北路进入新住宅区第一区最主要的道路，其他道路如江苏路、西康路、宁海路，都只建设了与新住宅区第一区相连接的部分。另外如安徽路、湖南路因与新住宅区第一区连接的长度较短，只建设了非常短的一部分，后道路名称被取消，并入其他道路内（安徽路并入宁夏路，湖南路并入江苏路）。

图 17-2-1 新住宅区第一区复原道路系统图
图片来源：东南大学周琦建筑工作室，赵姗姗绘

（一）道路建设次序

新住宅区第一区内的道路按分区进行建设，计划分八区建设[①]。第一区的道路最先建设的为山西路，第一干路东段（颐和路）及第七干路随后建设，之后再建设其他支路。

以第七干路为例简述干路建设次序。第七干路宽为 20m，两旁为水泥人行道[②]。首先由市工务局提出建筑计划，之后工务局招标营造厂来建设干路。第七干路由利源营造厂承建，至 1931 年 7 月，第七干路的路基、路牙及排水设备等工程完成。

在新住宅区第一区内全部道路建设完成之后，1933 年底开始建筑房屋。

（二）山西路的建设

山西路作为连接中山路和新住宅区最主要的道路，对于新住宅区而言，其交通地位十分重要。在道路规划中，山西路西起大树根，与中山北路相交，南止于老菜市（图 17-2-2）。正是由于新住宅区的建设，中山北路以西至新住宅区的一段才得以先行建设，而中山北路以

---

① 会议名称：南京市市政府行政报告；会议时间：1930 年 12 月。
② "开辟新住宅区第七干路"全文如下："工务局自开始建筑新住宅区以来，各种工程，均积极进行，现该住宅区第七干路，已经着手开辟，宽度定为二十公尺，两旁并筑水泥人行道，业由利源营造厂得标承造，一月内可完全竣工云。"资料来源：（民国）南京特别市政府 . 金陵全书（丙编 • 档案类 • 第 17 卷）首都市政公报（第八十四 - 九十期）[M]. 南京 : 南京出版社，2011.

东路段最终未动工修建。

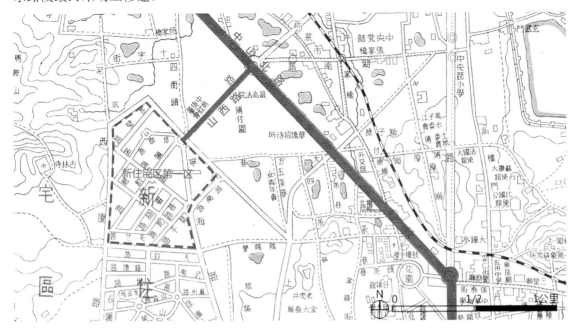

图 17-2-2 山西路与新住宅区的位置关系

底图来源：《最近实测新南京市详图》，民国二十九年（1940 年）新京舆地学社发行

　　市工务局一边着手马路工程，一边办理征收土地的手续。1930 年 10 月中旬，市工务局对山西路所在土地进行了测绘，同时初步规划设计了山西路的经过范围（四卫头、傅佐园、老菜市）、长度（465 米）、宽度（18 米）。

　　路身分 2 段建设，第一段在新住宅区以外（今江苏路广场至山西路广场部分），长约 500 米，宽 18 米；第二段在新住宅区以内（新住宅区第一干路即现颐和路东段），长约 180 米（后改此段长为 235 米），宽 16 米①。

　　土路开辟完成后，山西路的路面沟渠及涵洞工程于 1931 年 2 月 15 日兴工建设。山西路的路面沟渠工程经过公开招标，利源营造厂以最低标价 64 153.6 元中标；涵洞工程由利源营造厂承包，预算 1 502.44 元，并于同年 3 月份将涵洞装设完毕。

　　这 2 段路身因所处位置不同，工程款由市财政局分别拨款②。根据当时的《南京市筑路摊费暂行规则》规定，第一段路身的建设工程款及拆迁等费用由道路两旁土地受益人按区分摊，第二段路身因处于新住宅区内部，其工程款由市财政局自新住宅区专款内拨款。

　　筑路过程中，利源营造厂根据实际情况对工程分项进行调整。1931 年 6 月 16 日，市工务局为山西路筑路工程申请追加 1 120.8 元的预算，项目为：①增做大小阴井各 1 个。因涵洞与沟管不易衔接，故需要增做大、小阴井各 1 个以便排水。②加填大石片。因所建设的路段中有一部分的路基是填塘而成的，所以土质松散，需在路基中加填大石片以防止路基凹陷。③添加排砌经沟管。原计划本路段沟管通至最终阴井，现本路段之终点（第一干路中心广场）距离最终阴井为 21 米，为避免之后再次掘开路面，此次工程添加排砌 21.9 米的经沟管连接至最终阴井。

　　1931 年 6 月底，快车道（石片沙砂土）铺就完成，紧接着开始铺筑慢车道（即人行道）。

---

① 详见《令拨建筑山西路工款案》，转引自：（民国）南京特别市政府 .【金陵全书】（丙编·档案类）首都市政公报（第八十四—九十期）[M]. 南京：南京出版社，2011:249-250 .

② （民国）南京特别市政府 .【金陵全书】（丙编·档案类）首都市政公报（第八十四—九十期）[M]. 南京：南京出版社，2011:249-250 .

二、广场建设

关于广场建设，原计划中有广场 8 处。虽然新住宅区第一区内的中心广场[①]（图 17-2-3）建设计划于 1931 年初既已拟定[②]，但因经费等原因，只简单布置并种植了花木。至 1937 年初，市政府重新计划建设区内的广场。1937 年 5 月 8 日，南京市政府审核通过了南京市工务局与南京市公园管理处共同提出的《新住宅区第一区内小公园及运动场计划书》。在第一区段内，规划为空间内向性的场所，功能定位为公园及儿童游戏场所，面积约 4 300 平方米，总造价 1 593.5 元[③]。

运动场（图 17-2-4）设计者为南京市工务局设计股技工。运动场由 1 个长方形和 1 个三角形组成，长方形部分以中轴对称的方式种植花木，由北平路（今北京西路）进入之后分为 2 条 2 米宽的煤屑路面小径；三角形部分为活动场所，每边及部分三角空地种植花木，由方形草地球场及沙池 2 部分组成，草地球场四周布弹石明沟用以排水。

图 17-2-3 新住宅区第一区复原中心广场（左）、运动场（中）、小公园（右）位置图（绿色）
图片来源：东南大学周琦建筑工作室，赵姗姗绘

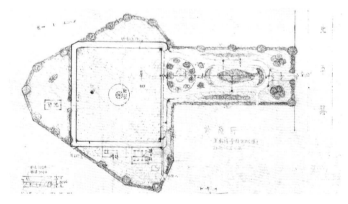

图 17-2-4 新住宅区运动场设计图
图片来源：南京市档案馆，档案号 10010011050（00）0001：民国文书

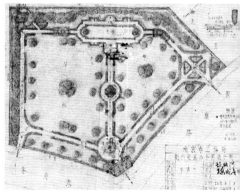

图 17-2-5 新住宅区小公园设计图
图片来源：南京市档案馆，档案号 10010011050（00）0001：民国文书

---

① （民国）南京特别市市政府.【金陵全书】（丙编・档案类）首都市政公报（第七十八—八十三期）[M]. 南京：南京出版社，2011:157.

② 同① 15.

③ 南京市档案馆，档案号 10010011050（00）0001：民国文书。

新住宅区第一区小公园（图17-2-5）位于第一区第三段①，现西康路与宁夏路转角处。设计者为南京市工务局的李寿年，平面呈五边形，两条边临路。小公园设有 3 个入口，主入口设在宁夏路与西康路的转角处，在西康路及宁夏路各设次入口。由 3 个入口分别进入 3 条路，都通往其交汇点处的主花池。主入口位置设计有花架以增强主入口标示，入口处有圆形花坛，沿路中段亦有圆形花坛，直至主花池。2 个次入口均与主入口处的圆形花坛及主花池有路连接，整体形成环形路径。

小公园的建设包括建筑木架花棚、茅亭、花坛、泄水工程等，面积约 3 800 平方米。图 17-2-5 中所设计的喷水池、花棚，被列入第二期工程，第一期工程总造价为 2 506 元。

三、基础设施建设

（一）自来水工程

1933 年前的新住宅区前期建设工作中，自流井的建设很重要。《建筑新住宅区计划》中也提到："在自来水工程未完成以前，本区自行开凿自流井，装建水塔，安置水管，直通各宅……"② 自国民政府定都南京之后，市政府就一直非常重视城市内自流井的建设。一方面因为城市发展引起饮用水污染，疾病不断出现；另一方面因为现代城市生活需要的配套自来水无法快速建成，自流井属于过渡或应急性质的基础设施建设③。新住宅区开始建设之后，区内自流井建设极受重视。

但新住宅区第一区的建设由于征地及战乱的因素一度难以推进，至 1933 年初，南京市自来水已开始投入使用，故自流井工程最终未实施，而是直接建造自来水工程。

新住宅区的自来水管道由山西路及大方巷从中山北路的水管接入，计划先至第一区，后由第一区接往第二、三、四区，所以第一区的水管直径略大于其他各区。至 1934 年 10 月，新住宅区第一区各干路及支路的自来水管已经埋设完成。

（二）下水道工程

1931 年 12 月，市工务局开始计划建设新住宅区下水道工程。下水道工程采用分流制，即污水沟管与雨水沟管分别埋。其中雨水沟管由市工务局设计，于 1933 年 12 月 11 日经由市工务局招标，定由谈海厂承办新住宅区第一区内的雨水沟管工程，工程造价 29138.75 元。污水沟管由国民政府卫生署设计，于 1934 年 1 月完成图算④，并于 1934 年 2 月 20 日招标，由新利源厂中标埋设新住宅区第一区污水沟管，造价预算 16 016.05 元⑤。

① 南京市档案馆，档案号10010011050（00）0001：民国文书。

② （民国）南京特别市市政府．【金陵全书】（丙编·档案类）首都市政公报（第七十三—七十七期）[M]．南京：南京出版社，2011.

③ （民国）南京特别市市政府．【金陵全书】（丙编·档案类）首都市政公报（第七十八—八十三期）[M]．南京：南京出版社，2011:15.

④ 详见：《埋设新住宅区第一区污水沟管案》；资料来源：（民国）南京市政府．【金陵全书】（丙编·档案类）南京市政府公报（第一百三十六—一百四二期）[M]．南京：南京出版社，2012：196-197

⑤ 详见：《埋设新住宅区第一区污水沟管案》；资料来源：（民国）南京市政府．【金陵全书】（丙编·档案类）南京市政府公报（第一百三十六—一百四二期）[M]．南京：南京出版社，2012：278-279．

（三）污水化粪厂

新住宅区的下水道工程针对雨水和污水分别埋设管道，污水工程需有化粪池设备（图17-2-6）。新住宅区第一区在规划设计之时，没有预先规划污水化粪厂的位置，所以在污水沟管的计划图算拟就之后，市工务局即开始化粪池的选址及设计工作[①]。考虑污水化粪厂建成之后，将服务于新住宅区全四区之使用，所以将其选址于新住宅区的东角马路外侧，用地面积4亩。

1934年2月12日，市工务局呈送的新住宅区氧气化粪厂图纸由内政部批复通过。新住宅区氧气化粪厂由全国经济委员会卫生实验处环境卫生系负责设计，设计者为刘弗祺。氧气化粪厂为正南北方向，主要包括进水池、机房、抽水机、粗渣沉淀槽、初步沉淀池、氧化池等，并预留了初步沉淀池、氧化池、末步沉淀池的扩充基地。该建筑有特殊要求，且除机房建筑外其他基本为地下工程，所以采用钢筋混凝土结构。

图17-2-6 新住宅区第一区复原污水化粪厂位置图

图片来源：东南大学周琦建筑工作室，赵姗姗绘

因氧气化粪厂建筑特殊，有地下室工程，又因为所选厂址地质松软、施工不易等原因，招标过程所费时间略长。第一轮招标工作开展于1934年6月，只有谈海厂一家参与投标，且因其报价超出市工务局预算，未能承建。第二轮招标工作开展于1934年10月，市工务局因恐无人竞标，所以招中兴、裕庆、华中、新利源、谈海等5家比帐，经多方协议交与华中承包。第三轮则直接委托与谈海厂，承包价格为24 000元，并签订承包合同，于1934年11月25日动工。

1935年6月19日，建筑新住宅区第一区化粪池竹篱开始招商。氧气化粪厂的原设计中，四周并没有围墙，但化粪池为市内新兴工程，又因为其四周较为空旷，为免于有碍观瞻，且考虑到其坑井深度，所以决定在其四周加建竹篱。

1936年，因使用需要，市工务局计划建筑新住宅区化粪厂办公室一处，并由工务局陈其芬设计。建筑平面呈"V"字形，高1层，为坡屋顶，包括办公室、化验室、职工宿舍、储藏室、卫生间、浴室及厨房等功能空间，其外立面为清水砖墙，砖混结构。

四、住宅建设

在3年多的前期建设工作之后，1933年底，新住宅区第一区的住宅工程全面开始建设。至1934年底，新住宅区第一区建设完毕[②]。不到1年，第一区内住宅建筑迅速完成，其中的原因有：①区内的各项工程如填塘、道路、污水管、自来水管等基础建设已经完毕，这是住宅得以迅速建成的重要原因之一；② 1932年11月5日公布的《南京市新住宅区第一区征收给价及承领土地等事办法》中规定："凡承领土地者，须于六个月内建筑房屋，否则由市政

---

① 南京市档案馆，档案号10010011566（00）0001：民国文书。
② 详见：《南京市政府二十四年（1935）四月至二十五年（1936年）十二月工作概况——对五届三中全会报告》；资料来源：秦孝仪. 革命文献·第九十三辑·抗战前国家建设史料——首都建设（三）[M]. 台北："中华"印刷厂，1982:24.

府照领价按月征收荒地费百分之一。"③战乱平息后，各业户尤其是于1931年初就申请承领土地者有积极建设的热情。

（一）新住宅区建设过程中的管控章程

在1930年9月8日南京市魏道明市长在《本府第三十六次纪念周报告》的总结汇报中的工务方面的本周工作内容中提到："拟具新住宅区内房屋建筑规则，并拟具说明书。"各种章程与规则是市工务局在设计及实践的过程中，结合实际而做出的，而且章程在实施过程中，会根据实际情况不断进行调整、修订（表17-2-1）。

新住宅区相关章程规则   表17-2-1

公布时间	章程规则
1932年11月5日	《南京市新住宅区第一区征收给价及承领土地等事办法》
1933年5月26日	《南京市新住宅区建筑章程》
1933年11月20日	《修正南京市新住宅区建筑规则》
1934年11月19日	《南京市新住宅区第四区领地章程》
1934年11月19日	《南京市新住宅区第四区征收土地给价办法》
1935年11月23日	《修正南京市新住宅区建筑规则》

1932年11月5日，第232次市政会议通过并公布《南京市新住宅区第一区征收给价及承领土地等事办法》①之后，根据档案，市工务局与市政府对《南京市新住宅区第一区征收土地给价办法》和《南京市新住宅区第一区领地章程》分别进行讨论并给予修正。

1934年11月公布的《南京市新住宅区第四区领地章程》《南京市新住宅区第四区征收土地给价办法》及1935年11月公布的《修正南京市新住宅区建筑规则》（同时间也公布了《修正南京市建筑规则》），主要针对的是新住宅区第四区的建筑活动。

（二）《南京市新住宅区建筑章程》（1935年5月26日）

1933年5月26日颁布的《南京市新住宅区建筑章程》共13条，对新住宅区的建筑申请手续、建筑占地面积、建筑用途、建筑高度及卫生设施等均做了详细的规定。

《南京市新住宅区建筑章程》的颁布晚于《首都分区规则》，其建筑要求标准要高于《首都分区规则》中对第一住宅区的要求。除表17-2-2中建筑层数、高度的区别外，《首都分区规则》中要求"四周留有空地不相连之住宅"，而《南京市新住宅区建筑章程》是在该区已经被划分为适当的宅地之后，仍规定了建筑与宅地界应相距4米。

1933年11月20日公布的《修正南京市新住宅区建筑规则》对《南京市新住宅区建筑章程》除修正了错别字及标点断句外，主要修改了2个方面：将"章程"改为了"规则"，并将第二条中距宅地界址留出空地规定，由"四公尺"改为"二公尺"。进行修正一是因为《南京市工务局建筑章程》《政治区域住宅区建筑章程》均已修订为"规则"，二是原《南京市

---

① （民国）南京市政府.【金陵全书】（丙编·档案类）南京市政府公报（第一一七一一二三期）[M]. 南京：南京出版社，
2012:383-384.

新住宅区建筑章程》规定的正屋四周留出的 4 公尺空地过大①，又参照《政治区域住宅区建筑规则》中规定为留出空地 2 公尺，故市工务局决定修正（同时间也公布了《修正南京市建筑规则》）。

1935 年 11 月 23 日公布的《修正南京市新住宅区建筑规则》，是在新住宅区第一区建设基本完成，开始建设第四区之后颁行的。此修正规则中对建筑的要求标准有所降低，如建筑覆盖率由 50% 提高到了 60%，建筑高度由限高 13 米上调至 15 米。

在南京当时大部分民众仍生活在严重贫穷、房荒的情况下，且在建筑规则管控之下所建造出来的既有良好城市基础设施又有有序景观的住宅区，可谓是超越当时现实的存在。

新住宅区建筑规则内容对比 表 17-2-2

管控内容	《首都计划》	《首都分区规则》	《南京市新住宅区建筑章程》	《修正南京市新住宅区建筑规则》
公布时间	1929 年 12 月	1933 年 1 月	1933 年 5 月 26 日	1933 年 11 月 20 日
建筑高度	层数≤3 层，高度≤11m	层数≤3 层，高度≤16m	层数≤2 层（可建假楼），高度≤13m	层数≤2 层（可建假楼），高度≤13m
建筑强度	容积率≤40%，前院深≥7m，后院深≥8m，旁院深≥2m	容积率≤50%	容积率≤50%，建筑距离四周≥4m	容积率≤50%，建筑距离四周≥2m
其他	每户宅地面积≥540 ㎡，每户宅地最窄处≥18m	每户宅地面积≥350 ㎡，每户宅地最窄处≥15m	（无地下室）首层地面≥路脊0.3m，（有地下室）首层地面≥路脊1m，围墙高度≤2.5m，其他构筑物≤15m	（无地下室）首层地面≥路脊0.3m，（有地下室）首层地面≥路脊1m，围墙高度≤2.5m，其他构筑物≤15m

（三）建筑章程的实施——以围墙样式管控章程为例

关于建筑式样的管控，最初规定所有房屋式样均经市工务局拟定参考图大小数种②，供业户选择，后提出改动，即"房屋图样本应由建筑人自行照建筑章则拟定，呈报本局核准，除仍由本局备具数种以供各建筑师参考外，实无由本局须布之必要"。

但是围墙的建筑式样关系着颐和路街区的整体面貌且易于管控，为方便业户建筑，南京市工务局于 1933 年 10 月请呈新住宅区第一区围墙的建筑式样，依据是 1933 年 5 月公布的《南京市新住宅区建筑章程》第六条之规定："围墙不得高出地平线 2.5 公尺，其式样、结、外观、色彩，应经工务局之核定。"③

规定的围墙样式的设计并不是一蹴而就的，在 1933 年 2 月份市工务局计划股陈忠和所绘制的新住宅区小学校舍的图纸，即有围墙的设计样式的图纸（图 17-2-7）中，围墙的各种尺寸大小、基础材料、饰面等均与 1933 年 10 月份市工务局所呈报的围墙一致，仅样式略有差别。

① 因为新住宅区第一区内所有宅地中，最小的宽度为 18 公尺，如果依照 1933 年 5 月颁行的《南京市新住宅区建筑章程》中规定正屋四周要留出 4 公尺，则最小建筑宽幅仅剩余 10 公尺。

② 秦孝仪. 革命文献·第九十一辑·抗战前国家建设史料——首都建设（一）[M]. 台北："中华"印刷厂，1982:83.

③ 为拟就新住宅区第一区围墙建筑式样，资料来源：南京市档案馆，档案号 10010050208（00）0002：民国文书.

市工务局绘制了围墙的施工图纸，要求每个宅地临街的部分均依照工务局所给样式进行建筑。围墙的基础为距地表 0.3 米、深 0.4 米、宽 0.7 米的条形基础。围墙总高为 2.3 米，主体围墙高 1.4 米、厚 0.25 米，墙墩高出主体围墙 0.9 米，厚 0.38 米、宽 0.6 米。墙墩之间的间距根据宅地门面宽控制在 3.0 ～ 3.6 米范围内，2 个墙墩之间为 2 个距地 0.4 米、高 0.7 米、宽 1.3 ～ 1.6 米、间距为 0.4 米的凹进外墙 0.03 米的框。围墙表面为 1:2 水泥粉面，凹框内为柴泥纸筋白石灰粉刷。

在控制围墙建筑层面的样式的前提下，市工务局对于围墙墙墩之间的维护给出了三种样式供业主建筑时进行选择。第一式为墩子墙之间用花园铅丝 2 道，并种植藤爬草；第二式为 2 个墩子墙中间加建宽 0.4 米、高 0.6 米的矮墙，并用铁栏杆连接墩子墙与矮墙；第三式为墩子墙之间用高 0.7 米的木栅栏杆连接。

图 17-2-7 1933 年 2 月新住宅区小学校舍围墙门房大门等正面及剖面图

图片来源：南京市档案馆，档案号 10010050208（00）0002：民国文书

（四）颁发土地所有权状

建筑建成之后，业户到市土地局，由市土地局颁发土地所有权状及宅地分段图，此凭证受国民政府法律的保护。

1937 年抗日战争全面爆发后，新住宅区第一区内许多业户纷纷离开南京，后房屋被汪精卫政权收管，至 1945 年国民政府还都南京之后，各业户纷纷凭土地所有权状领回宅地。

在南京市土地局 1935 年 9 月 21 日颁予原颐和路 9 号（业主李守经）的土地所有权状上，包含土地坐落位置、种类及面积、四至、登记地段及年月日、地价、定着物及其现值等信息，并标有"此状不准分裁及转移于非中国国籍人民违则无效"字样。

（五）建成之后的景象

国民政府时期，南京国民党上层政要、官员、买办在东郊及市内的幽静地段修建豪华别墅官邸蔚然成风。1937 年 5 月，据市工务局统计，山西路、颐和路一带分 4 个公馆区，建造的别墅、官邸多达 1 700 座，建筑面积有 69 万平方米，平均每户 400 平方米，建筑密度低于 20%，庭院绿化面积达 65%[1]。据《首都志（下）》记载："转而东首都新住宅区，洋楼百幢，无复昔日荒烟蔓川景象矣。"[2]（图 17-2-8、图 17-2-9）

① 南京市地方志编纂委员会.南京建筑志 [M].北京：方志出版社，1996:492.

② （民国）王焕镳.首都志（下）[M].上海：上海书店出版社，1996:324-325.

图 17-2-8 国家陆地测量局制南京新住宅区（1936 年）

图片来源：（民国）王焕镳．首都志（下）[M]．上海：上海书店出版社，1996:324.

图 17-2-9 新住宅区第一区照片（1936 年）

图片来源：陈岳麟，《南京市之住宅问题》（1936 年）

1935 年陈岳麟先生所编《南京市之住宅问题》即有描述新住宅区第一区建成后的概况：

"至于今年新建住宅，大抵采取比较新式的结构，房屋实质亦较旧式平房为良好。……结构精雅，装潢美丽的小洋房，历历在目，式样虽不一律，但以二三层居多。附有花园的，花草榭石无不具备；即使占地略小没有花园的，围墙之内亦是花草成畦，竹木阴翳。门房、电铃、电话、自来水、卫生间等应有尽有。现在市府开发的山西路新住宅区，房屋建筑有一定的规划、一定的式样，每宅虽占地不过一二亩，亦整齐美丽，设备齐全。"

1936 年 6 月 5 日的《中央日报》也有这样的文字描述：

"公馆住宅点集中的是第一新住宅区。山西路、上海路、广州路和大方巷都和住宅区接通，交通十分方便。原先这个地方是一片田野，晚上叫你一个人不敢走，在这二年来，我亲眼看它一座一座各色各样的洋房建筑了起来的。现在只有一二块基地尚未动工，大概不日也会盖起房子来了。一个朋友指示我，这是西班牙式，那是美国式，又是意大利式、英国式，大概欧美的式样都包罗万象。这许多房子的成本大都在一万三四千，里面卫生设备全套。讲究的人家还有热水汀和跳舞厅。普通都只有二楼，但也有假三楼和三楼的，平房好像只有一座。房子都用围墙或篱笆围起来，有一个不大不小的院子，种一些月月红、玫瑰花、冬青之类的中国花草，地上披着一层草，倒也美丽可爱。"[1]

当时的绘画作品也体现出中山北路以西的新住宅区已蔚然成观，一改 1930 年前的荒芜萧条。

新住宅区的建设除住宅本身的居住、生活功能外，一方面连接了旧城区与下关区，使商业繁荣，在一定程度上填补了城北建设发展的空白；一方面为城北住宅区的发展提供基点，而且为汪精卫政府时期的执政提供了物质基础。

五、配套设施建设

新住宅区的配套设施在方案提出阶段开始就一直在规划中，如《建筑新住宅区计划》中提到："区内置儿童运动场一处，网球场四处，以备运动、游戏之用，又建高大楼房，设俱乐部，备本区住民娱乐宴饮暨婚丧庆吊之用，并有小学校，专收本区学童，有菜市、洗衣房及杂货商店，专供本区住户采购。"由于经费、战乱等原因，许多规划中的配套未实施建设，

---

① 载《中央日报》，1936 年 6 月 5 日。

但前期仍做了许多工作，如区内公共娱乐场所、游泳池①、俱乐部的建设等。

（一）新住宅区小学校舍

新住宅区小学校舍②位于新住宅区第一区偏南处，四周有灵隐路、琅琊路、天竺路（图17-2-11），现为琅琊路小学，与原山西路小学（灵隐路与琅琊路转角）隔街对角相望。新住宅区小学主入口位于琅琊路上，主体为位于梯形场地北侧长边的假三层主楼，其西侧有平房厨房饭厅1幢、平房厕所1幢、平房门房1幢，另有花园及运动场。设计者为市工务局计划股陈忠和。

主楼平面呈U形，主入口位于中间，两边设次入口，进门两侧分列2部单跑楼梯。一层正中为2间礼堂，两端各4间教室，中部为办公室、校长室、会客室、图书室等；假三层通过室外平台连接8间宿舍（图17-2-10）。主楼为砖混结构体系、条形基础，四周砖墙承重，用钢筋混凝土大梁，室内为木楼板，室外平台为水泥楼板，屋顶为木桁架。（图17-2-13、图17-2-13）

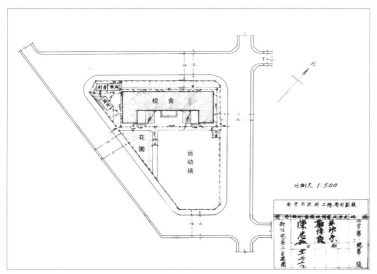

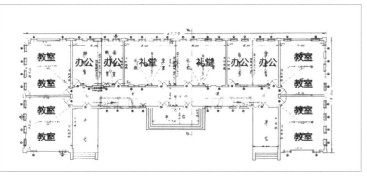

图 17-2-10 新住宅区小学校舍总平面图（左上）、一层平面图（左下）
图片来源：南京档案馆，档案号 10010050208（00）0002：民国文书

图 17-2-11 新住宅区小学校舍复原位置图（右上）

图片来源：东南大学周琦建筑工作室，赵姗姗绘

---

① （民国）南京特别市市政府．【金陵全书】（丙编·档案类）首都市政公报（第七十八—八十三期）[M]. 南京：南京出版社，2011:32-33.
② 南京市档案馆，档案号 10010050208（00）0002: 民国文书。

图 17-2-12 新住宅区小学校舍正立面图（1933 年 2 月）

图片来源：南京市档案馆

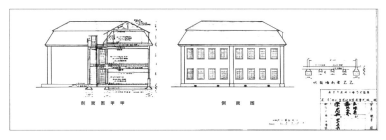

图 17-2-13 新住宅区小学校舍甲剖面图（左）、侧立面图（右）（1933年 2 月）

图片来源：南京市档案馆

（二）菜场与市场的建设

在《建筑新住宅区计划》中即有"菜市、洗衣房及杂货商店，专供本区住户采购"，但由于经费等原因，新住宅区第一区内原计划的 3 处市场及 1 处菜场一直未实施建设。经过数次设计及调整，最终实施的为 1939 年建成的山西路菜场。

1. 菜场、市场的最初设计

1934 年 3 月 27 日公布了《南京市工务局招商承办新住宅区第一区市场办法》（以下简称《办法》），建筑由工务局建造，并管理招商承办。根据该《办法》规定，"已划定之市场号数位置面积形状等项，均详载于新住宅区第一区总平面图上"及"本菜场之用地位置形状面积，均详载于本区总平面图……"，菜场及市场位置在新住宅区第一区规划之时即确定了。

市场及菜场位于江苏路与原湖南路的转角处（图 17-2-14）。此位置使市场及菜场的 600 米服务半径既可辐射至第一区内的最远点，又可辐射东侧傅佐园等地，还有大方巷直通中山北路，十分合理。

图 17-2-14 新住宅区第一区复原菜场及市场位置示意图

图片来源：东南大学周琦建筑工作室，赵姗姗绘

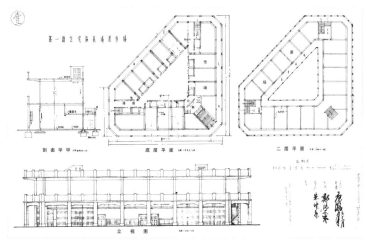

图 17-2-15 新住宅区第一区菜场及市场平面图

图片来源：南京市档案馆，档案号 10010011036（00）0001：民国文书

菜场及市场建筑整体为梯形，中间为三角形天井，由一层的市场及二层的菜场组成（图17-2-15）。建筑为混凝土结构、水泥上人平屋面。市场全部位于一层，一圈外廊组织成环形流线，内天井为各商铺的内部入口；外廊宽2米，商铺为进深10米、面宽4.5米的单元，层高4.25米，设有阁楼。菜场由位于3个转角处的楼梯直接通向二楼环形走廊。菜场空间未分割，由内三角环形走廊组织流线。建筑的纵向柱廊及横向栏杆、女儿墙形成明显的韵律，其一层柱子尺寸明显大于二层。

2. 市场和菜场的合并招商设计

1936年，南京市工务局登报责令新住宅区内各未报建之业户限期报建，逾期者需缴纳荒地费之后，业户纷纷请求市工务局按照原计划建造菜场。1936年4月通过了《修改南京市工务局招商承办新住宅区第一区市场及菜场办法》。

市工务局于1936年3月23日向市政府呈送的《拟修改南京市工务局招商承办新住宅区第一区市场及菜场办法》中所附菜场及市场的设计图纸于同年4月审核通过。设计者为南京市工务局第二科设计股的陈觉民。此次设计最大的变化是市场及菜场合并于一处，并一起建设、招商。其位置选择并没有发生变动，仍在江苏路与原湖南路的转角处。

建筑整体呈梯形，中间为天井，由转角处的市场及环绕于其西侧的菜场组成。建筑为砖混结构，加木桁架梁及木地板。市场部分2层，一层被划分为开间4.5米或5.5米的带厨房的商铺，设有内部天井、后勤入口及沿江苏路与湖南路的顾客入口；二层由水泥晒台及假楼组成。菜场有江苏路和湖南路入口2个入口，并有1个次入口设于建筑西侧。菜场为1层的开敞大空间，被划分为4个组团。天井内设置男、女卫生间。

外观上，坡屋顶及一圈外廊将市场和菜场部分联系为一个整体。沿江苏路和湖南路的连廊将建筑与人行道的空间及人流相渗透，使建筑区别于住宅建筑，呈现出公共建筑的空间特征。

与1933年计划的菜场及市场工程相比，1936年的设计中建筑造价有所降低，平屋顶改为了坡屋顶，混凝土结构改为了砖混木结构，原菜场全部位于二层，后改为一层大空间，取消了楼梯，厕所位置也有所改变。

3. 山西路菜场的建成

1937年抗日战争全面爆发以来，南京市内建筑活动急剧减少，1936年计划建设的新住宅区菜场及市场也随之停滞。1938年底计划在江苏路与山西路转角、四卫头附近建筑山西路菜场，此位置为当时督办南京市政的公署实业局指定，当时"原系竹园，泥土松浮，地形不整，后部且有池塘一方"（图17-2-16）。南京市工务局将平面设计成三角形，避免了利用池塘之地所需的填土工程，尽量利用地形内南侧的平整地，如华竹筠所言："为减免填土工程麻烦起见，将全场场面设计成一不等腰三角形，所需工程材料或较正方形略有消耗，但与填土工程相比，省费实属不赀。"[1]

图17-2-16 山西路菜场复原位置示意图

图片来源：东南大学周琦建筑工作室，赵姗姗绘

---

[1] 详见：《关于建筑山西路菜场工程招标地形图纸、设计图纸、工程说明书、估价单给市政府报告》；资料来源：南京市档案馆，档案号10020050999（00）0002：民国文书。

1939 年 1 月，山西路市民陈诵长以"山西路一带人口繁盛、机关林立，尚未建设菜场"为由，拟集资在"四卫头转角处"创办菜场，该处基址与原当局勘测核定所拟创办官营菜场的基址相同，故由官办改为商办。1939 年 2 月 14 日，山西路菜场工程开标，缪贵记营造厂在 4 家营造厂投标价最低而中标。1939 年 3 月初，菜场工程开工。6 月 14 日，山西路菜场工程全部竣工，同月月底，当局派员验收，更定名称为"南京市山西路菜场"。同年 7 月，由伪南京卫生局派员接收管理（图 17-2-17）。

菜场建筑由南京市工务局技师华竹筠设计，为单层木结构，建筑面积约 1 150 平方米[①]。该菜场建筑实际为一带屋顶顶棚的开敞空间，四周用木栅栏围护。建筑与底边平行方向将平面划分为 5 排空间，共 6 排 22 根柱子。每排柱子数量分别为 2、4、4、6、6、6，其排布规律为正中 2 列柱子间距保持一致，沿三角形 2 个长边每边布置柱子，然后根据中间柱与边柱的间距于其之间添加柱子（图 17-2-18），地面为水泥地面。屋顶为木屋架、锯齿形玻璃天窗、白铁屋面，此种设计与西方锯齿形天窗工厂类型相似。

此次建筑的菜场与 1938 年设计的新住宅区菜场及市场相比，在建筑规模、建筑样式、建筑结构及材料各个方面都较简陋。市场建筑的缺失，侧面说明了新住宅区内住户生活的窘境。

1943 年 7 月，南京特别市工务局对山西路菜场进行整修，并在其北侧进行了扩充加建。1944 年 3 月 24 日，因山西路菜场的左邻失火而使原芦苇围墙全部焚毁，后用竹笆墙照原围墙的位置进行了重新建造[②]。

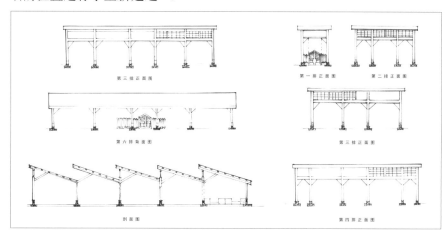

图 17-2-17 1939 年建筑山西路菜场设计图
资料来源：南京市档案馆，档案号 10020050999（00）0002：民国文书

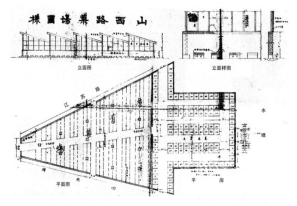

图 17-2-18 1943 年南京特别市政府工务局修建山西路菜场设计图

图片来源：南京市档案馆，档案号 10020050999（00）0022：民国文书

---

① 根据南京市档案馆藏的督办民国初期的南京地方行政机构史档案。
② 南京市档案馆，档案号 10020052159（00）0001：民国文书。

图 17-3-1 灵隐路 26 号实景照片

图片来源：金海摄

第三节 典型建筑

一、灵隐路26号

灵隐路 26 号的建筑（图 17-3-1）及院落尺度为新住宅区第一区内建筑的代表。灵隐路 26 号为叶德明故居，位于灵隐路与天竺路转角处（图 17-3-2），院内共 4 栋建筑，由 1 栋主房、1 栋附房及 2 座门房组成，总用地面积为 839 平方米，总建筑面积 486 平方米。院落宽约 19 米，长约 45 米，主房宽约 15.9 米，长约 12 米，高 2 层，建筑总高 9.67 米。

院落及建筑均为中轴对称形式，院落入口为短边的中间，进门左右两边为样式相同、大小一致的门房，院子正中种植草木，道路位于两边。建筑在设计之初是为多户人家所用，所以设计为对称的形式与功能。

图 17-3-2 灵隐路 26 号位置示意图
图片来源：东南大学周琦建筑工作室，赵姗姗绘

建筑入口突出于建筑主体，为半圆形门斗，入门为小门厅，小门厅内有楼梯直通二楼，又有次门可以连通后院的厨房。小门厅右手边为南向的客厅，有八边形的凸窗以扩大空间并提供充足的阳光，二楼为卧室，主卧南向，有开敞阳台。建筑为砖混结构、坡屋顶，采用半圆形窗元素，其老虎窗也为半圆形，楼梯间用竖长窗。

灵隐路 26 号的建筑，平面功能和立面形式都与 1928 年 8 月南京特别市市政府发布的平民房屋图之甲种住宅非常相似（图 17-3-3）。甲种住宅为南京特别市市政府工务局设计科的沈鹤甫设计，建筑为对称布置的 2 户，各有独立入口；建筑立面也为坡屋顶的样式。另外，灵隐路 26 号的总平面图与南京市工务局在公布新住宅区第一区的总平面图时所设计的 8 种建筑类型中的第 7 样式相一致，第 7 样式为两户住宅对称布置的联排建筑（图 17-3-4）。

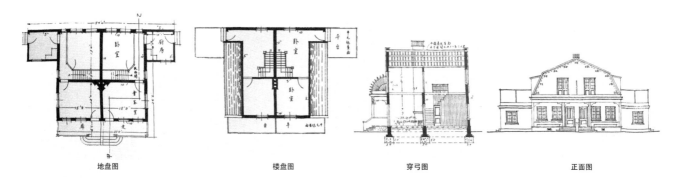

| 地盘图 | 楼盘图 | 穿弓图 | 正面图 |

图 17-3-3 平民房屋图之甲种住宅（1928 年）
图片来源：（民国）南京特别市市政府 .（金陵全书）（丙编·档案类）首都市政公报 [M]. 南京：南京出版社，2011.

---

① 叶德明，1905 年，出生于江浦县（现划入浦口区），曾就职于国民政府外交部，任美州司司长。叶德明先生是南京江浦县珠江镇人，1948 年离开南京至香港，1961 年赴美办实业，生前是美国著名侨领之一，曾任美国南加州苏浙同乡会名誉会长。他不遗余力地造福家乡人民。

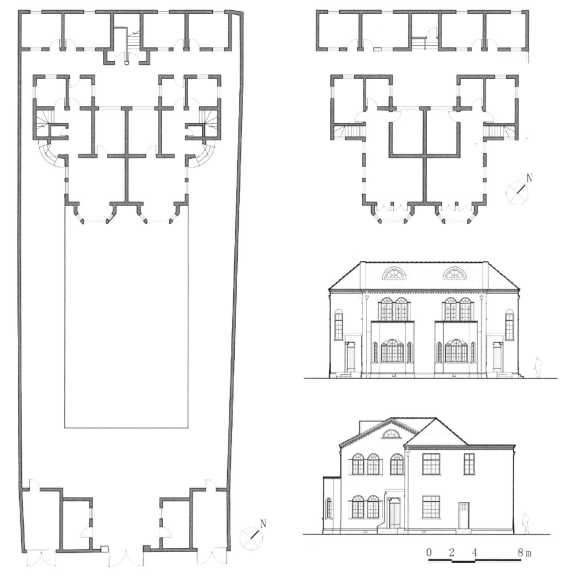

图 17-3-4 灵隐路 26 号推测复原一层平面图（左）、二层平面图（右上）、南立面图（右中）、东立面图（右下）

图片来源：东南大学周琦建筑工作室

二、宁海路 42 号

宁海路 42 号建筑位于宁海路广场一角，莫干路与宁海路转角处，宅地为五边形，占地面积 426.7 平方米（图 17-3-5）。此建筑由张志学于 1937 年建造，有二层建筑 1 幢、一层建筑 1 幢。二层建筑为四坡屋顶，屋脊高 9.65 米，采用清水砖墙，为砖混结构。其建筑面积为 174.3 平方米（图 17-3-6）。

图 17-3-5 1953 年宁海路 42 号建筑总平面图

图片来源：南京市房产档案馆

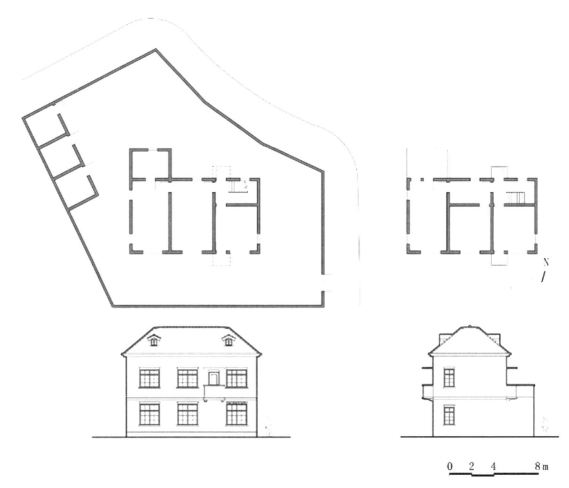

图 17-3-6 宁海路 42 号推测复原一层平面图（左上）、二层平面图（右上）、南立面图（左下）、东立面图（右下）

图片来源：东南大学周琦建筑工作室

三、泽存书库

泽存书库位于颐和路 2 号，其业主为当时居住于新住宅区第一区原牯岭路 15 号时任汪伪国民政府内政部部长的陈群。该建筑始建于 1941 年 3 月，并于 1942 年 2 月竣工。完工时，陈群请汪精卫命名并题写了"泽存书库"的匾名，"泽存"二字出自《礼记》的"父殁而不能读父之书，手泽存焉尔"。1945 年 8 月抗战胜利后，陈群服毒自杀，留下遗书将泽存书库交为国有。

图 17-3-7 1946 年北城阅览室时期泽存书库

图片来源：http://blog.sina.com.cn/s/blog_633136db0100i906.html

1946 年 5 月，国民政府国立中央图书馆从重庆迁回南京，由屈万里负责接收泽存书库，改为国立中央图书馆北城阅览室（图 17-3-7）。1949 年解放后，南京颐和路 2 号定为南京图书馆古籍部，1989 年划归为江苏省作协机关等单位使用，现归为江苏省省级机关医院所有。2009 年 4 月，颐和路 2 号被列为"南京重要近现代建筑"，在南京市第三次文物普查中被列为不可移动文物。

陈群所藏图书一部分是用他丰厚的利禄高价收买，以明版书最为主要；一部分来自战争期间各公私藏家和文献机构等。陈群为存放这些书籍，同时在上海和南京两地各建造了 1 所书库。上海的那所规模较小，以收藏日文书为主；另一处即南京的泽存书库。抗战结束后，泽存书库的大部分无主图书被分发给重庆图书馆和西安图书馆等，1949 年，"中央"图书馆将部分藏书移往台湾，也有很多保存在南京图书馆古籍部。

（一）时代背景

1937 年抗日战争全面爆发之后，颐和路街区内的建设基本全面停止。日据时期，南京整体上的建造工程量非常之小，留存至今的建筑数量非常稀少，在此期间的建造活动也以居住建筑为主，像泽存书库这样相对大型且属于公共性质的建筑甚为少见。泽存书库外形简约朴素，充分反映出动荡的社会经济背景下建筑活动的特点。

泽存书库处在江苏路广场西侧，在原《建筑新住宅区计划》中规划的公共建筑的位置上，原规划因战争等原因并没有实施建筑活动。泽存书库始建于 1941 年，此时新住宅区第一区的基础配套设施如自来水、下水道等早已落成多年，泽存书库亦通水电[①]。后院纪念堂因其功能没有接入下水道。

该建筑没有明确的建筑师参与设计，由新月记营造厂承建并绘制图纸。新月记营造厂最初呈送市工务局的图纸草率且不完整，这也反映了抗战时期建设工程的稀少[②]。

限于业主陈群的经费，新月记营造厂的设计中采用了 6 寸[③]×12 寸的大木梁，而未用钢骨水泥的梁。新月记称如若加木柱，会有碍图书馆的使用。后市工务局审核，因图书馆为公共建筑，负荷大，出于安全考虑，要求将木梁改为钢骨水泥。新月记在未经审核的情况下，擅自动工兴建，被要求暂停施工。后来新月记补充了钢骨水泥大梁图样，但是在市工务局审核的过程中，又擅自动工，在现场浇筑了 3 根"10 寸×24 寸"的大梁。当时要求的图书馆的荷重为每平方尺 200 磅[④]，而泽存书库跨度达 23 尺，若依照新月记所呈送的大梁尺寸，不能承受荷重，因而被再次要求停工并没收建筑执照。

（二）平面形态

位于颐和路 2 号（原颐和路 2-1 号[⑤]）的原泽存书库位置独特，位于颐和路街区的主入口广场（即江苏路广场）的西侧，处在江苏路、颐和路、珞珈路三条路的交叉口（图 17-3-8）。

① 详见：《职员岳科关于会同市党部查封泽存书库的情况报告及李霈秋的电呈》；资料来源：南京市档案馆，档案号 10030030243（00）0002：民国文书。
② 详见：《为颐和路正始图书馆房屋工程与市政府、内政部的来往文书》；资料来源：南京市档案馆，档案号 10020051940（00）000：民国文书。
③ 1 寸 ≈3.33 厘米。
④ 1 磅 ≈0.45 千克。
⑤ 《为请派员接受陈仁鹤之泽存书库一案给市政府函电及市机要室给社会局的笺函》；资料来源：南京市档案馆，档案号 10030030243（00）0001：民国文书。

主体建筑藏书楼部分楼高三层，共计有房47间，占地2000余平方米，建筑面积3014平方米，采用不规则平面，建筑为内环廊封闭式砖混木结构，形成了尺度宜人的内院格局。建筑由前院的图书馆和后院的纪念堂[①]2个部分组成。纪念堂部分与藏书楼部分一墙之隔，楼高2层，中式院落。图书馆部包括办公场所、阅览室及员工宿舍[②]。（图17-3-9~图17-3-12）

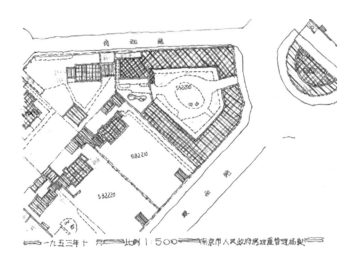

图17-3-8 泽存书库位置图
图片来源：东南大学周琦建筑工作室，赵姗姗绘

图17-3-9 南京市房地产平面图局部（1953年10月）
资料来源：南京市房产档案馆

（三）立面形态

建筑立面整体分为简单的三段式，一层为贴石面的基座，中段为干粘石抹面的二层和三层部分，以线脚为界，上段为女儿墙，屋面为青黑色双坡瓦面屋顶。主立面面对着颐和路与江苏路等的交叉口，主入口部分原有中央集中式的5根立柱来加强入口的突出位置，建筑窗洞连续整齐。建筑呈现出典型的民国时期新建筑简约典雅的特质。

泽存书库具有抗战时期典型的建筑特点，在布局、结构、立面构图、细节处理上都采用简单处理，同时，风格与颐和路公馆区的民国高等住宅相统一。从历史照片可以看出，原建筑有女儿墙，屋檐并未出挑；建筑外墙并非清水砖墙，而是灰色抹面；建筑一层高窗以下位置有分缝，与二、三层不同；原建筑主入口的5根立柱经多次改造仅存3个。（图17-3-13、图17-3-14）

（四）结构形态

泽存书库的主体图书馆部分是砖混木结构体系，即由青砖、钢筋混凝土、木共同组成的结构体系。其外圈为青砖（尺寸225毫米×105毫米×55毫米）承重墙，内圈为钢筋混凝土承重柱，二、三层为木楼板及钢筋混凝土梁承重，屋顶为木桁架；窗过梁位置也为钢筋混凝土。因为在1940年代钢筋混凝土的价格比传统的砖、木的价格高出许多，业主经费有限，故只能部分采用钢筋混凝土。这种砖混木的结构形态，真实地反映出了抗战时期我国建筑技术的变化和发展。

---

① 详见：《为请派员接受陈仁鹤之泽存书库一案给市政府函电及市机要室给社会局的笺函》；资料来源：南京市档案馆，档案号10030030243（00）0001：南民国文书。

② 详见：《为请派员接受陈仁鹤之泽存书库一案给市政府函电及市机要室给社会局的笺函》；资料来源：南京市档案馆，档案号10030030243（00）0001：南民国文书。

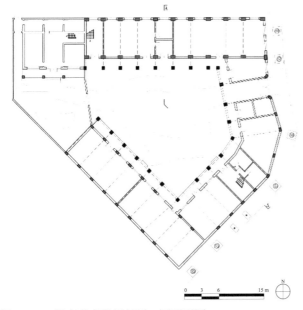

图 17-3-10 泽存书库推测复原一层平面图
图片来源：东南大学周琦建筑工作室

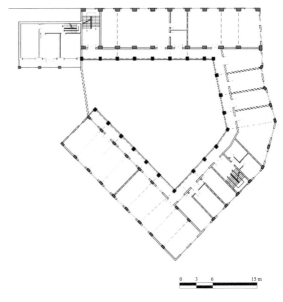

图 17-3-11 泽存书库推测复原二层平面图
图片来源：东南大学周琦建筑工作室

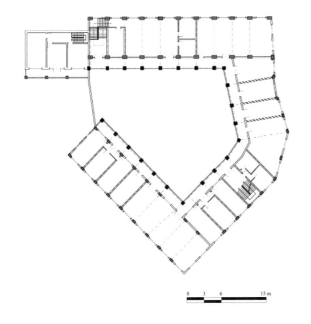

图 17-3-12 泽存书库推测复原三层平面图
图片来源：东南大学周琦建筑工作室

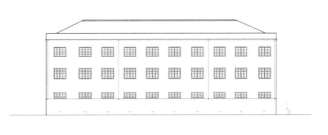

图 17-3-13 泽存书库推测复原西立面图（上）、A-A 剖面图（下）
图片来源：东南大学周琦建筑工作室

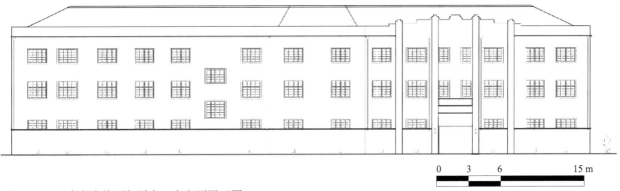

图 17-3-14 泽存书库推测复原东、南立面展开图
图片来源：东南大学周琦建筑工作室

第十八章

和记洋行

图 18-1-1 和记洋行鸟瞰图
图片来源：东南大学周琦建筑工作室，韩艺宽摄影.

第一节 南京和记洋行的筹建与发展历程

一、合众冷藏公司来华投资

19世纪下半叶，随着第二次工业革命的兴起，北美和西欧的制造技术不断取得突破，产生了烟草、石油、化学及冷藏食品工业等新兴工业形式。这些公司为了节约成本，增强竞争力，对上游原料生产、中游制成品运输与下游销售进行整体控制，走向了产销一体的经营结构，正是如今所谓大型企业或跨国公司的原型。

合众冷藏公司便是其中之一。其创始人韦斯特兄弟（William and Edmund Vestey）具有敏锐的商业眼光。早在1890年，威廉·韦斯特在阿根廷旅行时就发掘了利用冷藏技术保存食品的潜在商机，从一开始的松鸡到后来的牛羊肉，逐步将这些冷冻制品由阿根廷运往英国。其弟埃德蒙随后加入，于1890年在英国利物浦建立起第一个冷冻堆栈。1897年，韦斯特兄弟在利物浦成立了英国第一家冷藏食品企业，后将公司迁往伦敦，即合众冷藏公司。随后他们利用庞大的冷库网络迅速扩大产品种类，将所有易变质的食物都容纳其中，并将他们的物资储备系统拓展到全球。

19世纪鸦片战争爆发后，中国逐步沦为半殖民地半封建社会，清政府签订了丧权辱国的《南京条约》，成为西方列强入侵的开端，而中国的广袤土地、丰富资源和大量人口使其成为各大公司积极开发的对象。

1906年卢汉铁路通车，有着"九省通衢"之称的汉口成为了蛋业聚集地。合众冷藏公司经细致考察后，认为汉口的鸡蛋批发价格低廉，有极大的利润空间，委任大班纪尔负责合众冷藏公司在华分公司的筹建和业务发展。1907年，汉口和记洋行成立，开始将中国的鸡与蛋及其他产品生产加工后运往英国。

1909年8月份的《北华捷报》记载："汉口和记洋行花费约三万英镑建立起巨大的厂房，将鸡蛋冷冻罐装运往英国的冷库。是年共冷冻了约200吨[①]鸡蛋，以及数千只鸡鸭、野禽、鹅、猪、鹿等。家禽去毛洗净后冷冻起来，还冷冻了约4 500头猪。在水运通畅时就通过蓝烟筒（Blue Funnel）或P&O邮轮公司载有冷冻设备的船只运往英国。"

此后因冷冻舱位是租借的，到货时间无法完全由合众冷藏公司所掌控，发生了因逾期到货而导致食品腐败的问题，其冷冻制品的质量也受到英国国内民众的怀疑。1911年7月，韦斯特兄弟注资10万英镑成立了蓝星轮船公司，购买了2艘蒸汽机船并改装为冷冻船，自此通过自己的冷冻船队运输冷冻食品。

1912年6月，滨江物产出口公司（Produce Export Co., Ltd）在哈尔滨注册成立，韦斯特兄弟开始利用中国东北丰富的禽鸟资源，进行出口业务。1913年合众冷藏公司发觉上海英商华昌冰厂（Shanghai Ice Co., Ltd）与东方冰厂（Oriental Ice Works, Ltd）拥有冷藏设备，虽其规模和设备先进程度都与合众相差甚远，但仍派遣专人将这2处工厂收购合并后成立了上海机器制冰厂（Shanghai Ice & Cold Storage Co.），成为合众冷藏在华的第三家子公司。随着合众冷藏

本章作者为孙昱晨。
① 1吨=1000千克。

公司在华业务的不断增加,在华分公司成为总公司的主要利润来源之一。因此,韦斯特兄弟决定扩大其在中国的生产规模,于是在长江流域建设一家规模更大的新厂被提上了议程。

二、南京和记洋行的发展历程

(一)业务发展与扩建阶段(1913—1922年)

合众冷藏公司原定在开埠更早的芜湖(1876年辟为通商口岸)投资建厂,芜湖地理位置优越,沟通上海港与皖江南北,是当时重要的中介港。1909年,和记洋行大班纪尔协同买办王春山、副买办韩永清[1]一行人筹备在芜湖江边租界内租地建厂。但时任芜湖关道的李清芬坚持国家主权,不让寸土,并对和记洋行在芜湖的业务生产实行严格的限制,导致和记洋行无法在芜湖新厂开展大规模的生产,不符合其再次租地建厂的初衷。因与芜湖官方就租地问题无法协调,韩永清主动向纪尔建议:在芜湖开办新厂有诸多不利,在南京建厂更为适宜。此时距1899年5月1日南京下关滨江地带开埠及金陵关的设置已过去10年,南京航运业得到了迅速发展。1908年,沪宁铁路已建成通车,津浦铁路开通在即,南京成为长江下游的水陆交通枢纽。

纪尔经权衡后同意韩永清的提议,并任其为买办,负责南京办厂的事宜。

南京原和记洋行在筹备、租地建厂的过程中见证了中华民国临时政府的成立。1911年,韩永清带罗步洲一同来到南京,同年胡汉民托人将孙中山先生的意愿转告韩永清,希望韩在财政上给予支援,韩遂赠予巨款支持孙中山的革命事业。辛亥革命推翻清王朝后,孙中山从海外归国,与韩永清会面时特书"博爱"横幅相赠。

光绪三十年(1904年)时,周馥调任两江总督后,划定惠民河以西、沿长江岸5华里、宽1华里左右的地方为外国商人开设洋行、设置码头货栈之地[2]。而和记洋行厂址所选的宝塔桥一带并不在该范围内,就征地一事,和记洋行与时任江宁交涉员、金陵关监督冯国勋反复交涉,并与保国庵修慧禅师发生纠纷。最终在英国政府施加的外交压力下,北洋政府外务部默认了和记洋行在宝塔桥一带进行征地。(图18-1-1)

据记载:和记洋行于1913年购金川门外环字铺复成桥地方2亩6分(约合1733平方米)、下关复城桥环字铺地方5亩(约合3333平方米),承租下关宝塔桥上首江面公善洲31亩(约合20667平方米),购买江宁县金川门外优城桥环字铺地方荒地2块5亩(约合3333平方米)。

根据南京天环食品有限公司所存和记洋行厂史资料,其后:和记洋行于1916年永租纪星堂等田塘地,位于南京金川门外商埠宝塔桥,共计569亩1分9厘4毫(约合379463平方米);1917年购金川门外宝塔桥北环字铺2小块荒熟地,共计2亩8分5厘(约合1900平方米);1919年,续租下关宝塔桥上首江面公善洲等地,共计58亩6分7厘(约合39113平方米);1922年购金川门外宝塔桥北首田地149亩(约合99333平方米)、桥南洲地66亩(约合44000平方米),共计215亩(约合143333平方米)。

1913年起,南京和记洋行投入生产,期间边生产边施工。1914年第一次世界大战爆发,据资料,纪尔此时在上海大做投机生意,为南京和记洋行的建设和扩张提供了充足的物质条

---

[1] 韩永清(1884—1948),字世昌,别号福航,汉南乌金山人。南京和记洋行首任买办。曾任中华民国总统孙中山、黎元洪、冯国璋的顾问及国会议员。平生创办金融、实业数10家之多。

[2] 《南京港史》编写委员会.南京港史[M].北京:人民交通出版社,1989:106.

件。随着厂房的逐步建成，和记洋行生产的加工食品更加丰富。

多样的产品主要为满足一战期间欧美军队对于食品的迫切需求。战争使得蛋制品炙手可热，英国的需求量最大。当时和记洋行主要的竞争对手德商美最时洋行（Melchers & Co.）、礼和洋行（Carlowitz & Co.）等随着1916年中国政府对德宣战纷纷回国，退出与和记洋行的竞争。南京和记洋行出口货物的需求量由此大量增加，其不断扩大生产，并在下关江边设立了专用的码头，将其生产的冰蛋、鸡肉、牛肉等源源不断地运往英国。1918年汉口和记洋行发生了一场严重的火灾，其产量受到较大影响，这一事故也加速了南京和记洋行的业务发展。据原和记洋行会计马屺怀回忆，在1918—1920年间，该厂每天制蛋200吨，宰猪3 000只、牛10 000头，发展成合众冷藏公司在华最大的加工生产据点。每年春季是和记洋行最忙碌的时候，最高峰时有数千人同时作业。

1916年7月8日，南京和记洋行以"The International Export Company(Kiangsu)"的名称在香港注册，即江苏国际出口公司。

为满足工厂对原料的需要，和记洋行利用买办和商业高利贷者在江苏、安徽、河南等地建立起外庄，收购鸡蛋，垄断货源。外庄分为总庄、分庄、支庄。总庄设在大型城市或者交通中心，分庄设在县城或集镇，支庄一般为农副产品的集散地。在其生产兴盛时，这种外庄共有将近300处，由此建立起一个庞大的收购网。

在一战期间，合众冷藏公司因不断从南半球运输肉品供给盟军，受到英国政府的大力扶持，得到飞跃式的扩张。到一战结束时已成为英国国内首屈一指的冷藏食品企业，并开始涉足英国肉类零售业，其业务由食品的加工、运输进一步拓展到下游的食品销售领域。此时，其在国际市场方面开始与美国冷藏食品工业两大巨头斯威夫特食品公司（Swift & Co.）及阿穆尔公司（Armour & Co.）相抗衡[①]。战后，韦斯特兄弟因在食品供应方面的贡献被封为准男爵。

但第一次世界大战结束后，南京和记洋行出口量逐渐下滑。一方面，英国国内逐渐恢复生产，对进口食品的需求减少，肉类价格走低，甚至低于南京肉类出口价格，1920年后，南京和记洋行停止加工肉类产品，只生产蛋品。但此时英国政府也开始注重发展本国蛋业，大幅度提高禽蛋进口关税，蛋品利润也大不如前。另一方面，由于战争时期需求量骤增，冷藏食品工业这一新的商机很快吸引了其他外商的注意，各大洋行纷纷开业设厂，和记洋行在国内的竞争对手逐渐增加。1914—1915年间，美商班达洋行（Amos Bird Company, Inc）、英商培林洋行（S. Behr & Mathew, Ltd）分别来华开业，经营蛋制品。1918年美商海宁洋行（Henningsen Produce Co.）开设冰蛋厂，位于上海，生产冰蛋及冰淇淋等食品。到了1920年，老牌英资洋行怡和洋行（Jardine Matheson）亦发觉冷藏食品工业有利可图，在上海成立了怡和冷藏公司（Ewo Cold Storage Co.）。

到了1922年，南京和记洋行的新式厂房全部建造完毕，已具备近代大型轻工业的生产规模，成为当时南京唯一的现代轻工业大厂。

（二）业务衰落至营业困难（1922—1948年）

到了1920年代后期，和记洋行的生产业务难以顺利开展。除去日益严峻的出口贸易形

---

① 张宁. 跨国公司与中国民族资本企业的互动：以两次世界大战之间在华冷冻蛋品工业的发展为例 [J]. "中央"研究院近代史研究所集刊，2002（37）：187-227.

势对生产业务的影响,这段时期南京政局动荡、政权更替,军阀混战、民族主义和共产革命运动的兴起都使得和记洋行的业务受到了严重打击。

和记洋行位于下关滨江地带,厂房建筑高大,远洋巨轮不断在码头来回装卸货物,生产规模庞大。1925年五卅运动爆发,学生在南京地区发起的工人运动,即以南京和记洋行为主要斗争对象。和记洋行的工人于此期间发动了声势浩大的罢工,多年后巴金据此写出了《死去的太阳》[①]。在复工谈判中买办罗步洲被挟持,复工后更发生了"七三一"惨案。

同年江浙战争期间,孙传芳军队进驻南京后,要求和记洋行筹款数十万元作为军费。难以应付的和记洋行只能大量撤裁工人。1927年北伐军占领和记洋行,焚毁了和记洋行众多档案和账册。在混乱中厂区仓库不断被破门而入,老百姓将其中储存的食品搬去市场贩卖,一部分经由铁路运往上海销售一空[②]。和记洋行因遭受严重损失而关厂停工。

南京国民政府成立后,赔偿合众冷藏公司一部分财产损失。1928年初,和记洋行的英籍大班陆续回到南京,1929年3月,和记洋行重新开始生产。然而好景不长,1929年资本主义经济危机爆发,和记洋行生产量严重萎缩,劳资纠纷不断发生,引发了数次工潮。3年后的1932年5月,合众冷藏公司因南京和记洋行经常发生工人运动而将其停闭,将在华业务全部转至天津和记洋行。

1936年,合众冷藏公司认为紧张的国际局势下蕴藏着商机,派遣马嘉德及闵绍骞来和记洋行分别担任大班和买办,准备再次开业。该年下半年,和记洋行从天津分公司调遣希尔兹[③]与何醒愚至南京,并以14万银元收购利寰蛋厂,在江苏、安徽共开设了30个外庄,筹备进行大规模生产。但战火很快波及南京城,随着抗日战争的全面爆发,1937年8月日寇进攻上海,刚刚恢复生产的南京和记洋行为避免在战争中蒙受损失,不得不再次关厂停产,大班和英籍职员逃往上海,部分职员、工人逃往汉口。

南京沦陷前,和记洋行遭到了日军轰炸,厂房和码头遭到了一定的破坏。1937年12月,日军攻入南京,开始了长达40多日的南京大屠杀。当时不愿撤离南京的20多位西方侨民主张成立南京安全区委员会,为无法逃离南京避难的平民建立可以躲避炮火的安全区,时任和记洋行大班的希尔兹也列于委员名单内。但安全区委员会成立后,划定的范围并未包含平民住区,和记洋行也未在其中。

和记洋行厂区被围墙环抱,较为宽敞空旷,又拥有大面积厂房和仓库,在日军未攻占南京前就已开始接纳外乡难民。在南京沦陷期间,成千上万急于逃生的军民以为和记洋行为英租界,能够免于日军屠杀而争先恐后逃向这里。关于这一场景可见诸郭岐的《陷都血泪录》,其中记载,在日军追赶之际,民众涌向和记洋行却被其高墙所阻隔,求生欲望促使他们挖出地道逃往和记洋行内。

1941年太平洋战争爆发,日本军队接管了和记洋行,将厂房用作军用器械、粮食、被服的堆栈。二战结束后,国民政府回到南京,征用和记洋行厂房以储存军用物资、安置复员青年官兵。

1946年合众冷藏公司派遣兰姆、怀特、原天津和记洋行马歇尔和原南京和记洋行大班希尔兹等人负责恢复南京和记洋行的生产。何醒愚也继续担任南京和记的买办。但在抗日战争

---

① 殷乐鸣. 巴金与和记洋行 [J]. 档案春秋,2015(2):65.
② 《北华捷报》1927年4月23日刊,上海图书馆藏。
③ 希尔兹(Shields P. R.)南京和记洋行最后一任大班。

期间，和记洋行遭到了严重破坏，原生产设备被日军强拆。通过在江浙各地找寻，找回了部分机器[1]。次年，南京和记洋行重新开始收购鸡蛋，上海机器制冰厂恢复生产。但因南京蛋厂破损严重，各地收购的鸡蛋均运往上海进行加工后销往国外。同年合众冷藏公司收购了上海美商班达洋行，一同由南京和记洋行管理。

日方赔款给合众冷藏公司后，合众冷藏公司购买了毛纺机，安置于英国兰开夏的工厂，由食品加工业转战毛纺业。经过考虑南京和记蛋厂的损毁情况，英国总公司将兰开夏工厂的旧毛纺机运到南京，并筹备在原利寰蛋厂厂址处新建一个毛纺厂。

（三）合众冷藏公司在华业务的终结（1949—1956 年）

1949 年 4 月 21 日，中国人民解放军发动了渡江战役，4 月 23 日南京解放，和记洋行收购的鲜蛋停于下关码头，被平民抢劫一空[2]。南京解放后，国民政府全面撤离，和记洋行与政府协商代加工蛋产品，但未能达成协议[3]。1950 年南京政府与和记洋行商议租借其部分房屋开设南京纱厂，共计 24 155.75 平方米，包括原 21 号蛋厂。另南京粮食部门租借了一部分房屋作为仓库。1952 年，和记洋行由于欠下政府大量税款无法偿还，生产停顿，英籍员工返回伦敦，公司交由买办何醒愚全权负责。1954 年，合众冷藏公司授权上海机器制冰厂经理布里格斯（Briggs A. S.）负责将其在华全部财产转让给中国大华企业公司。1956 年 2 月 20 日签订了转让契约，并在上海第一公证处的公证下正式生效。至此英商和记洋行的历史画上了句点。

（四）南京肉类联合加工厂与新机遇（1957 年至今）

1956 年 6 月 25 日，国务院与国家计划委员会批准，对和记洋行旧址进行改造利用，筹建南京肉类联合加工厂。

苏联专家帮助在和记洋行原址修复、改建了三大冷库，总冷藏量达 22 000 吨。1957 年 7 月 1 日，南京肉类联合加工厂投入生产，有"南京的北极，冰冻的世界"之称[4]。

1996 年，企业实行现代企业制度，南京肉类联合加工厂更名为南京天环食品（集团）有限公司。2003 年，由国有改为民营。

2014 年，南京天环食品集团（有限）公司整体搬迁至位于江宁的新厂区，而原厂址将作为下关滨江风光带的重点改造区域将进行再一次的改造利用。

---

① 原南京和记洋行买办何醒愚访问记录（1962 年）。
② 英商和记洋行报告，南京天环食品公司档案室藏。
③ 南京英商和记洋行厂史征编资料，江苏省档案馆藏．
④ 蒋永才．南京之最 [M]．南京：南京出版社，1991：295-296.

第二节　南京和记洋行厂区建筑

一、原和记洋行厂区的选址

19 世纪 40 年代以来，西方列强的轮船于南京江面来往不绝。1862 年随着九江、汉口开埠，南京下关江面成为外轮抵达长江中游的必经之地。1899 年下关正式开埠，并成为沿江重要商埠，"上下水轮船，无不停泊于此"[①]。来往于下关经营客货业务的中外轮船不断增多，英商怡和、太古洋行，日商大阪洋行，德商美最时洋行等均在下关开设分支机构，兴建码头，发展运输业务。南京通往国内各地的水运航线大量增加，航运业飞速发展[②]。随后京沪铁路（现沪宁铁路）、津浦铁路先后建成通车，南京进一步成为南北交通枢纽。

1911 年，汉口和记洋行大班纪尔携买办韩永清来南京考察筹建新厂。1912 年起和记买办在下关宝塔桥南北两侧大面积购地，基地西侧临江，南邻京沪铁路和京市铁路，交通便利。长江江面开阔、终年不冻，保证了大型货轮顺利往来停靠；便利的水运和陆运也保证了食品原材料的输送。1913 年，南京和记洋行修建了简易厂房后开始生产。（图 18-2-1）

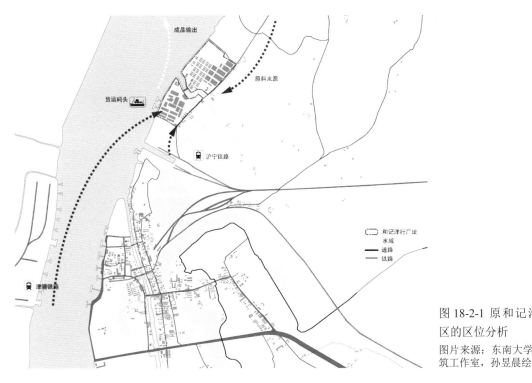

图 18-2-1 原和记洋行厂区的区位分析
图片来源：东南大学周琦建筑工作室，孙昱晨绘

二、原和记洋行厂房建筑的设计师和营造厂

南京和记洋行的建筑设计者，线索一为南京市天环食品（集团）有限公司设备档案室所藏设计图纸，其上有上海协泰行穆勒（Muller E. J.）签章；线索二为江苏省商业厅整理的《关

---

① 马超俊. 十年来之南京 [M]. 南京：南京市政府秘书处，1937（民国二十六年）：54.
② 《南京港史》编写委员会. 南京港史 [M]. 北京：人民交通出版社，1989：117.

于前英商南京和记厂的生产设备情况的资料》，其中记载："南京和记在建厂时的设计工作是由上海协泰建筑师事务所承办，具体经办的设计师是汪敏信。"[①] 穆勒为挪威籍建筑师，1904—1905 年间在上海工部局管理工务写字楼任职。后自办事务所 "Muller E. J. Consulting Civil Engineer"（即协泰洋行），主营土木工程咨询相关业务。

负责建造南京和记洋行的是姚新记营造厂[②]。据《上海建筑施工志》记载，姚新记营造厂为上海近代早期规模较大的营造厂，创办于清光绪三十一年（1905 年）。清光绪三十二年（1906 年），上海早期钢筋混凝土结构的电话公司大楼招标，该厂一举中标，该楼于光绪三十四年（1908 年）建成，是上海运用钢筋混凝土建造技术的先例之一，更有说法称其为上海第一栋钢筋混凝土大楼[③]。厂主姚锡舟通过此工程一举成名，后又承建的规模较大的钢筋混凝土工程有：安徽芜湖大桥、吴淞大中华纱厂、上海法国总会等，于民国十五年（1926 年）承接中山陵一期项目。此后姚锡舟还投资兴建了南京龙潭水泥公司（现为中国水泥厂有限公司）、崇明大通纱厂。

姚锡舟的侄子姚长安于 1912 年进入协泰洋行学习建筑设计，并于万国大学联合会美国函授学校学习建筑学专业。毕业后曾担任协泰洋行汉口分行的设计师与现场监工。1919 年离开协泰洋行进入姚新记营造厂，同时开设安记建筑工程师事务所，设计了龙潭中国水泥公司、上海永豫纱厂、济南民安面粉厂等。1928 年其与营造家陈松龄合伙开设安记营造厂，事业达到鼎盛期[④]。

和记洋行的设计师和营造者均为在中国推广钢筋混凝土这一新材料的早期实践者，这一项目也并非设计师与营造者的第一次合作，和记洋行厂区巨大，坚固的钢筋混凝土结构可以说代表了当时中国钢筋混凝土施工技术的最高水平。

三、英商和记洋行营运期间（1913—1956 年）

（一）群体空间

1913 年起，南京和记洋行先后承租、购买宝塔桥南北地块，修建简易厂房后即正式投入生产。宝塔桥南厂区称里厂，包含和记洋行主要生产厂房及办公楼，桥北称外厂，为鸡鸭厂和英籍员工宿舍[⑤]。通过资料能够再现和记洋行里厂厂区的发展过程：

1913 年时厂区规模较小，房子多为白铁顶，有 1 栋木结构老冰房（后被日本人炸毁）、1 栋砖木结构白铁顶的机器房，机器房内有英国进口的 2 台发电机和 3 台压缩机。

1915 年和记洋行开始建造钢筋混凝土大楼，先造杀猪厂、熬油间，后造新冰房和机器房。1916 年时，机器房一边生产一边改建，蛋厂也在该年盖好并开展生产。

同时依据和记洋行原施工图纸所标注的绘制时间[⑥]，新冰房（17 号楼）和 11 号楼为 1915 年绘制，21 号楼蛋厂、16 号楼机器房为 1916 年绘制，6 号楼杀猪厂于 1918—1919 年绘制，18 号楼为 1919 年绘制，图纸绘制的年代与老员工的回忆基本符合。（图 18-2-2、图 187-2-3）

---

① 《上海建筑施工志》编纂委员会.上海建筑施工志 [M].上海：上海社会科学院出版社，1997.
② 南京市房地产管理局.《关于前英商南京和记厂的生产设备情况的资料》，南京天环食品（集团）有限公司档案室。
③ 同①.
④ 聂波.上海近代混凝土工业建筑的保护与再生研究（1880—1940）——以工部局宰生物（1933 老场坊）的再生为例 [D].上海：同济大学，2008.
⑤ 钱海平.以《中国建筑》与《建筑月刊》为资料源的中国建筑现代化进程研究 [D].杭州：浙江大学，2011.
⑥ 江苏省商业厅整理的《关于前英商和记厂的生产设备情况的资料》，现藏于南京天环食品（集团）有限公司档案室。

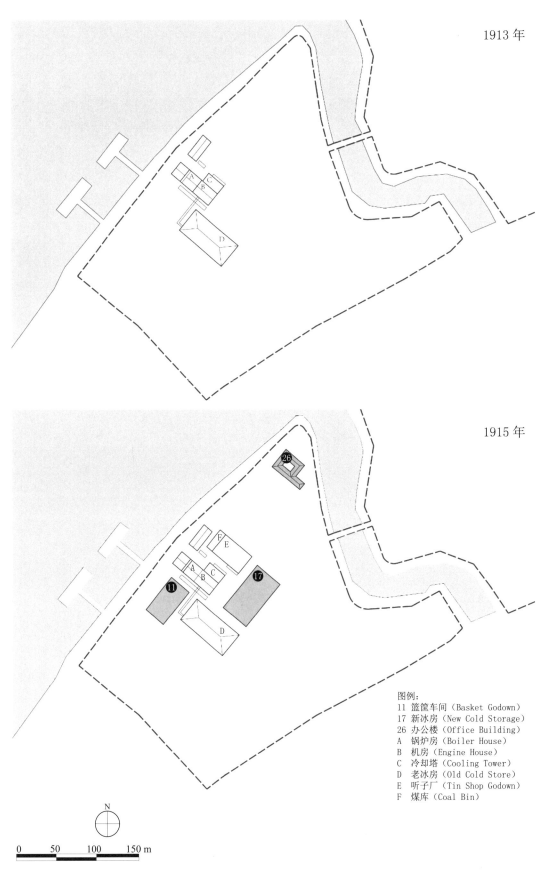

1913 年

1915 年

图例：
11 篮筐车间（Basket Godown）
17 新冰房（New Cold Storage）
26 办公楼（Office Building）
A 锅炉房（Boiler House）
B 机房（Engine House）
C 冷却塔（Cooling Tower）
D 老冰房（Old Cold Store）
E 听子厂（Tin Shop Godown）
F 煤库（Coal Bin）

N

0   50   100   150 m

图 18-2-2 厂区建筑演变图（1913—1915 年）
图片来源：东南大学周琦建筑工作室，孙昱晨绘

注：编号 11、17、26 为现存建筑，编号 A～F 为已拆除建筑

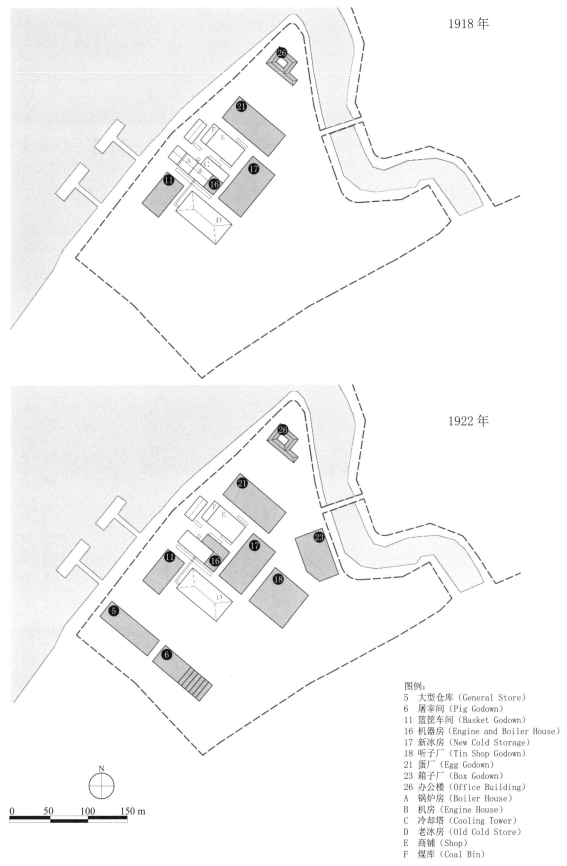

1918 年

1922 年

图例：
5　大型仓库（General Store）
6　屠宰间（Pig Godown）
11　篮筐车间（Basket Godown）
16　机器房（Engine and Boiler House）
17　新冰房（New Cold Storage）
18　听子厂（Tin Shop Godown）
21　蛋厂（Egg Godown）
23　箱子厂（Box Godown）
26　办公楼（Office Building）
A　锅炉房（Boiler House）
B　机房（Engine House）
C　冷却塔（Cooling Tower）
D　老冰房（Old Cold Store）
E　商铺（Shop）
F　煤库（Coal Bin）

注：编号 5～26 为现存建筑，编号 A～F 为已拆除建筑

图 18-2-3 厂区建筑演变图（1918—1922 年）
图片来源：东南大学周琦建筑工作室，孙昱晨绘

到了 1922 年，和记洋行的厂房全部建造完成①。厂区内包含蛋厂、炕蛋房、制罐厂、杀猪厂、宰牛厂、鸡鸭加工厂、冷气房、听子房、箱子房、机器房、炉子间、火腿厂、熬油厂、猪鬃厂、制革厂、羽毛厂、饲养厂，自备发电间、栈桥、水厂、趸船码头和小火轮②。和记洋行成为当时南京唯一的现代轻工业大厂，从原料收购、食品加工、冷冻包装到产品运输形成了完整的产业链。此时和记洋行占地 52 公顷③，高峰期日宰猪 3000 余头，加工鸡鸭 2 万余只，蛋制品产量 100 余吨，雇佣中国工人最多时达 10 000 余人。然而 1922 年后，日益严峻的出口贸易形势迫使和记洋行停止宰杀猪、牛，专营鸡蛋、鸡鸭和火腿。1927 年，北伐军占领和记洋行工厂，厂区建筑遭到大面积破坏，致使工厂停产。厂区生产活动在这段时间内一度停滞，厂区整体布局基本定格。1929 年的南京市航拍图反映了和记洋行业务繁荣时期的整体布局。（图 18-2-4）

图 18-2-4 航拍图中的和记洋行厂区

图片来源：东南大学周琦建筑工作室，根据 1929 年南京市航拍图绘

A	锅炉房 (Boiler House)
B	机房 (Engine House)
C	冷却塔 (Cooling Tower)
D	老冰房 (Old Cold Store)
E	听子厂 (Tin Shop Godown)
F	煤库 (Coal Bin)
G	临时冰房 (Temporary Cold Store)
H	猪鬃厂 (Old Bristle Store)
I	盐厂／食堂 (Salt Store/Dining Room)
J	木棚区 (Wooden Sheds)
K	鸡舍 (Chicken Feeding Sheds)
L	冻鸭厂 (Duck Chilling)
M	宰鸭厂 (Duck Killing)
N	草棚 (Straw Shed)
O	粮仓 (Food Store)
P	粮食加工 (Food Grinding Shed)
Q	鸭寮 (Duck Sheds)
R	收购站 (Duck Receiving Dept)
S	粮仓 (Food Store)

5	大型仓库 (General Store)
6	屠宰间 (Pig Godown)
11	篮筐车间 (Basket Godown)
16	机器房 (Engine and Boiler House)
17	新冰房 (New Cold Storage)
18	听子厂 (Tin Shop Godown)
21	蛋厂 (Egg Godown)
23	箱子厂 (Box Godown)
26	办公楼
27	英籍职工宿舍

1929 年 注：编号 6-27 为现存建筑，编号 A-S 为已拆除建筑

图 18-2-5 1929 年和记洋行厂区建筑布局

图片来源：东南大学周琦建筑工作室，孙昱晨绘

① 江苏省商业厅，《关于前英商和记厂的生产设备情况的资料》，藏于南京天环食品（集团）有限公司档案室。
② 纪乃旺. 和记洋行 [J]. 钟山风雨，2007（3）:57.
③ 1 公顷 =10 000 平方米。

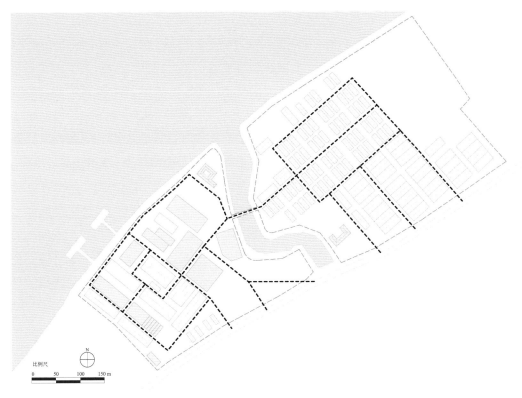

图 18-2-6 1929 年和记洋行厂区内部道路

图片来源：东南大学周琦建筑工作室，孙昱晨绘

5	大型仓库 (General Store)	⬛ 和记洋行内外厂区围墙
6	屠宰间 (Pig Godown)	主要厂房建筑
11	篮筐车间 (Basket Godown)	冷库建筑
16	机器房 (Engine and Boiler House)	附属厂房建筑
17	新冰房 (New Cold Storage)	办公及宿舍
18	听子厂 (Tin Shop Godown)	已不存在的建筑（截至2015年）
21	蛋厂 (Egg Godown)	氨管道
23	箱子厂 (Box Godown)	运货滑轮
26	办公楼	
27	英籍职工宿舍	

图 18-2-7 1929 年和记洋行厂区建筑功能分布

图片来源：东南大学周琦建筑工作室，孙昱晨绘

1922 年，南京和记洋行的新式厂房全部建造完毕。厂址用地面积 163.50 亩，外厂面积 232.70 亩，内、外厂间架有 1 座专用木桥，东南侧经宝塔桥马路相通。全厂设有 2 座栈桥码头，可停靠万吨大船，对岸即浦口火车站，可经此通往北方各地 ①。

里厂区为主要生产区域，容纳了除鸭子厂外的所有厂房建筑。里厂中心为最早建设的机器房和老冰房（机器房后由砖木结构改造为钢筋混凝土结构，老冰房已被炸毁），建筑平行于南侧边界。后期建设的厂房建筑大都依据这两栋楼的轴网定位，仅箱子厂（23 号楼）沿金川河的走势布置，南侧切去一角，从而与厂区轴网产生联系（见图 18-2-5、图 18-2-6）。

办公楼坐落于厂区北侧的三角形地块中，西临长江，统领整个厂房建筑群。作为冷冻食品仓库的新、老冰房位于整个场地中央，冷冻机房、锅炉房和蓄水池位于新、老冰房西侧，紧邻长江，以便直接从长江取水。最主要的蛋厂和屠宰场分别位于厂区西北侧和东南侧，次要厂房如仓库（5 号楼）、篮筐车间（11 号楼）、听子厂（18 号楼）、箱子厂（23 号楼）位于两者之间，为蛋厂和屠宰厂服务。各车间均有滑轮设备通向新、老冰房 ②。2 处货运码头位于仓库和篮筐车间西侧的江面上。整体功能布局清晰合理（图 18-2-7）。

据江苏省商业厅资料记载，和记洋行厂区内具有较为完善的消防设备，在每座大楼附近各主要地区都装有消防龙头，在每层楼上装有消防箱，其内贮有消防皮带。此外还有消防车等以备火警发生时作紧急救护之用。在机器房前面墙上有一木板，上有全厂楼房分布图。图上每座楼房所在地有一小灯泡，火警发生时，分布在墙上的小灯泡会发亮（由机器房操作）来指示火警所在地以使消防人员立即采取措施灭火，以上设备均在日军侵华战争时期为日军破坏。

外厂分为鸡鸭厂和英籍职工宿舍区 2 部分。鸭厂设在外厂南侧，设有宰鸭间、冻鸭间、研磨车间及库房。北侧为禽类养殖区，共分为 3 个区域，如图 18-2-5 所示。最东侧为散养区，分为 3 组，分别设有 116、135 及 195 个木棚。K 区域为养鸡区域，有呈南北朝向的鸡舍 63 间。Q 区为养鸭区域，内有东西朝向的鸭寮 22 间。外厂东南侧围合出一个庭院，为英籍职员宿舍。生活、管理及厂房功能布置在南侧，靠近里厂，北侧为养殖区域。外厂功能相对简单，所有建筑及构筑物均在统一格网中进行布置。

1937 年日本侵华战争全面爆发，日军炸毁了和记洋行厂区的围墙和船桥，以及厂区内最早投入使用的老冰房。1941 年后，厂房为日军用作货物堆栈，厂内设备遭到破坏并被拆运出厂 ③。

抗战胜利后，和记洋行厂区为国民政府安放物资及安置军人之用 ④，一段时间后合众冷藏公司筹备恢复南京和记洋行的生产，从全国各地寻回之前被日军强拆的机器，在 17 号楼（现 1 号楼冷库）中安装了储藏间和小速冻间，找到大华建筑公司修理了 5 号厂房（现厂房南）。然而由于厂区内大部分建筑遭到严重破坏，机器设备难以寻回，恢复难度很大，其传统的蛋品加工业务也无法开展。1948 年，合众冷藏公司将毛纺原料和机器运来南京，筹备利用 5 号楼厂房开设毛纺厂，但也一直未能投产。为避免毛纺厂与蛋品生产环境互相混杂，其间新建了篱墙相分隔。

1949 年中华人民共和国成立，1950 年，南京纱厂借用了和记洋行 21 号楼厂房（现 5 号楼冷库）共 20 683.50 平方米开设纱厂 ⑤，后南京粮食部门租借和记洋行部分房屋作为仓库，

---

① 江苏省商业厅，《关于前英商和记厂的生产设备情况的资料》，藏于南京天环食品（集团）有限公司档案室。
② 《关于前英商和记洋行简况的资料、原和记厂土地房屋概况说明（英文）》，藏于南京天环食品（集团）有限公司档案室。
③ 《修复前和记工厂部分工程初步规划草案》，藏于南京市天环食品有限公司档案室。
④ 《战后协助办理军事复原》，南京市档案馆藏，档案号：1003-1-1757。
⑤ 江苏省商业厅，《毛纺厂建厂历史及对接收工作上的意见》，藏于南京天环食品（集团）有限公司档案室。

并拆除部分分隔和记毛纺厂与蛋厂的篱墙[①]（图18-2-8）。

图 18-2-8 1956 年和记洋行厂区整体布局
图片来源：东南大学周琦建筑工作室，孙昱晨绘

（二）单体建筑

南京和记洋行作为合众冷藏公司在华最大的加工厂，其高峰期的生产规模在全国可谓数一数二。1922 年厂房建设完成后，从宰杀加工、成品包装到冷藏储存、对副产品进行处理都形成了有机的加工整体，所有加工工序均为流水作业。该厂主要对猪、牛、羊、鸡、鸭、蛋品进行加工，以猪、鸭和蛋品为主。通过档案和历史资料可以还原其最初的单体建筑面貌和特征。

1. 办公楼及英籍职工宿舍

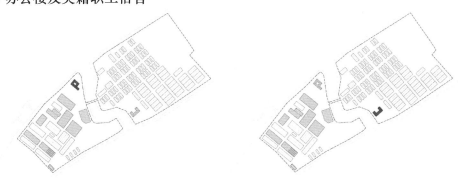

图 18-2-9 和记洋行办公楼（左）、英籍职工宿舍（右）位置
图片来源：东南大学周琦建筑工作室，孙昱晨绘

[①] 江苏省商业厅，《关于前英商和记厂的生产设备情况的资料》，藏于南京天环食品（集团）有限公司档案室。

和记洋行办公楼（26号楼）位于里厂区北侧，建于 1915 年[1]，为钢筋混凝土结构，高 2 层，四坡屋顶，建筑面积 1 677.6 平方米，现为江苏省文物保护单位。

办公楼西北朝向长江，东北遥望南京长江大桥，南面面对厂区，平面总体呈"P"字形，南立面稍长，中间有方形天井。建筑造型采用英国早期的工业建筑形式，具有折衷主义的特征。立面均为水刷石饰面，石质勒脚。西立面为三段式，中段的门厅檐口、门楣等处都塑有装饰，花纹精致，线脚装饰丰富。窗洞有精美窗套和窗饰，线脚挺括。

英籍职工宿舍楼[2]位于和记洋行外厂，西邻金川河，呈"C"字形平面，开口朝向独立的院落，有围墙将其与养殖区相隔。建筑为 3 层坡屋顶，总面积 1 041 平方米。建筑东南侧临宝塔桥街，设有外廊，柱头、栏杆有简单装饰。（图 18-2-9~ 图 18-2-11）

图 18-2-10 1930 年前后和记洋行办公楼入口　　　　图 18-2-11 1930 年前后和记洋行英籍职工宿舍楼
图片来源：www.cnki.net.　　　　　　　　　　　　图片来源：www.naval-history.net/WW1z08China-Durban.htm.

2. 冷库建筑

新冰房（17 号楼）（图 18-2-12）设计于 1915 年 5—6 月，并于该年建成投入使用。该栋建筑紧邻且垂直于老冰房布置，与老冰房构成一个"L"形。新冰房平面呈长方形，37.4 米宽，66.49 米长，共 6 层，总高约 24.9 米，总建筑面积 12 520 平方米，采用钢筋混凝土结构，交叉条形基础。西侧立有一塔，高约 32.4 米，后被拆除，推测同为钢筋混凝土结构。

图 18-2-12 新冰房在厂区中的位置
图片来源：东南大学周琦建筑工作室，孙昱晨绘

---

[1] 纪乃旺 . 和记洋行 [J]. 钟山风雨，2007（3）:57.
[2] 为北伐军撤离后所拍，可见门窗受到一定程度的破坏。

建筑内部空间为 8 跨 ×15 跨，跨度有 4.26、4.53 和 6.65 米 3 种，柱径随着楼层增高而逐渐减小，自一层到六层分别为 711.2 毫米、625 毫米、558.8 毫米、431.8 毫米、304.8 毫米、254 毫米，室内梁高 4.5 米。室内空间共被分为 5 个部分（图 18-2-13），分别为 1 个交通空间和 4 个冷库。5 个空间之间以双层墙体分隔，节点处以沥青、焦油、钢板相连接，推测为保温需要。交通空间与室内楼梯位于建筑西侧，该空间宽 6.65 米，长 66.49 米。

新冰房内一至三层为大空间，功能为预冷、冷藏两用。四层 401~404 室、409~411 为预冷、冷藏间，405~408 室为速冻间。五层 501~503、510 室为预冷间，504~507 室为速冻间，508~509室为预冷、冷藏两用。四、五层速冻间温度低至零下 32℃，一至五楼室内均设有风道，无管道的房间用冷风可将温度降至 -8℃。六层 601~615 室为制蛋速冻间，室内温度 -20℃。有 2 座电吊梯运输蛋品，后又于建筑外部加设 1 座电梯 [①]。一至三层层高 3.86 米，四层层高 4.83 米，五层层高 4.74 米，六层屋顶中间起坡，层高 2.74~3.73 米。（图 18-2-14、图 18-2-15）

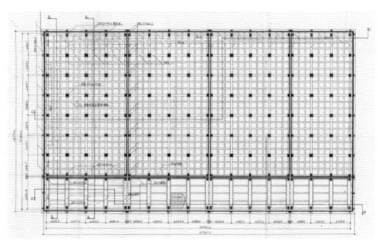

图 18-2-13 新冰房基础底板平面图
图片来源：江苏省建筑设计研究院根据历史图纸重绘

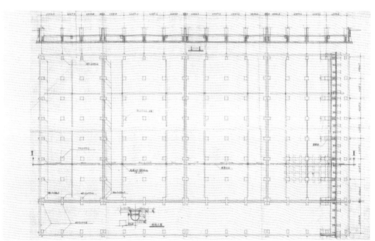

图 18-2-14 新冰房底层平面图
图片来源：江苏省建筑设计研究院根据历史图纸重绘

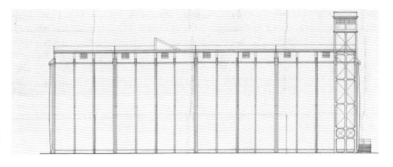

图 18-2-15 新冰房正立面图
图片来源：江苏省建筑设计研究院根据原图纸重绘

---

① 《关于前英商和记洋行简况的资料、原和记厂土地房屋概况说明（英文）》，藏于南京天环食品（集团）有限公司档案室。

新冰房是南京和记洋行厂区内最早建成的一栋钢筋混凝土厂房建筑（很可能也是当时南京最早的高层工业建筑）①，也是唯一的一栋冷库建筑，其立面风格与其余厂房建筑有所区别。出于冷库功能的需要，建筑立面较为封闭，仅西立面顶层每两跨开有一个高窗。其立面强调竖向线条，装饰有与内部柱网一一对应的竖向构件。屋顶坡向东西两侧，将雨水排向檐沟。

3. 厂房建筑

（1）11 号楼篮筐车间（Basket Godown）

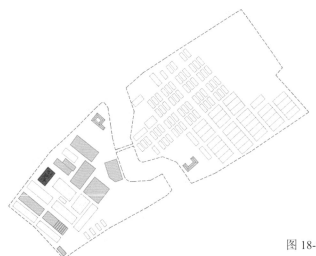

图 18-2-16 篮筐车间（11 号楼）在厂区中的位置
图片来源：东南大学周琦建筑工作室，孙昱晨绘

篮筐车间（图 18-2-16）设计建造于 1915 年 5 月至 1919 年 9 月，是和记洋行厂区内最早建成的厂房，为钢筋混凝土结构，4 层高，长 50.33 米，宽 27.45 米，高 17.69 米，总建筑面积 6 340 平方米。墙板为煤渣混凝土（Breeze Concrete）。屋顶女儿墙高 1.22 米，混凝土檐沟围绕屋顶四周，雨水排至落水管流向地面。每层有 2 个排水沟，楼板向排水沟倾斜。建筑东西两侧各有 1 部钢筋混凝土楼梯从一层至屋顶平面。窗户均为铸铁窗框、夹丝玻璃。

图 18-2-17 和记洋行汉口分行历史照片
图片来源：Li G Z. Andersen，Meyer&Company Limited of China: its history, its organization today [M]. Hongkong : Kelly and Walsh Limited，1931.

---

① 《上海建筑施工志》编纂委员会.上海建筑施工志 [M].上海：上海社会科学院出版社，1997。书中记载"民国二年（1913 年），上海福新面粉厂建成 1 幢 6 层的钢筋混凝土框架结构主车间，代表着国内高层工业建筑的开始"。

建筑采用交叉条形基础，下有5根木桩呈"十"字形支撑，长11跨，宽6跨。跨度在端部为4.8米，其余为4.5米。内柱柱径在一、二两层为457毫米，三、四层分别为381和254毫米。一到四层层高分别为5.6米、4.0米、4.0米和4.3米。纵向梁高762毫米；横向每跨中间有2根次梁，主梁宽711毫米，次梁中间宽两端窄，最窄处508毫米，最宽处与主梁同高。

篮筐车间的一层为修配间，分隔为装配车间、电工车间、锻工车间、木工车间、工具仓库、首席工程师办公室、绘图办公室、一号装配工办公室、电工办公室。墙壁配有必要的木门和木门框，办公室内有桌子和电扇等。篮筐车间为木地板，原有大小车床3台、刨床1台、钻床1台；抗战中日本人拆走一部分设备，抗战胜利后寻回并从英国运来部分设备，包括车床2台、钻床1台、刨床1台、电锯1台、自动电焊机1台和氧气焊机1套，用以维修厂内机械设备。工人通过建筑东、西两侧的室外楼梯到达二至四层。二至四层为油蛋生产车间，洗衣房原设在二楼，后迁至外厂109号楼[1]。

由于靠近长江，该建筑的屋顶建有一个钢筋混凝土消防水箱，体积为1.98米×7米×7米，容量为80吨，由钢筋混凝土柱子支撑，位于屋顶上空9.15米处。其中的水来自长江，经机房北侧的贮水池进行净化后再由水泵打上水塔，供生产及消防用。此外屋顶装有水泵、发动机、管道、阀门，6个铸铁制菌形通风筒。水塔顶部距地面30.5米。

该建筑的立面形式与更早时期的汉口和记洋行厂房建筑（图18-2-17）有诸多相似之处。其柱梁构成的框架被暴露出来作为立面形式的一部分，柱径由下至上呈逐渐减小的趋势。模数化的玻璃窗扇均为高窗甚至齐平于上一层梁底，部分可开启。檐口有古典线脚。楼梯均为室外单跑楼梯，柱径同样自下而上逐渐减小，但与建筑主体中的柱子相比更为纤细，柱、梁之间以弧形交接。楼梯内侧有走廊通向内部房间，顶层无内部走廊，往反方向跑向屋顶。（图18-2-18）

当时的建筑师在沿用以往熟悉的混凝土建筑形式的同时，也进行了一些改变，形成了更为成熟的厂房建筑立面风格。这些细节也体现在随后建造的和记洋行的厂房中。

室外楼梯中的弧线处理最初仅在柱梁交接处进行运用，而在11号楼的室外楼梯设计中成为了主要的视觉元素：栏板与柱子同样以弧形交接，梁的底边则采用了曲线形式，勾勒出形式多变的景窗。立面则忠于结构形式，柱子并未像之前一样延伸到女儿墙顶端。开窗的位置和比例没有太多变化，只是由1组3扇变为2组4扇。

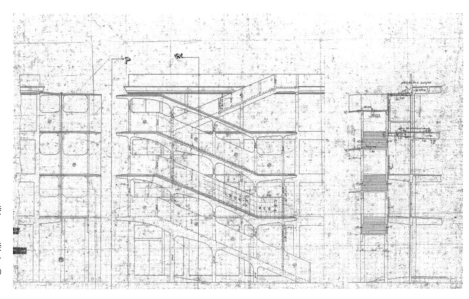

图18-2-18 11号楼
室外楼梯大样图
图片来源：11号楼
土建前期图纸，藏于
南京天环食品（集团）
有限公司档案室

---

[1] 江苏省商业厅《关于前英商和记厂的生产设备情况的资料》，藏于南京天环食品（集团）有限公司档案室。

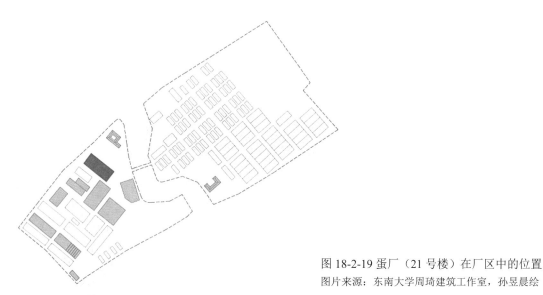

图 18-2-19 蛋厂（21 号楼）在厂区中的位置
图片来源：东南大学周琦建筑工作室，孙昱晨绘

（2）21 号楼蛋厂（Egg Godown）

蛋厂（图 18-2-19）设计于 1916 年 4 月，于同年建好并开展生产。此后又于 1918 年和 1921 年对厂房进行扩建。该建筑为钢筋混凝土结构，墙板采用了煤渣混凝土，混凝土平屋面向各边倾斜 305 毫米，0.92 米高的混凝土女儿墙包围屋顶四周，屋顶四周设有檐沟，混凝土落水管内衬铸铁层，雨水由此落向地面排水沟。屋顶安装有 20 个混凝土通风筒和 10 个铸铁制菌形通风筒。一层有 3 个排水沟，254 毫米宽，381 毫米深，其他楼层在长边有 2 个排水沟[①]。（图 18-2-20、图 18-2-21）

建筑共计 6 层高，长 78.1 米，宽 32.58 米，高 33.2 米。北侧扩建有三层建筑，长 78.1 米，宽 11 米，高 15.6 米。建筑东、南侧分别有 2 部从一楼通往六楼的室外楼梯。

蛋厂同样采用了交叉条形基础，并有四根梁分别于横向、纵向连接，以增强稳定性，建筑结构柱下方有 9 根木桩呈"十"字形支撑。室外楼梯柱下有 5 根木桩支撑。长 14 跨，宽 6 跨。跨度有 5.39 米、5.49 米和 5.69 米 3 种，四角长宽为 5.49 米 ×5.69 米。内柱柱径从一层到六层分别为 762、660、559、508、305、254 毫米。层高自一到六层分别为 5.64 米、5.19 米、5.19 米、6.10 米和 5.19 米。纵向梁高 864 毫米，横向每跨中间有 3 根次梁，主梁高 711 毫米，次梁为中间窄两端宽，最窄处 559 毫米，最宽处与主梁同高。蛋厂的建筑跨度和层数均大于此前建成的篮筐车间（11 号楼），因此其采用的结构柱和梁的规格也大于后者。

该建筑一层北部为蛋库（和记洋行称其为收货房，Receiving Room），蛋库收购鸡蛋后，将货品按照到达时间先后、批数、件数、始终站，进行记录和分拣，并用标签标记于每批的蛋箱上。按比例抽样后，车间主任按照鸡蛋情况的不同决定处理方式（一楼到四楼有升降梯将鸡蛋运输于各层之间），一般情况按到达时间先后进行加工处理，若检查结果不良则为避免过多损失会先行加工。查验结果一份交给行政，一份寄至收购站。

一层南部为捡蛋部（Egg Sorting Department）及洗蛋部。收货房或蛋库将鸡蛋运送到捡蛋部，工人自蛋箍或蛋篓中将鸡蛋捡出，去掉表面覆草，将其中损壳的鸡蛋放在损壳盘，流清鸡蛋放在流清盘，脏蛋则交由洗蛋部清洗，好蛋则放在花箱内，用小车拖至吊梯旁，运送至照蛋部过照。损壳盘及流清盘内的鸡蛋则直送打蛋部处理。捡蛋部计有男女工人、司梯员、

---

① 《原和记厂土地房屋概况说明（英文）》，南京天环食品（集团）有限公司档案室。

记录员共约 290 人，每日生产约 5 000 筐鸡蛋。

二层南部为照蛋部（Egg Candling Dept），内有三角铁制照蛋架、照蛋灯。鸡蛋经照蛋后可以立即分出等级。合乎箱蛋标准的好蛋放入花箱内直送三楼箱蛋包装部，坏蛋、流清蛋等四号蛋品则送往四楼打蛋部四号鸡蛋台处理。其余不能作箱蛋的另放花箱送往四楼打蛋部做冻蛋处理。照蛋部计男女工人 330 人，每天平均生产 20 花箱鸡蛋。

二层北部为箱蛋部（Shell Egg Packing），负责将鸡蛋装箱。箱蛋部收到合乎标准的鸡蛋后即按照大小分为 3 种等级，然后按等级装箱。木箱用洋松木制成，经过烘、烤，必要时进行蒸煮后确定没有任何气味后才能使用。箱内分 2 格，每格 180 枚蛋。箱底上铺 1 层刨花纸垫，垫上置白纸板，板上放纸格，每纸格放鲜蛋 1 枚，每枚鸡蛋上打橡皮小签，每一格板装完蛋后再铺 1 层纸板，计 5 层，每层相同，上面还有 1 层刨花纸垫，然后钉上箱盖。箱头上打上标记后送至冷藏室贮藏。箱蛋部约有工人 180 名。

三层北部为器具消毒间（Utensil Washing），用具洗净后用高温蒸汽消毒。工人操作过程中用具遇有坏蛋则随时洗净消毒，所有工具每天都必须消毒，以准备次日使用。三层南部为老蛋存储间（Old Egg Preserving Dept）。

四层为打蛋部（Egg Breaking Dept），内有水磨石三角铁架打蛋台 8 台，台上装置有上、下 2 层帆布输送带，用于来往输送鸡蛋。女工将蛋打破后闻之若无坏味，即倒入铝罐内由输送带传至案头，案头有熟手女工 4 人专司闻味复查。若无坏蛋味，即倒入铁槽内经搅蛋器将蛋搅碎，再经蛋泵将蛋液送至预冷器内，然后行灌听送至冷库速冻后加以贮藏。若闻味女工发觉有坏蛋在铝罐内，则将此罐放在输送带传送至案尾，案尾上亦有 4 名女工专司坏蛋处理，规定此蛋应属四号或五号蛋，分别倒入对应的盘内冰冻，将来再做处理，或用于市销或作动物食料。遇到鸡蛋颜色不太深及太鲜艳的情况，有时亦用少许鸭蛋兑入以加深其颜色。预冷器规定温度为 10 摄氏度。打蛋部共有工人约 770 名。

图 18-2-20 21 号楼南立面（左）、东立面（右）

图片来源：21 号楼增建前期图纸，藏于南京天环食品（集团）有限公司档案室

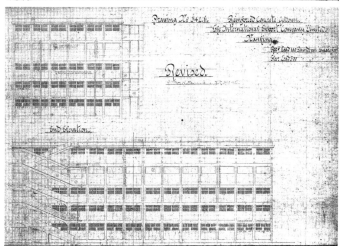

图 18-2-21 21 号楼西立面（上）、南立面（下）

图片来源：21 号楼土建前期图纸，藏于南京市天环食品（集团）有限公司档案室

五、六 2 层分别为老蛋烘蛋部及新蛋烘蛋部（Egg Drying Dept），内有锅及烘蛋机 20 台，旁有自动毛刷。蛋水由打蛋部送往烘蛋部，盛装于烘蛋机上的隔热桶中，蛋水慢慢流入铁槽，当铝带转动时，蛋水再由铁槽流下倾入铝带上，铝带旁的自动毛刷即将蛋液刷匀成蛋膜，铝带另一端有盘管若干，吹出约达 71 摄氏度的热气。来回转动约 1 小时 45 分钟后蛋片即烤干，成为干蛋片。生产出的蛋片大部分为全蛋片，有时是少数蛋白片，蛋片在操作过程中或夹有不纯净的渣滓，由一女工将此渣滓剔除，然后送往冷藏库内晾约 12 小时后，再装入铁箱内冷藏。烘蛋部约有工人 200 名[①]。

同为厂房建筑，蛋厂与篮筐车间的立面较为相似，构件细节也采用了同样的做法。在该建筑中，同一层往往采用相同的开窗方式，与篮筐车间全部采用相同窗洞不一样的是，蛋厂建筑二、三、五层的开窗方式相同，而一、四、六层采用了不同的窗洞形式。在 1921 年加建的 6 层中，更使用了大面积钢窗（图 18-2-20、图 18-2-21）。

21 号楼蛋厂在生产高峰时期共有 1 700 余名工人同时作业，是和记洋行厂区内规模最大的厂房。冻蛋也曾一度是和记洋行的主要产品。

（3）16 号楼机器房（Engine and Boiler House）

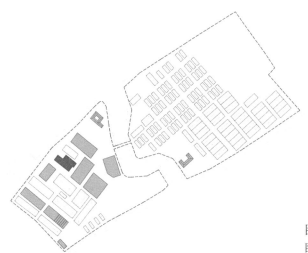

图 18-2-22 机器房（16 号楼）在厂区中的位置
图片来源：东南大学周琦建筑工作室，孙昱晨绘

机器房（16 号楼）（图 18-2-22）原为砖木结构、白铁顶单层建筑，后设计了钢筋混凝土新机器房，设计完成后一边生产一边对原建筑进行改建，逐步将原有砖木结构改造为钢筋混凝土结构。现有的分别绘制于 1916 年 4 月和 1917 年 11 月的 2 份图纸，包含新机器房局部建筑的平、立面和大样图。另《原和记厂土地房屋概况说明（英文本）》（约 1956 年）中含机器房的屋顶面积计算图纸 1 张。

和记洋行最初开始运营时，机房建筑包含砖木结构的锅炉房、机器房及氨冷罐（Ammonia Cold Tank）与冷却塔（Cooling Tower）。随后在机器房的东侧新建钢筋混凝土新机器房与氨气冷却塔。机器房有栈桥与新、老冰房相连。新机器房最初为 4 跨乘 5 跨，短边跨度较大，约 4.1 米，长边跨度较小，约 3.5 米。后于北侧加建约 5.6 米的 3 跨。新机器房采用钢筋混凝土楼板与结构柱，基础使用福州尖木桩（直径约为 0.2 米，长度 7.6 米），墙板使用煤渣混凝土，与老机器房相连部分采用完全相同的铁皮坡屋顶做法，桁架落于南、北两侧的柱子上，屋脊上有菌形通风口。该部用混凝土模仿木结构形式，跨度、立面划分、屋顶形式均与老机器房类似。北侧加建部分为平屋顶，采用钢筋混凝土梁柱、煤渣混凝土墙板，长边跨度 8.8

---

① 江苏省商业厅，《关于前英商和记厂的生产设备情况的资料》，藏于南京天环食品（集团）有限公司档案室。

米，牛腿柱柱径 660 毫米，纵向梁高 1395 毫米，横向梁高 610 毫米，立面采用大面积开窗。（图 18-2-23）

到了 1929 年，新机器房形成"L"形的整体。南侧部分立面延续原有建筑立面风格，但已将原砖木结构改造为钢筋混凝土结构，屋顶也由原先的桁架（推测为混凝土建造）白铁皮坡屋顶改造为钢筋混凝土平屋顶，共计 59.1 米长，17.08 米宽。北侧加建部分经再次扩建，长 41.3 米。西侧新建长 40.42 米、宽 17.54 米的锅炉房。3 部分成为整体，北侧缺口处有一蓄水池。总建筑面积约为 2 752 平方米。

锅炉间内原有锅炉 12 个，平时生产只使用其中的一半，最盛时曾使用 8 个。以上锅炉用于供应蒸汽机、压缩机、发电机、抽水机、蛋厂、烘蛋厂、箱子房、听子房、猪场、炼油厂等等。这些设备除有 2 只锅炉运往天津和记洋行外，其余均在日本侵华战争中被日军拆运至各处。抗战胜利后找到 5 座，2 座被敌伪产业管理局在徐州拍卖后运往上海，其他 3 座下落不明。至 1956 年大华企业公司收购和记洋行之时共有锅炉 5 只，4 只已安装，但其中有 2座底座尚未完工，有 2 座已安装完，1 座在露天存放。

机器房内原有 500 千瓦发电机 1 台，250 千瓦发电机 2 台，压缩机及蒸汽机各 6 台（压缩机一号生产能力 40 吨，2 号 50 吨，3、4、5 号各 100 吨，6 号 200 吨），机器房西部有配电室 1 间，以上设备在抗战期间均被日军拆散运往各地，抗战胜利后找回一部分但残缺不全，英籍工程师认为修复困难太大，建议英伦总公司一律改换新式机器。在此期间从新西兰运来 300 千瓦发电机 1 台，由天津调运 250 千瓦发电机 1 台，1956 年时，300 千瓦发电机已安装竣工，并且运行情况良好；原有 250 千瓦 1 台认为可以修复，部分已安装但中途又停止。1948 年自天津运来 250 千瓦发电机 1 台尚未装配（供毛纺厂当时试验生产期间的用电），1950 年初又调回天津。[1]

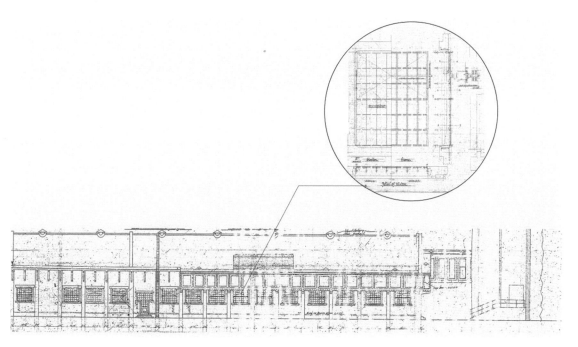

图 18-2-23 机器房（16 号楼）立面图及窗扇大样图

图片来源：16 号楼机器房土建前期图纸，藏于南京市天环食品（集团）有限公司档案室

---

[1] 江苏省商业厅，《关于前英商和记厂的生产设备情况的资料》，藏于南京天环食品（集团）有限公司档案室。

（4）6 号楼杀猪厂 (Pig Godown)

图 18-2-24 杀猪厂（6 号楼）在厂区中的位置
图片来源：东南大学周琦建筑工作室，孙昱晨绘

　　屠宰间（图 18-2-24）原为杀猪厂，设计于 1916–1919 年，由杀猪厂、熬油间 2 部分组成。熬油间约建造于 1918 年，杀猪厂约建造于 1919 年。该建筑位于和记洋行厂区的东南角，靠近宝塔桥街与沪宁铁路，可便于原料及成品的往来运输。

　　杀猪厂建筑共 5 层，总高 28.85 米，长 33.4 米，宽 24.25 米，钢筋混凝土结构，交叉条形基础。墙板采用煤渣混凝土，屋顶为混凝土构造，上有 6 个 "A" 字形排开的天窗，垂直一面用玻璃围护。雨水由屋顶四周的檐沟（Gutter）收集并经由混凝土落水管（Downspout）流向底层。每一层都有 2 个钢筋混凝土（RC）排水沟穿过，并将污水导向落水管，楼板因此有坡度。建筑南侧有 1 部钢筋混凝土楼梯；1 部钢筋混凝土坡道作为赶猪道，设于建筑东侧，只通往第五层。所有窗框（Window Panes）都是铸铁（CI）制，附有金属玻璃窗格（Wire Glass Panes）。扩建部分位于原有建筑西侧。（图 18-2-25）

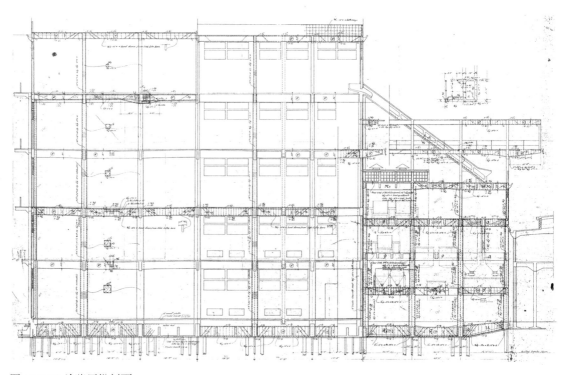

图 18-2-25 杀猪厂纵剖面
图片来源：6 号楼仓库土建前期图纸，藏于南京市天环食品（集团）有限公司档案室

建筑内柱从一楼至五楼柱径分别为 762、660、559、457、305 毫米，室内梁高 838 毫米，楼板厚 100 毫米，层高由一至五层分别为 5.64、5.17、5.64、5.49、5.64 米。

建筑的一层为挂猪间（Pig Hanging Room），建筑四角各有 1 对门扇大小为 1220 毫米 × 3355 毫米的铁门，房间装有成列的肉轨（Meat Rails）以冷却动物尸体（肉轨共计 960.75 米，直径为 50.8 毫米），由梁承重。墙上装有铸铁窗框和夹丝玻璃。（图 18-2-26）

二层的功能布局及设备配置与一层类似，但只有 1 对铁门（门扇 1220 毫米 × 3355 毫米），开向室外楼梯（内有肉轨共计 971.42 米）。

三层为加工间（Curring Dept），其设备配置与一层及二层类似。有共计 161.27 米长的肉轨及一部 BOSS NO.51/2 旋转式绞肉机（Rotary Meat Cutter），电力驱动，同时有直径 50.8 毫米、长 1.83 米的轴承和 2 组滑轮。有 1 对铁门，墙上装有铸铁窗框和夹丝玻璃。

四层为内脏处理间（Intestine Dept），装备 1 对铁门、6 个木制储罐、7 个半圆形斜槽。有 1 台手工刷洗猪鬃的设备，它来自芝加哥的机械制造公司（Mechanical Manufacturing Co. Chicago），电力驱动。墙上装有铸铁窗框和夹丝玻璃、各类管道和阀门。

五层为屠宰间（Killing Dept），装有铁门、铸铁窗框和夹丝玻璃，有直径 50.8 毫米的肉轨共 124.75 米，含各式管道和阀门。设备有一台火砖衬砌的烫毛器，包含储罐、喷口和烟囱。还有 1 台全重内含链动式动物尸体传输机，连接烫毛罐；1 台重力式滚轴运输机联系手工操作台（M/C）与肉轨（Drawing Rails），内含 2 组离合器齿轮和轴；1 对木质宰猪轮盘，每个轮盘配有 6 个脚链与传动装置，一个链动式传输机将猪在肉轨上传动；2 个位于上空的人工称重仪，来自标准尺度公司（Standard Scale Co.）；还有各式储罐、筛具（Throughs）等。

与熬油间相连的墙节点使用镀锌铁（GI）和水泥。熬油间分 2 部分，一部分为蒸煮车间，内含分别为 4 层和 2 层的钢筋混凝土建筑。

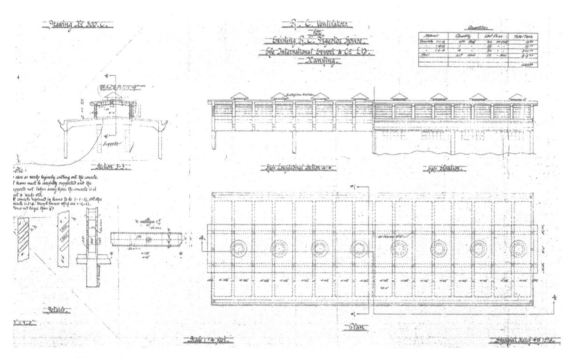

图 18-2-26 屠宰间历史图纸

图片来源：6 号楼仓库土建前期图纸，藏于南京市天环食品（集团）有限公司档案室

四层厂房 6a 号楼直接与杀猪厂相连，为钢筋混凝土结构。墙板采用煤渣混凝土，装有

铸铁窗框和夹丝玻璃，有一钢筋混凝土室外楼梯从一层通向屋顶，屋顶有楼梯通往杀猪厂五楼。厂房宽 14.6 米，长 24.1 米，高 13.4 米。一楼为血粉车间，二、三 2 层为熬油间。6a 号楼西侧为 2 层钢筋混凝土建筑 6b 号楼，构造方式与 6a 号基本一致，长 24.1 米，宽 7.6 米，高 4.9 米，有一推拉铁门和一铰链铁门。其一层对在 6a 号蒸炼后的猪油进行再处理，内有 10 个直径 1.53 米、深 2.9 米的铁质蒸炼罐，2 个液压精榨机，各配 1 个 5 000 磅的蒸汽液压泵，上有供水罐。屋顶有 8 个菌形通风口。

熬油间另一部分为猪油处理间（6c 号楼），长 24.9 米，宽 22.7 米，高 5 米，一层为猪油提炼间，内有液压设备和猪油过滤机。

屠宰间作为最主要的生产厂房之一，立面具有和记洋行厂房的典型特征：显露的结构框架、柱径随层数增高而减少、具有古典特征的檐口线条、模数化的玻璃高窗等。顶层有锯齿形天窗，为顶层车间采光之用。

猪只经赶猪道被赶至五层楼上，木质宰猪轮盘自动将猪吊起，滑到输送铁道，人工宰杀出血后经滑门送往水槽自动刮毛，不能刮尽的地方由人工刮除。猪只经滑车吊至铁道上，用挂钩挂起去头去五脏，送至四层处理。开膛后在运送途中冲洗，破腹后心脏掷进特设窗洞内送到四层。猪体经兽医检验合格者则盖章通过送至一层和二层，体内热量发散后送往速冻室速冻，冻成则送至冷藏室冷藏。若皮色不合规格则制腌肉出口，病猪、死猪送至熬油间熬油。

宰杀过程中的副产品送往其他生产线，自动化的流水线在当时的中国非常先进：

①猪身上割下的肥肉及零星物、猪头、猪蹄、病猪、死猪等均在熬油厂内加以提炼，熬油车间内有 10 口大锅，装有蒸汽排管，熬油过程中加入化学药品使杂质沉淀。熬好后用水打入，取出浮在水面上的纯净油出口，罐底杂质和不纯的猪油作工业用途。

②猪鬃收集后送至 9 号楼（9 号楼位于杀猪厂北侧并与之平行，宽 15.2 米，长 27.5 米，总面积 4 500 平方米，后被拆除），按照尺码大小分定等级后进行处理，以便出口。

③大肠熬油，小肠收集后用水冲洗，整理检验后按尺寸集中加工以资出口。

④炼油所得油渣及猪血烤干后均作为肥料处理。

⑤心、肝、腰子冷冻出口，猪舌则做罐头出口，猪腿制成火腿装箱出口[①]。

（5）5 号楼大型仓库（General Store）

图 18-2-27 大型仓库（5 号楼）在厂区中的位置
图片来源：东南大学周琦建筑工作室，孙昱晨绘

大型仓库（图 18-2-27）共计 5 层高，为钢筋混凝土结构，混凝土平屋顶，从屋顶中心到檐口有 250 毫米的坡度，四周女儿墙高 0.9 米，四周均有混凝土檐沟、混凝土落水管、内

---

① 江苏省商业厅，《关于前英商和记厂的生产设备情况的资料》，藏于南京天环食品（集团）有限公司档案室。

衬镀锌铁。每层平面都有 2 个混凝土集水管从长边将污水汇于建筑端头的落水管，因而楼板向集水管倾斜。建筑的两端均设有钢筋混凝土楼梯。所有的窗都是铸铁，附有金属玻璃窗格。

该建筑共高 27 米，长 41.18 米，宽 24.4 米。建筑长 14 跨，宽 7 跨，跨度从 5.3 到 6.2 米不等。由于处在厂区西侧靠近长江及货运码头，该楼主要用于堆放生产工具、机器设备、制造原料等，从英国运来的器材正式投入使用前也堆放在此。

一层有 4 对铁门（门扇规格为 1120 毫米 ×5030 毫米），分别位于建筑的两端。该层后端 11.29 米处被一堵煤渣混凝土墙壁分隔开，一部分作为易燃物储藏间使用，剩余部分作为工程师储藏间。建筑二层作为仓库使用，后端长 16.17 米的空间被一堵煤渣混凝土墙壁与前端分隔，作为去除大米外壳的部门，装置了一部 3309 型号大米去壳机。2 对铁门（门扇规格为 1120 毫米 ×5030 毫米）分别位于该层的两端。三、四层均无分隔，作为仓库使用。

从 2 张分别摄于 1927 年及 19 世纪 30 年代的照片看，立面风格与其他厂房类似。

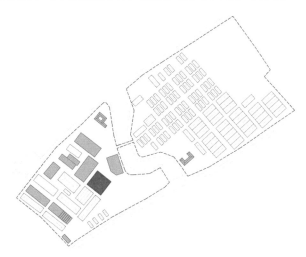

图 18-2-28 听子厂（18 号楼）在厂区中的位置
图片来源：东南大学周琦建筑工作室，孙昱晨绘

（6）18 号楼听子厂（Tin Shop Godown）

听子厂（图 18-2-28）设计于 1919 年 9 月，是厂区内建造的第 7 栋钢筋混凝土大楼。墙板为煤渣混凝土，混凝土构造屋顶有坡向南北的檐沟。雨水由屋顶檐沟收集并经由混凝土落水管流向底层。每一层都有两个钢筋混凝土排水沟穿过，将污水导向落水管，楼板设有坡度。建筑东侧建有一钢筋混凝土楼梯。窗框都是铸铁制，附有金属玻璃窗格。

图 18-2-29 1930 年代历史照片
图片来源：https://www.sohu.com/a/320430456-798932

该建筑共有 5 层，总高 28.21 米，长 48.80 米，宽 45.75 米，总建筑面积 11 629 平方米（图 18-2-30）。采用了交叉条形基础，基础中每单元有 4 根梁于横向、纵向连接，以增强稳定性，

建筑结构柱下方有 7 根木桩呈"十"字形支撑。从一层至五层,建筑内柱柱径从 813 毫米逐渐减小到 305 毫米,外柱柱径从 660 毫米减小到 305 毫米,除五层外每层外柱柱径均小于内柱柱径。室内梁高有 1041、914、660 毫米 3 种规格,楼板厚 100 毫米,一层层高为 5.64 米,二到五层层高为 5.18 米。(图 18-2-31)

听子厂平面为 8 跨 ×8 跨,长边跨度两端为 5.87 米,中间为 6.18 米,短边跨度两端为 5.49 米,中间为 5.79 米。南北各设 2 个入口。一层东南角为锡板存储间,西北角为承轴台,与其他空间相分隔。该楼层为听子生产车间,内有印字车 2 台、44 磅听子机 2 套(每套 12 台)、22 磅听子机 2 套(每套 12 台)、圆听子机 1 套(计 4 台)以及纸盒机 7 台与烘房。在日军全面侵华战争期间,以上设备除 2 部残缺不全的听子机外皆被日人拆往日本。生产最盛时约有工人 150 人,生产流程分制盖、制听身、制听口、装底和盖 4 步程序进行。其余各层为蛋厂及家禽附属车间,根据旺季生产需要作钳毛等用途[①]。该建筑立面风格与厂区内其他建筑基本一致。除一楼窗扇较大且可开启外,其余楼层均为不可开启的高窗。

图 18-2-30 18 号楼西北立面图(左)、东南立面图(右)
图片来源:18 号楼土建前期图纸,南京市天环食品(集团)有限公司档案室

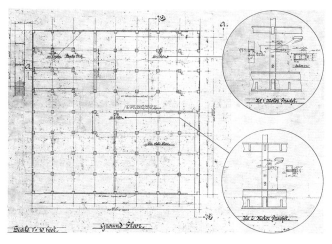

图 18-2-31 18 号楼一层平面图及内柱牛腿细部做法
图片来源:18 号楼土建前期图纸,藏于南京市天环食品(集团)有限公司档案室

(7) 23 号楼箱子厂(Box Godown)

箱子厂(图 18-2-32)的设计年代不明,在 1922 年前完工。墙板采用了煤渣混凝土,屋顶为混凝土构造,有坡度,坡向南北两侧的檐沟。雨水由屋顶四周的檐沟收集并经由混凝土落水管流向底层。楼板设有坡度,可将污水导至落水管排出。在建筑南侧建有 1 部钢筋混凝土楼梯。所有的窗框都是铸铁制,附有金属玻璃窗格[②]。

---

① 江苏省商业厅,《关于前英商和记厂的生产设备情况的资料》,藏于南京天环食品(集团)有限公司档案室。
② 《原和记厂土地房屋概况说明(英文)》,藏于南京天环食品(集团)有限公司档案室。

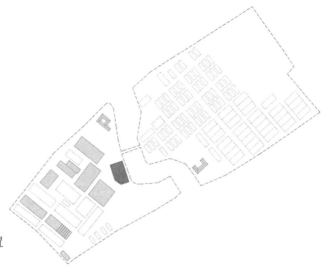

图 18-2-32 箱子厂（23 号楼）在厂区中的位置

图片来源：东南大学周琦建筑工作室，孙昱晨绘

　　该建筑共 6 层，总高 28.63 米，长 59.17 米，宽 32.94 米，东南侧切去一 17.69 米×10.98 米的三角形，总建筑面积 11 088 平方米（图 18-2-33、图 18-2-34）。采用交叉条形基础，基础中每单元有 4 根梁分别于横向、纵向连接，以增强稳定性，建筑结构柱下方有数根木桩支撑。建筑内柱从一层至六层柱径分别为 863、787、685、584、406、355 毫米，除五层外每层外柱柱径均小于内柱，外柱柱径自一层到五层分别为 635、584、406、381、254 毫米。室内梁高有 1066、812、609 毫米 3 种规格，楼板厚 152 毫米，层高自下而上逐渐减小。一层层高为 5.64 米，第二到六层分别为 5.18、4.12、4.12、4.12、3.86 米。

　　底层为箱子生产车间，入口位于东西侧中部，建筑内部东侧中央有 1 旋转楼梯通向屋顶，南侧有 2 条通往二层的传送带，有一夹层。一层堆放原料，二层为制箱车间，车间内东部设烘板，西部有电锯、制箱机。三层堆置成品，四层为刨花厂，五层为砻糠厂。生产的箱子为蛋厂和禽厂所用。日军侵华期间除烘板、管子外其他均被日本人拆走。建筑立面风格与厂区其他厂房类似。

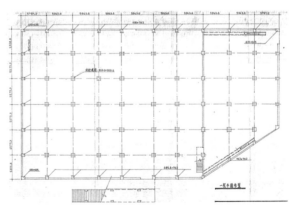

图 18-2-33 23 号楼一层平面图

图片来源：2 号楼土建前期图纸，藏于南京市天环食品（集团）有限公司档案室

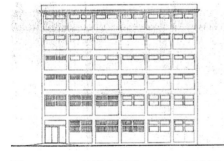
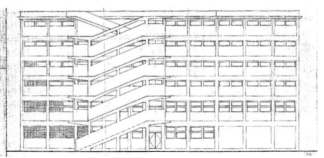

图 18-2-34 23 号楼北立面（左）、西立面（右）

图片来源：和记 2 号楼土建前期图纸，藏于南京市天环食品（集团）有限公司档案室

四、南京肉类联合加工厂营运阶段（1956—2014 年）

（一）群体空间

1956 年，在合众冷藏公司示意下，和记洋行最后一任买办何醒愚将全部财产转让给中国大华企业公司。该年 3 月 1 日，南京市房地产管理局主办接收了和记洋行在南京的全部财产，除房屋建筑，家具、毛纺厂和蛋厂的全部设备及所有在册职工也一并接收。

江苏省商业厅研究后认为：江苏肉食蛋品生产资源丰富，根据南京原和记洋行的生产性质、设备情况和地理条件，恢复原厂址作为食品加工厂使用是必要且有利的。1956 年 6 月 25 日，国务院、国家计划委员会同意由商业部投资 1000 万元，将和记洋行旧址（里厂部分）改建为南京肉类联合加工厂。1957 年 7 月 1 日南京肉类联合加工厂投产。在苏联专家的帮助下，利用原有厂房改建了 3 座冷藏库，占当时全国肉类食品总冷藏量的 2/3。

到了 1980 年代，经过发展，南京肉类联合加工厂形成了较为完备的功能布局。此时的厂区基本保留了英商和记洋行时期的路网结构，在厂区南侧、东侧及东北角新建了附属用房，包括宿舍、托儿所、食堂、会堂、球场、浴室等，和过去简陋的附属设施相比，工人及其家属获得了良好的生活和工作环境。此时铁轨延伸至厂区仓储区域中，铁路运输彻底取代了过去的水运，成为主要的交通方式（图 18-2-35）。

1996 年，南京肉类联合加工厂实行现代企业制度，更名南京天环食品有限公司。2003 年，由国营转为民营，厂区也进行了一些加建。此时公路成为主要运输方式，原有铁轨不再使用。厂区内有大量车辆来往运输。

数十载过去，工艺流程、建筑功能随着不同年代的需求发生着改变，但厂区内的建筑布局始终围绕着原有的几座厂房，原因是其体量和规模即便与当下的厂房建筑相比也是相当大的，且包含着最主要的生产和储藏功能（图 18-2-36）。

2014 年，南京天环食品（集团）有限公司整体搬迁至江宁谷里，而原厂址内大量 20 世纪 60 年代后加建的建筑物都被拆除（图 18-2-37）。如今厂区内仅剩有百年历史的钢筋混凝土厂房及少量后期加建的建筑，亟待随着下关滨江商务区的开发、再次改造利用的契机中焕发出新的生机。

图 18-2-35 厂区鸟瞰照片（左为 2008 年，右为 2010 年）
图片来源：https://wwjing.blog.163.com/blog/static/1739942222013102083758652 1（左）；
　　　　　东南大学周琦建筑工作室，韩艺宽摄（右）

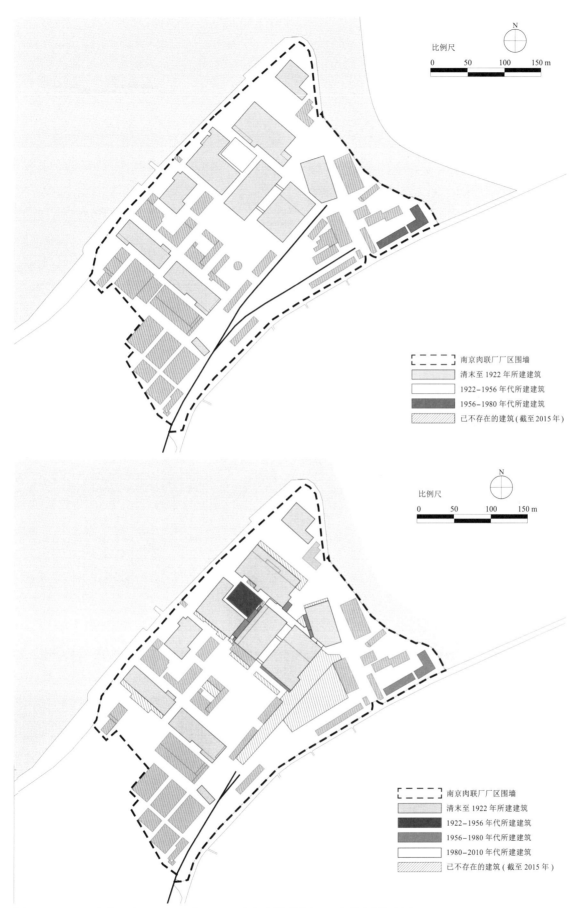

图 18-2-36 1980 年代（上）、2010 年（下）南京肉类联合加工厂厂区建筑布局

图片来源：东南大学周琦建筑工作室，孙昱晨绘

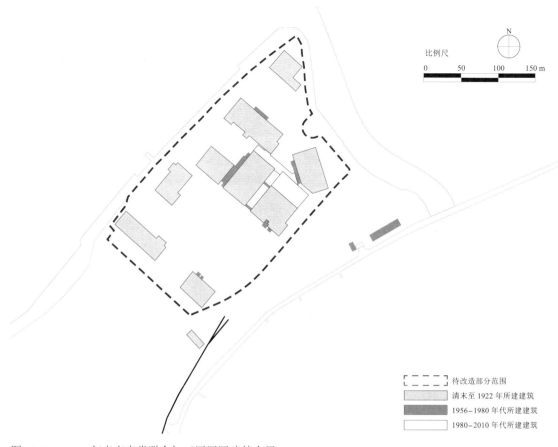

比例尺
0 50 100 150 m

- - - - 待改造部分范围
清末至 1922 年所建建筑
1956–1980 年代所建建筑
1980–2010 年代所建建筑

图 18-2-37 2015 年南京肉类联合加工厂厂区建筑布局
图片来源：东南大学周琦建筑工作室，孙昱晨绘

（二）单体建筑

1. 办公楼及英籍职工宿舍

办公楼与英籍职工宿舍（图 18-2-38）在厂区收归国有后均独立于南京肉类联合加工厂，由其他机构运营。英籍职工宿舍如今作为上海铁路局南京铁路招待所使用；办公楼在 2016 年初修缮一新，历史面貌被完整保留。（图 18-2-39 ～图 18-2-45）

图 18-2-38 原和记洋行办公楼（左）、原英籍职工宿舍（右）
图片来源：东南大学周琦建筑工作室，韩艺宽摄

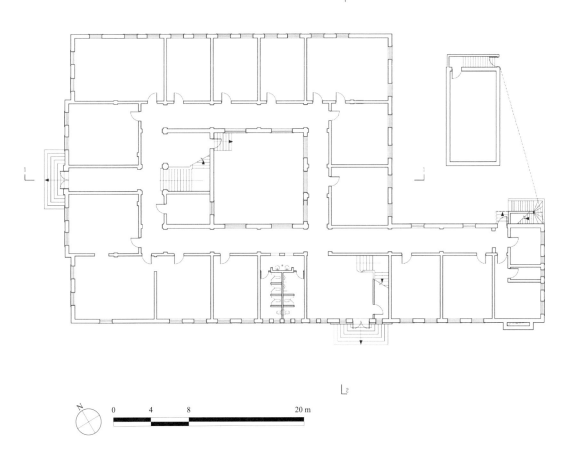

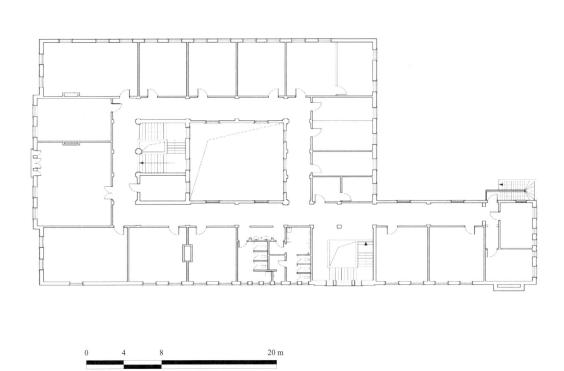

图 18-2-39 办公楼一层平面现状测绘图（上）、二层平面现状测绘图（下）

图片来源：东南大学周琦建筑工作室

图 18-2-40 办公楼西南立面现状测绘图

图片来源：东南大学周琦建筑工作室

0   4   8   20 m

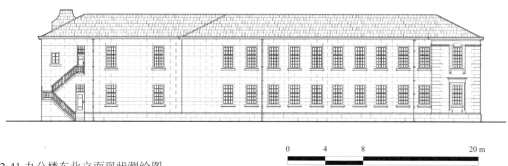

0   4   8   20 m

图 18-2-41 办公楼东北立面现状测绘图

图片来源：东南大学周琦建筑工作室

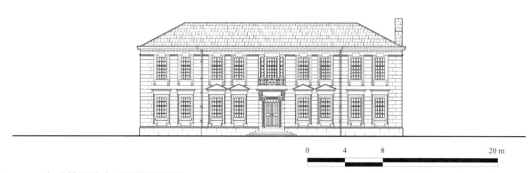

0   4   8   20 m

图 18-2-42 办公楼西北立面现状测绘图

图片来源：东南大学周琦建筑工作室

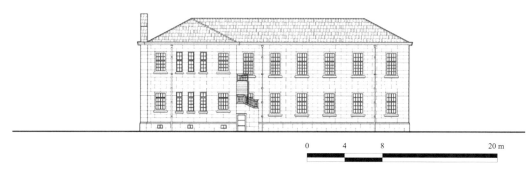

0   4   8   20 m

图 18-2-43 办公楼东南立面现状测绘图

图片来源：东南大学周琦建筑工作室

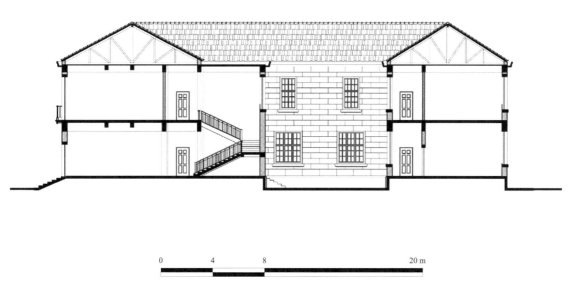

图 18-2-44 办公楼 1-1 剖面现状测绘图
图片来源：东南大学周琦建筑工作室

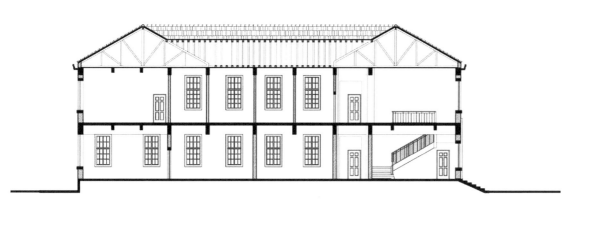

图 18-2-45 办公楼 2-2 剖面现状测绘图
图片来源：东南大学周琦建筑工作室

2. 冷库建筑

经历战火后的新冰房（17号楼）一度无法交付使用，大华企业公司接收厂区后，经过修复，延续了其原有的冷藏、速冻功能，更名为1号冷库。

建筑内部基本维持原有平面布局，但内部梁、柱均有加固痕迹，部分室内墙体、柱子新加保温层。建筑外部加建了3部电梯，并于20世纪90年代加建了位于三层、四层的连接天桥，将新冰房、蛋厂、箱子厂及新建的4号冷库连接在了一起。建筑的东南立面和西南立面附加了一层保温材料，西北立面除封闭了顶层窗户与加建了电梯外，基本维持历史原状。原位于西南角的塔楼被拆除。（图18-2-46～图18-2-50）

图18-2-46 17号楼（现1号冷库）西南立面
图片来源：东南大学周琦建筑工作室，孙昱晨摄

图18-2-47 17号楼（现1号冷库）西北立面
图片来源：东南大学周琦建筑工作室，孙昱晨摄

图18-2-48 17号楼（现1号冷库）室内照片（左）、内柱截面（右）
图片来源：东南大学周琦建筑工作室，孙昱晨摄

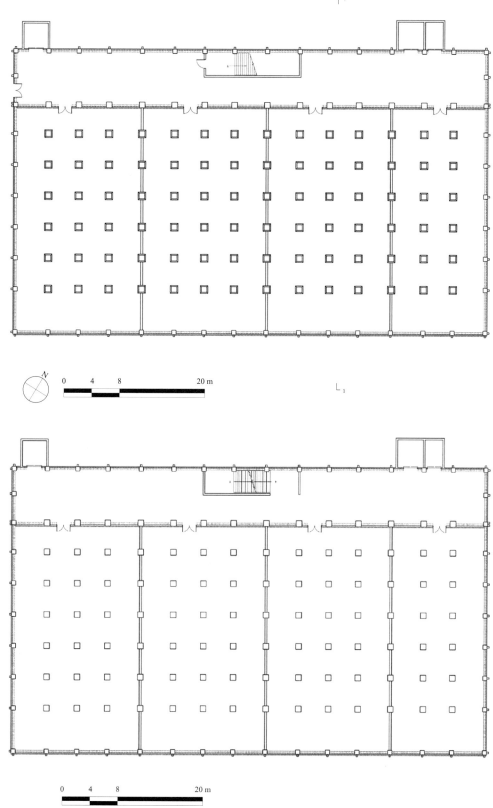

图 18-2-49 17 号楼（现 1 号冷库）一层平面现状测绘图（上）、二层平面现状测绘图（下）

图片来源：东南大学周琦建筑工作室

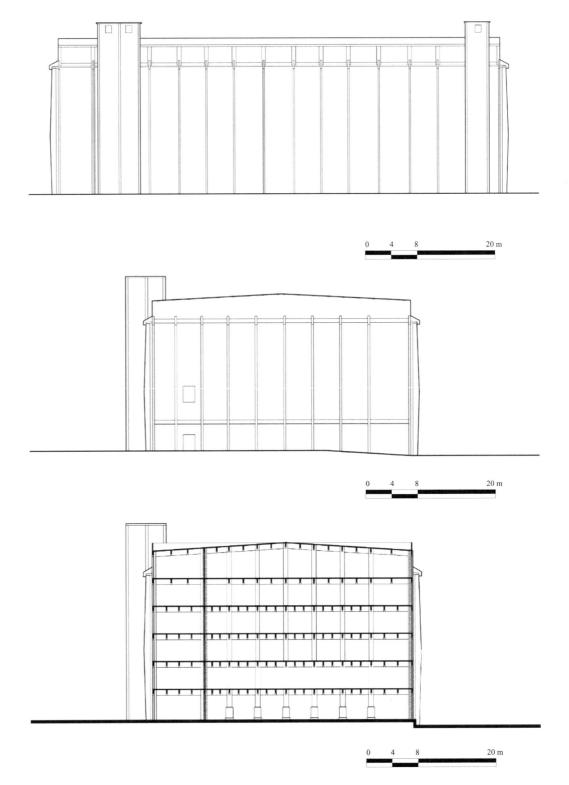

0 4 8 20 m

0 4 8 20 m

0 4 8 20 m

图 18-2-50 17 号楼（现 1 号冷库）西北立面（上）、西南立面（中）、1-1 剖面（下）现状测绘图
图片来源：东南大学周琦建筑工作室

3.厂房建筑

（1）11号楼篮筐车间（现厂房北）

该建筑后被改造为制药大楼，并于其东侧空地新建了制药楼、试验楼等附属建筑（1978年）[1]，形成"口"字型布局。

室内梁、柱已经过加固，由于该建筑年代较早，跨度相对较小，梁布置得较为密集，在柱径又扩大的情况下，内部空间显得更加局促。（图18-2-51）

此外功能布局也有所调整。一层分隔为2间，墙体新加了保温材料，推测作为冷藏间使用。二、三、四层为"口"字型内走廊，分成数个小隔间，具体功能不详。仍通过东西两侧室外楼梯通往二、三、四层。西侧楼梯被拆除一半，东侧楼梯相对完好。屋顶有加建的平房3座，水塔上加构了1个木结构坡屋顶。屋顶水塔的钢筋混凝土结构整体呈较残破的状态，部分钢筋裸露在外。

建筑立面经过改动，上有斑驳的涂料痕迹。立面仍可见原有框架，但窗洞位置、大小均有变化，窗台据楼面高1 350毫米，洞口位于每跨中央。此外立面上新开数个高度、大小不一的门洞，其中又有部分以砖墙抹灰填实。（图18-2-52）

图18-2-51 11号楼（现厂房北）内部（左）、室外楼梯（中）、屋顶水塔（右）照片
图片来源：东南大学周琦建筑工作室

图18-2-52 11号楼（现厂房北）东南立面（左）、东北立面（右）照片
图片来源：东南大学周琦建筑工作室

---

[1] 南京市城市建设档案馆，档案号D3019780647：《江苏省食品公司南京肉联厂制药大楼/地下室》。

（2）21 号楼蛋厂（现 5 号冷库）

　　该建筑一至五层的结构经过加固，每跨增添了 2 道横梁，柱径经加固而增大。所有围护墙体系重新砌筑，建筑内外均粉刷一新（图 18-2-53）。一至五层为冷库，墙体附加保温材料，建筑室内可见新砌墙体截面及所采用的空心砖砌体（图 18-2-54）。一至五层出于功能需要立面封闭。顶层为生产车间，有较大面积开窗，洞口位置与建筑原貌不同。建筑东侧加建了 1 栋 5 层的附属用房，由东侧的室外楼梯进入。南侧室外楼梯除扶手被拆除外，保存较为完好。原先只能通过 2 部室外楼梯到达各层，经改造后建筑的南、北两侧各有 2 部电梯，北侧辅楼中加建 2 个封闭楼梯间，辅楼一层架空，作为建筑的主入口。

　　该建筑的整体结构得以保存，但经过加固后内部使用空间有一定程度的萎缩（图 18-2-55）。外部立面经改造后与建筑原貌差别较大，仅南部室外楼梯基本保留原貌。建筑北侧加建的 3 层辅楼（1930—1950 年代）于不久前被拆除。（图 18-2-56、图 18-2-58）

图 18-2-53 21 号楼（现 5 号冷库）东北立面（左）、西南立面（右）照片
图片来源：东南大学周琦建筑工作室

图 18-2-54 新砌墙体截面及所采用的空心砖砌体
图片来源：东南大学周琦建筑工作室

图 18-2-55 建筑三层室内（左）、六层室内（右）照片
图片来源：东南大学周琦建筑工作室

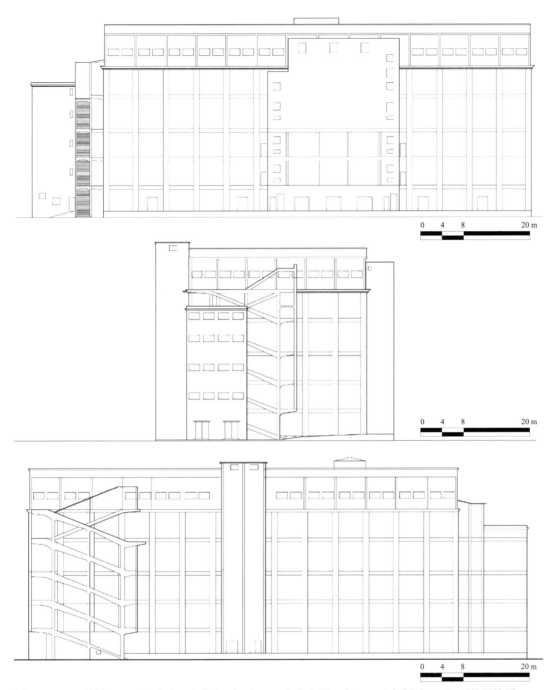

图 18-2-57 21 号楼（现 5 号冷库）东北立面（上）、东南立面（中）、西南立面（下）现状测绘图
图片来源：东南大学周琦建筑工作室

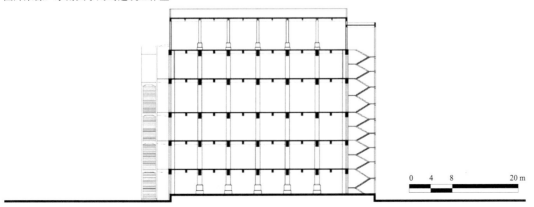

图 18-2-58 21 号楼（现 5 号冷库）1-1 剖面现状测绘图
图片来源：东南大学周琦建筑工作室

（3）16 号楼机器房

机器房是除新冰房（17 号楼，现 1 号冷库）以外一栋一直延续着原有功能的建筑。为适应使用需求的变化，在机房局部加建了二层，且于周边进行了少量加建。建筑北立面窗洞维持原有位置，但窗格大小与最初不同。南立面根据使用需求增设了一些门洞，立面开口与建筑原貌有较大区别。（图 18-2-59）

如今锅炉房部分被拆除，机房部分现状较为残破，但结构仍较为完整，建筑屋顶错落分布的菌形通风筒清晰可辨，东侧残留的山墙则印证着岁月的痕迹。（图 18-2-60）

图 18-2-59 16 号楼机器房西南立面（左）、东北立面（右）照片
图片来源：东南大学周琦建筑工作室

图 18-2-60 16 号楼机器房内部照片
图片来源：东南大学周琦建筑工作室

（4）6 号楼杀猪厂（现屠宰间）

直至 20 世纪 90 年代，6 号楼还延续着其作为屠宰间的使用功能。随着使用需求的改变，建筑的北侧加建了 2 部电梯。建筑的围护墙体经过重新砌筑，立面新近粉刷上了白色抹灰，原有檐口线脚粉刷为红色。原先暴露的结构柱梁被隐藏起来，窗洞位置下移，并由原来的 1 组 4 扇变为 1 组 2 扇。屋顶天窗封闭，失去了实用功能。原有室外楼梯均被拆除。建筑由 5 层改造为 4 层，原一层楼板被拆除。（图 18-2-61）

近年来该建筑结束了其延续近百年的屠宰间功能，至南京天环食品（集团）有限公司搬迁前作为南京肉类交易市场使用，从建筑功能到立面风格与 100 年前原貌都有一定程度的改变（图 18-2-62）。原熬油间也在 2015 年被拆除，如今这栋建筑孤独地伫立在和记洋行厂区旧址的东南角。

图 18-2-61 6 号屠宰间西南立面（左）、西北立面（右）照片
图片来源：东南大学周琦建筑工作室

图 18-2-62 6 号屠宰间室内与墙体断面照片
图片来源：东南大学周琦建筑工作室

（5）5 号大型仓库（现厂房南）

该建筑后被改造为冷库使用。维护墙体经重新砌筑，且完全封闭。建筑表面以白色抹灰粉刷，檐口线脚粉刷为红色。屋顶有少量加建，建筑南部也加建 5 层高库房，后被拆除，原立面上通往这部分仓储的冷库门暴露在外。分别位于南、北两侧的 2 部室外楼梯也被拆除。（图 18-2-63）

图 18-2-63 5 号楼（现厂房南）东侧透视（左）、东北立面（右）照片
图片来源：东南大学周琦建筑工作室

（6）18号楼听子厂（现3号冷库）

　　1956年大华企业公司接收和记洋行后，经商业部评估、国务院批准，将该楼改造为冷库。此次改造对原有建筑损坏的部分如钢筋混凝土落水管和楼梯进行了修缮，设计说明中将建筑混凝土围护墙体替换为砖砌水泥（当时的75号楼机红砖和10号楼砂浆砌筑）（图18-2-64），与原式样相同（但从现场墙体断面来看，围护墙体并未重新砌筑，可见其早年的混凝土截面，图18-2-65）。墙面内外均加有泡沫混凝土绝缘层，外墙用石灰黄砂煤屑粉刷，以与原立面色彩相仿；顶层楼板及一层地板上新做炉渣绝缘层。南侧新建了2部电梯。室内空间进行了重新布置以满足高温冷藏库的功能需求。一层除西侧外其余三侧加建一圈附属用房，南、北两侧中部设入口，中间以走廊连通，两侧为冷却间和冷藏间。通过南、北两侧的电梯或西侧的室外楼梯可达二层，布局方式与一层类似，中间走廊与三处垂直交通相联系，制冰间、冰库位于东侧，冷却货物的冷藏间位于西侧。三层设南、北2个走廊，互不连通，南走廊联系室外楼梯与南侧电梯，为装货走廊，北走廊联系北侧电梯，为卸货走廊。其余房间为猪肉冷却间。四层、五层空间布局与三层相仿，主要功能为冷藏间（图18-2-66～图18-2-69）。此后，1966年再次对该楼进行维修，于屋顶加建框架氨液分离间，重做了屋顶及部分室内保温。

　　建筑一直沿用原有结构，但经过加固。立面由于后期功能需要全部封闭，立面上的原有结构框架及檐口线脚得以保留。室外楼梯底层部分由于加建（加建部分已拆除）遭到一定破坏，扶手被拆除（图18-2-70～图18-2-72）。1986年，建筑东北侧新建1栋4层冻结间。20世纪90年代时加建天桥与其他冷库相连。

图18-2-64 18号楼（现3号冷库）西南立面（左）照片
图片来源：东南大学周琦建筑工作室

图18-2-65 18号楼（现3号冷库）室内（左）、墙体断面（右）照片
图片来源：东南大学周琦建筑工作室

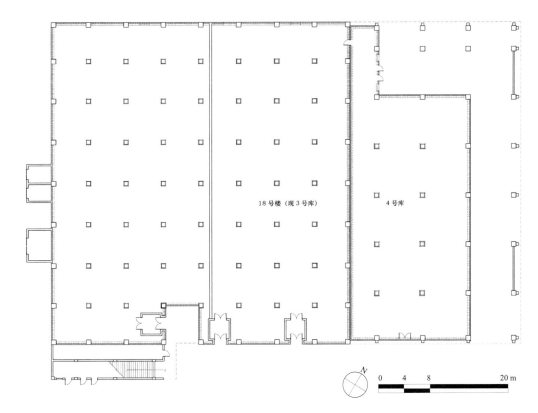

图 18-2-66 18 号楼（现 3 号冷库）一层平面现状测绘图
图片来源：东南大学周琦建筑工作室

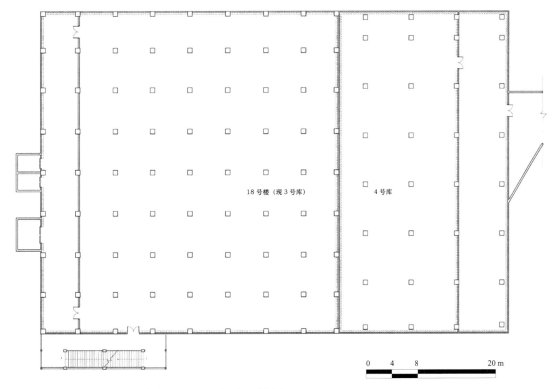

图 18-2-67 18 号楼（现 3 号冷库）二层平面现状测绘图
图片来源：东南大学周琦建筑工作室

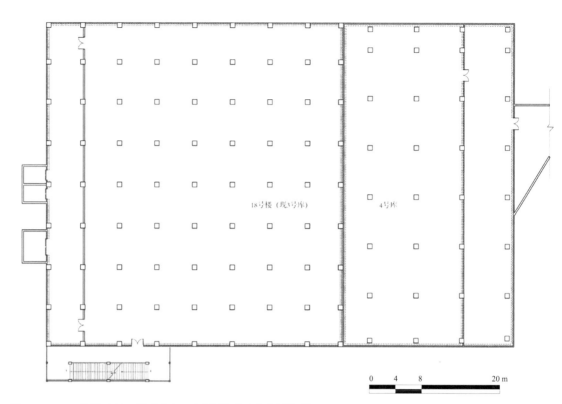

图 18-2-68 18 号楼（现 3 号冷库）三至四层平面现状测绘图

图片来源：东南大学周琦建筑工作室

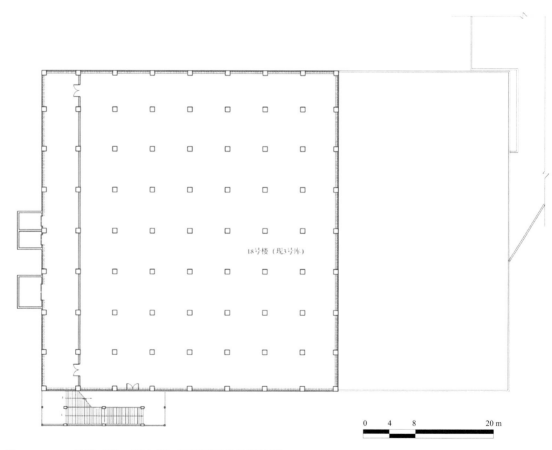

图 18-2-69 18 号楼（现 3 号冷库）五层平面现状测绘图

图片来源：东南大学周琦建筑工作室

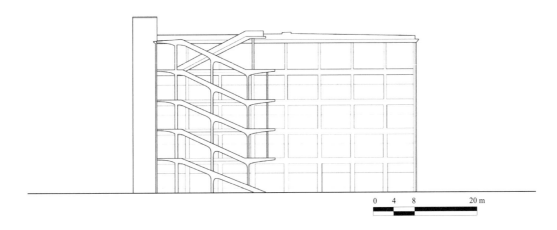

图 18-2-70 18 号楼（现 3 号冷库）东南立面现状测绘图

图片来源：东南大学周琦建筑工作室

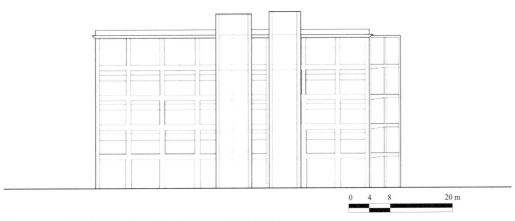

图 18-2-71 18 号楼（现 3 号冷库）西南立面现状测绘图

图片来源：东南大学周琦建筑工作室

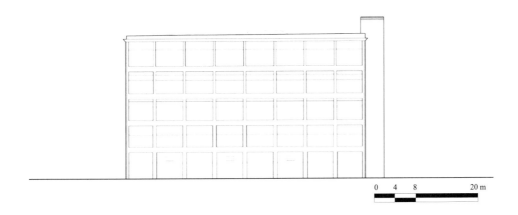

图 18-2-72 18 号楼（现 3 号冷库）西北立面现状测绘图

图片来源：东南大学周琦建筑工作室

（7）23 号箱子厂（现 2 号冷库）

2 号冷库（图 18-2-73）是 1950 年代将厂房改造为冷库的另一案例。虽然缺乏相关图纸，但依据现场状况可知改造时将位于建筑西侧的原室外楼梯拆除，新做了 2 个封闭楼梯间及 3 个电梯间作为垂直交通方式。同时根据现场墙体断面情况与立面现状推测，为符合冷库所需的保温条件，改造时将二层楼板向各边出挑约 800 毫米，底层以梯形柱支撑，其上采用混凝土墙板封闭，并饰以分隔，两层围护结构之间以稻糠填充作为保温材料（图 18-2-74、图 18-2-75）。当时的设计者以这一简单粗暴的改造方式巧妙地解决了建筑功能置换后保温的难题，使该楼如今以其模数化的立面分隔、厚实稳重的形体，成为和记洋行厂区内一处特别的风景（图 18-2-76 ～图 18-2-79）。

图 18-2-73 23 号楼（现 2 号冷库）南立面照片
图片来源：东南大学周琦建筑工作室，孙昱晨摄

图 18-2-74 23 号楼（现 2 号冷库）北立面照片
图片来源：东南大学周琦建筑工作室，孙昱晨摄

图 18-2-75 23 号楼（现 2 号冷库）室内（左）、双层墙体保温（右）照片
图片来源：东南大学周琦建筑工作室，孙昱晨摄

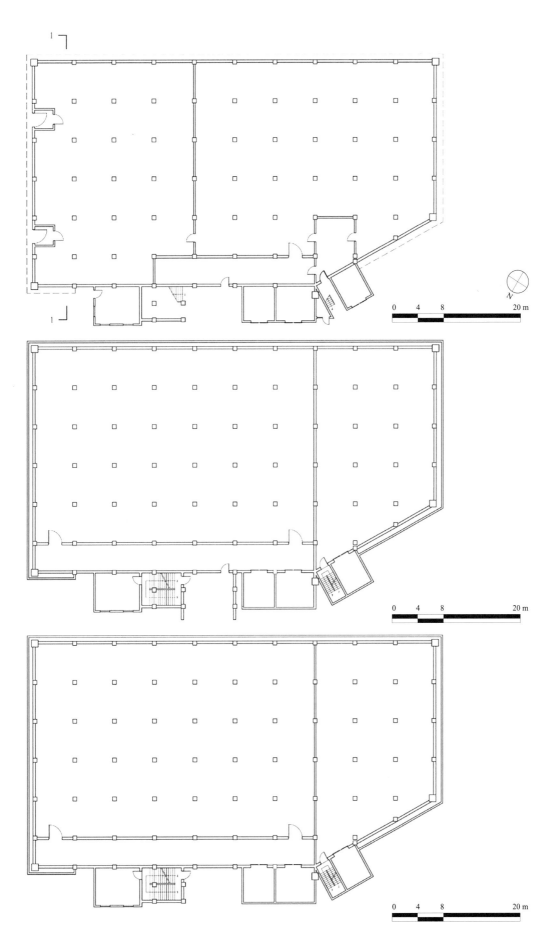

图 18-2-76 23 号楼（现 2 号冷库）一层平面（上）、二至四层平面（中）、五至六层平面（下）现状测绘图

图片来源：东南大学周琦建筑工作室

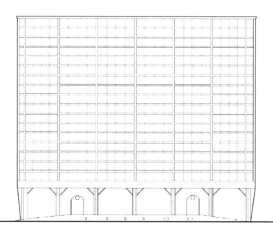

图 18-2-77 23 号楼（现 2 号冷库）北立面现状测绘图
图片来源：东南大学周琦建筑工作室

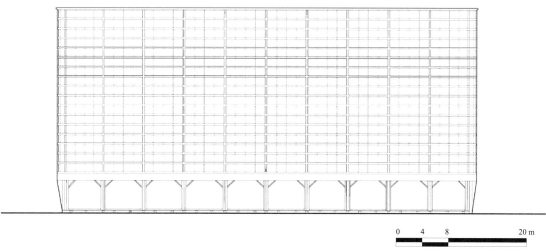

图 18-2-78 23 号楼（现 2 号冷库）东立面现状测绘图
图片来源：东南大学周琦建筑工作室

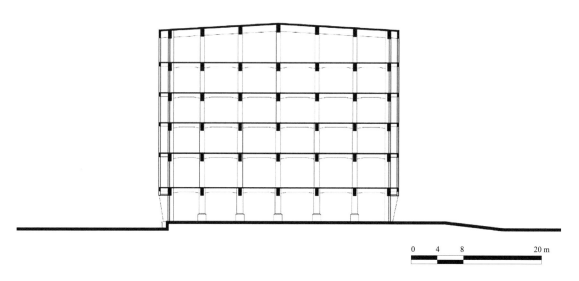

图 18-2-79 23 号楼（现 2 号冷库）1-1 剖面现状测绘图
图片来源：东南大学周琦建筑工作室

第十九章
金陵机器制造局

图19-14 金陵机器制造局厂区内景
图片来源：东南大学周琦建筑工作室

第一节　金陵机器制造局的历史沿革

一、中国近代兵器工业的诞生

中国近代兵器工业诞生于 19 世纪 60 年代，是晚清统治阶级政治运动及东西方科学技术交流的产物。

洋务运动是晚清封建统治者发起的一场 "自强" "求富" 运动，其指导思想是 "师夷制夷" 和 "中体西用"。洋务运动虽然并未改变中国沦为半殖民地半封建社会的悲惨命运，但对西方先进科技的引进却令中国工业的面貌发生了变化。在 2 次鸦片战争中，洋务派意识到：能否拥有先进的武器，影响着战争的胜负和清政府的统治安危。为维护清政府的统治地位，洋务派最先创建了各类官办兵工厂，生产各类枪炮、火药用于战场。1860—1895 年期间，各地创建的各类军械所、机器局和制造局达 24 处之多。洋务运动孕育了中国近代兵工业乃至近代工业。在积极创办新兴兵器工业的同时，洋务运动也训练了新式军队，筹建了南洋、北洋和福建三支海军。

清末统治者的闭关锁国政策导致了中国的科技、文化停滞不前，加上工业革命和资产阶级革命对西方国家生产力发展的推进，使得 19 世纪中国的兵器工业及制造水平与西方国家存在很大差距。中国将弹药火器用于军事战争颇有历史。明朝的《武备志》中详细记录了各类冷、热兵器的制造及使用方法，其中有一些武器（如佛郎机等）已经开始仿制当时西方的枪炮，但这些枪炮武器的生产仍是传统的手工业生产模式，而洋务运动所创建的兵工业则完全效仿西方的工业技术和组织模式，反映了洋务派在"师夷长技以制夷"的思想下所产生的西化特征。洋务派所建的大部分兵工厂不仅由西方人监督建造，并且引进了西方的生产设备及生产线，雇佣外国技术顾问，仿造西式武器。

统治阶级自强图存的政治运动孕育了中国近代兵器工业，西方先进兵器和科学技术的传入促进了中国近代兵工业的发展。因此，中国兵器工业带有政治性及技术性两种属性。随之产生的中国近代工业建筑，也同样延续了这样的特质。

二、金陵机器制造局的创立

金陵机器制造局是洋务运动中开办较早、规模较大的工厂之一，也是中国近代兵器工业史上存续时间最长的工厂，由洋务派重要人物李鸿章创办。

学界通常认为金陵机器制造局创立于 1865 年，即李鸿章升任两江总督后决定将苏州洋炮局迁至南京的年份。而其历史最早可以追溯到 1863 年的上海洋炮局。

1863 年，李鸿章在上海招募通晓兵器制造知识的洋人，仿制了前膛枪、开花铜炮等兵器，并派淮军参将韩殿甲督帅中国工匠潜心学习制造西式武器的技术。后又委任英国人马格里（Halliday Macartney, 1833—1906）在上海松江设立洋炮局，生产黑火药、枪弹及炮弹。该局规模较小，厂址在松江的一处旧庙之中。1863 年，李鸿章又命丁日昌来上海建立机器局。

本章作者为许碧宇。

至此这三局形成了"上海炸弹三局"。

1863 年 10 月，马格里率军随李鸿章进驻苏州，李鸿章随即决定将上海洋炮局中马格里主持的一局迁至苏州，建立了苏州洋炮局，规模较上海洋炮局大。同时，马格里说服李鸿章买下随阿斯本舰队而来的一批制造、维修军火的机械设备（包括蒸汽锅炉、化铁炉等）[①]。李鸿章委派马格里于 1864 年 1 月购买了这批机器，并由上海运抵苏州洋炮局。随后，于 1864 年 4 月用这套新设备进行生产。此后，苏州洋炮局成为中国第一个引进西方技术设备并具有机械化生产能力的企业（原"上海炸弹三局"中的丁日昌、韩殿甲分别主持的二局后亦迁往苏州，于 1865 年并入江南机器制造总局）。

同治四年（1865 年）李鸿章升任两江总督，于同年 5 月 22 日抵金陵任职，并负责主持剿灭捻军的军器供应任务。在其策划下，在南京聚宝门外雨花台附近新建一局，即金陵机器制造局，于 1865 年开始动工，1866 年 8 月建成完工。同年 12 月，苏州洋炮局迁至该址，并改称"金陵机器制造局"。至此，金陵机器制造局正式落地南京。

在晚清时期，金陵机器制造局的规模较大，但距当时最大的兵工厂江南机器制造总局还有一定差距。金陵机器制造局与江南机器制造总局、福州船政局、天津机器制造局同为晚清四大兵工厂，但所生产产品种类各有侧重，这些产品种类也在一定程度上决定了厂区内工业建筑的规模和尺度。其中，金陵机器制造局在建设之初就是以生产轻型武器为主，包括抬枪、机枪、火炮、枪弹等，相较于可以生产轮船的江南机器制造局和福州船政局来讲，在厂区规模和工人数量上，金陵机器制造局都要小得多。

1. 李鸿章

李鸿章，号少荃，晚清洋务派代表人物。他主持创办了金陵机器制造局（及其前身"上海炸弹三局"和苏州洋炮局），并同曾国藩于 1865 年创办了江南机器制造总局，同完颜崇厚[②]于 1867 年创办了天津机器制造局。1863—1865 年间，金陵机器制造局几次迁址，都是因李鸿章的迁动而起。他对西方先进技术和西式武器有着深刻的认识，最先在战场上运用西洋武器，以打击使用传统武器的太平军，并频频告捷。

2. 马格里

马格里，字清臣，原是英国驻中国军队的军医，有学者戏称他为"中国第一位洋厂长"。1863 年 1 月，马格里从英军退役后，到时任江苏巡抚的李鸿章的军队中，任常胜军[③]的"松江卫戍司令"。他提出，外国军火价格高昂，建议李鸿章自己设厂制造兵器，获得了李鸿章的支持，设立了上海洋炮局。之后，马格里在说服李鸿章购买阿斯本舰队的设备和任督办主持建造金陵机器制造局的过程中，都起到了关键的作用。正是因为马格里，金陵机器制造局厂房的设计雇佣了英国工程师，现存厂区内清末的几栋厂房呈现出许多与英国 19 世纪工业建筑相同的特征。

---

① 阿斯本舰队是清政府为了遏制太平军的海上军事势力而于 1862 年向英军购买的。资料来源：曾祥颖 . 中国近代兵工史 [M]. 重庆 : 重庆出版社 , 2008.

② 完颜崇厚（1826—1893），清末外交家。姓完颜，字地山，号子谦，又号鹤槎，满洲镶黄旗人。咸丰十一年（1861 年）任三口通商大臣，办理洋务。同治年间，署直隶总督。

③ 常胜军是太平天国运动晚期，清政府为对抗起义军，由清官、商出资与英法等外国军官，中国、南洋等地区的佣兵组成的军队，又称"洋枪队"。

三、厂址的选择

（一）宏观层面

工业建筑最早起源于第一次工业革命后的英国，与生产技术的革新关系密切。第一次工业革命中出现的机械化生产设备大大提高了生产效率，改变了手工业从业者"居产合一"的空间使用模式，生产空间从居住空间中分化出来，工业建筑成为了单独的一种建筑类型。蒸汽机的发明和应用使得原来需沿河靠水流提供动力的各类作坊工厂建筑，在选址上更为自由。

工业及工业建筑的发展也受到了农业、交通运输业和金融业发展的影响。发达的农业为工人提供了充足的食物补给，便利的交通运输保证了原材料的及时供应及产品的快速销售，金融业提供了生产所需的资金并保证了商品市场的稳定。所以，一般的工厂选址均要综合以上因素，选择最优的场地，以提高工厂的经营效率。

洋务运动时期的兵工厂在厂址的选择上，对"经营效率"考虑较少，因为它们并非是通过机器大生产谋求利润的工业场所，而是由清政府投资建设的的"官办实业"，其经费由清政府官方筹措，产品大部分供官方军队使用，所以对于原材料来源、交通、市场的远近几乎不予考虑。而洋务运动强烈的政治色彩，使得在这一时期建设的兵工厂多设立于各地区的政治中心，尤以省会居多。

金陵机器制造局及其前身上海洋炮局、苏州洋炮局的选址在宏观层面也都符合上述特点，苏州是当时江苏省的省会，金陵在成为太平天国首都"天京"之前是两江总督府所在的城市。加之李鸿章的历次升迁与机器局迁址的密切关系，厂址选择的因素更为清晰：1862年，李鸿章升任江苏巡抚（巡抚衙门驻苏州），1863年率淮军赴上海，于当年设立了上海洋炮局；1863年，李鸿章的淮军大破太平军，攻下苏州，李鸿章随即决定将上海洋炮局中马格里主持的一局迁至苏州；1865年，李鸿章升任两江总督，再次将苏州洋炮局的人员及设备迁往金陵，成立金陵机器制造局。

英国著名学者包罗杰[①]（Demetrius Charles Boulger，1853—1928）所著《马格里传》（*The Life of Sir Halliday Macartney*）中记叙道："李鸿章需要离开苏州赴南京就任，那么他创办的苏州洋炮局该怎样处置，就成了一个问题。……而李鸿章自己则意志坚决。他决定把这个自己创建的兵工厂和那位在他身边协助了很长时间的英国人（马格里），一起迁往南京。"可见官办实业的话语权掌握在政治人物的手中。

（二）中观层面

在中观层面，厂址的选择符合工业生产的客观规律及当时的外部条件。

上海洋炮局设立在松江的一座小寺庙中，以手工生产仿制西式武器，自行制造了简单的生产设备，产品主要为子弹、炮弹和火药。中国传统建筑中，寺庙建筑在群体规模和单体尺度上都远超其他类别，可为生产加工提供作业空间。而当时的上海洋炮局中并没有大型生产

[①] 包罗杰又译作鲍尔吉、鲍尔杰、包尔杰等，在涉及金陵机器制造局的相关中文文献中，大多被译为鲍尔吉。著有《中国简史》《阿古柏伯克传》等。

设备，仅仅是用黏土烧制的熔炉，原有寺庙建筑可以满足使用需求，不需要修建更大尺度的新式厂房。此外寺庙中的僧舍、斋堂等也为工人提供了食宿场所。

据《马格里传》记载，苏州洋炮局的厂址位于于苏州纳王府之中（原太平天国纳王郜永宽的府邸）。苏州洋炮局的生产场地较上海洋炮局更为宽敞，并安装了从阿斯本舰队处购买的生产设备。选择在纳王府设厂，满足了对宽阔生产空间的需求。而另据1865年9月9日《北华捷报》（*North-China Herald*）①中的文章记载，当时的苏州洋炮局设立在齐门附近的一座大型寺庙中，距北寺塔（苏州报恩寺塔）距离不远。虽然这两处文献记载中具体地址不同，但地理位置基本吻合，均位于现苏州市桃花坞大街附近。

1865年夏天，李鸿章升任两江总督，将苏州洋炮局迁往南京，建设新厂，厂址选在聚宝门外（今中华门）雨花台附近的扫帚巷，西侧紧邻大报恩寺遗址。这次李鸿章决定不再使用原有的旧式建筑作为生产厂房，而是仿照西方的工厂进行建设。

南京聚宝门外的厂址与苏州洋炮局的厂址有一些共有的特征：

第一，选址靠近城市中心区。两者选址均在城市中传统手工业及商业十分发达的地区。清代中叶后聚宝门外的雨花路就是"米行大街"，是南京最繁华的商业区之一。而桃花坞大街自明朝以来就是苏州城内手工业作坊的聚集地，有制作各种工艺品的作坊，商业十分繁荣。城市中心区有较好的制造传统和熟练的工匠，方便工厂招募技术娴熟的工人，尽早投入生产。繁荣的商业也为工业生产及工人生活提供了一些必要的生产生活物资补给。此外在1856年大报恩寺被炸毁之后，这一带就成为了一片废墟，这样一片靠近城市中心区又相对空旷地带，的确比较适合用来建设工厂。

第二，选址靠近护城河。苏州洋炮局旧址范围距离苏州北护城河南岸在1千米以内，金陵机器制造局内现存清代建筑距外秦淮河南岸最短距离不足200米。当时大宗运输仍以水运为主，临河修建工厂提高了原材料的运输效率。此外，兵器制造涉及许多耗水量大的工序，且会产生大量废水，工厂紧邻护城河方便取水和排放废水。

第三，选址靠近城门。苏州洋炮局旧址范围距离苏州齐门在1千米以内，金陵机器制造局距离聚宝门的最短直线距离约为700米，交通便捷。工业生产过程中，人员及物资调度频繁，如果厂址远离城门，无疑将对交通产生很大的影响。

《金陵省城古迹全图》（图19-1-2）清晰地描画了金陵机器制造局与城墙、外秦淮河、聚宝门瓮城和大报恩寺遗址之间的位置关系。

此外，这些选址以兵工厂的产品种类为主要因素。金陵机器制造局及其前身均以生产轻型武器为主，生产场所占地不大，工序简单，因此相较于江南机器制造总局、福州船政局这类必须靠近大江大河以生产大型轮船的兵工厂来说，其选择场地的限制因素更少。

以上这些综合考虑土地、交通、生产需求的选址倾向，基本上是来源于这类工业建筑自身的要求，与西方国家常规意义上由实业家兴办的工厂并无二致。此外，在太平天国时期，聚宝门一带一直是太平军及清军的必争之地，江宁之战、天京保卫战均在聚宝门、雨花台一带展开作战，因此这里有着极为重要的战略地位。

---

① 《北华捷报》是上海第一家英文报刊，由英国商人亨利·奚安门（Henry Shearman）于1850年创办。

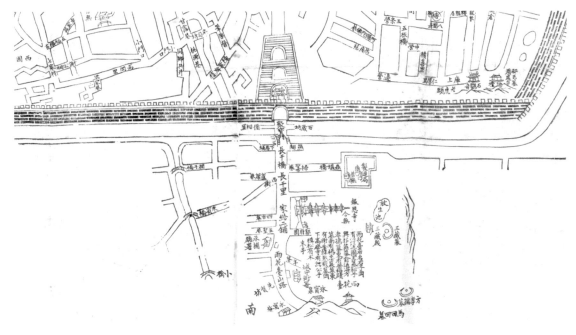

图 19-1-2 《金陵省城古迹全图》局部
图片来源：日本京都大学图书馆

四、金陵机器制造局的沿革

金陵机器制造局于 1865 年创立后至今，大致可分为 4 个阶段：晚清的金陵机器制造局时期、民国的金陵兵工厂时期、全面抗日战争第二十一兵工厂时期和南京解放后的晨光机器厂时期。

金陵机器制造局在这期间数易其名，管理机构也时有变动。1928 年金陵机器制造局划归上海兵工厂管辖，改名上海兵工厂金陵分厂。其于 1929 年独立建制，更名为金陵兵工厂，隶属南京国民政府军政部兵工署。后于 1937 年 11 月开始迁往重庆江北陈家馆簸箕石，改称第二十一兵工厂［后发展为现重庆长安工业（集团）有限责任公司］，南京原厂区则被侵华日军占领。抗日战争胜利后，南京原厂被国民政府接收，1946 年 3 月改称第二十一兵工厂南京分厂，1946 年又改称第六十兵工厂。1948 年第二次国共内战时期，第六十兵工厂迁往中国台湾高雄，后改称联勤二〇五厂。1949 年 4 月解放军第二野战军接收南京原厂厂房及残留设备，成立军械总厂。随后又经历了国营 307 厂、国营晨光机器厂等时期，于 1996 年成立南京晨光集团有限责任公司（简称"晨光集团"）[①]。在这期间，厂区前后经历若干次改扩建，保存了 7 栋清代建筑和 24 栋民国建筑。厂区内的清代厂房于 1982 年列入第三批江苏省文物保护单位（名为"金陵机器制造局厂房遗迹"），并于 2007 年底随晨光集团的整体迁出后开始逐步改造为"南京晨光 1865 科技·创意产业园"，2013 年列入第七批全国重点文物保护单位（名为"金陵兵工厂旧址"）。

---

① 南京晨光集团公司 [J]. 档案与建设 ,2002(5):31,34.

第二节 厂区布局演变及厂房建筑

一、厂区内现存建筑编号、名称及其建造年代

对厂区内现存建筑进行统一编号命名，以"南京晨光1865科技·创意产业园"招商引资时所用的编号为基础，对未编号的建筑再编号（X1～X5）。此外，清代文物建筑以第三批江苏省文物保护单位中公布的名称命名，其他时期的文物建筑以其通常使用的名称命名（若建筑上有原名称的明显标志，则使用标志名称）。厂区内现存建筑的编号及分布情况详见图19-2-1。

现存单体建筑的建造年代汇总见表19-2-1。其中机器正厂（B2）、机器左厂（B1）、机器右厂（B3）3栋于民国年间易地重建一事在大部分文献中均有记载，《中国近代兵器工业档案史料（一）》中有炎铜厂（E11-1）、机器大厂（A8）民国年间重建的记录。

金陵机器制造局从晚清至今150年间，有几次大规模的改扩建：第一次是1879至1882年，第二次是1885至1887年，第三次是1932至1937年，第四次是20世纪70年代末至80年代初，第五次是2007年起以创意产业园为目标进行的改造。通过图像资料（美国国会图书馆藏《中国南京航拍图（1929年）》，以及南京市1949年、1976年航拍图和2007年数字地形图等），并综合改扩建时间，以1929年、1937年、1976年及2007年为时间节点，将工厂布局的演变划分为3个阶段：晚清时期、民国时期以及中华人民共和国成立后。

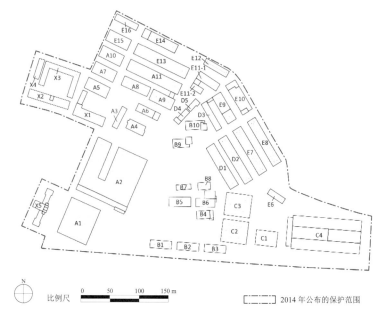

图例

原为工业厂房（仓库等）
A1、A2、A5、A8、A9、A11、B1、B2、B3、C1、C2、C3、C4、D1、D2、D3、E6、E8、E9、E11-1、E11-2、E13、E14、E16

原为混合功能建筑
A3、A6、A7、A10、E7、E10、E15、

原非工业厂房
A4、B4、B5、B6、B7、B8、B9、B10、D4、D5、E12、X1、X2、X3、X4、X5

图 19-2-1 2016年厂区内现存建筑及其编号

图片来源：东南大学周琦建筑工作室

比例尺 0 50 100 150 m

[—·—·—] 2014年公布的保护范围

2016年金陵机器制造局厂区现存建筑统计表　　　　表 19-2-1

编号	建筑名称	始建年份	结构类型	原层数	原面积（m²）	原功能
A1	—	1934	钢混结构	1	3 309	厂房
A2	软管加工车间	1934	钢混结构	1	8 236	厂房
A3	—	1937	砖木结构	2	813	办公楼及厂房
A4	—	1984	砖混结构	3/4	1 584	图书馆／办公楼
A5	—	1937	砖混结构	2	1 566	厂房／办公楼
A6	—	1984	砖混结构	4	2 232	办公楼／实验室

编号	建筑名称	始建年份	结构类型	原层数	原面积（m²）	原功能
A7	—	1937	砖混结构	2	1 566	办公楼及厂房
A8	机器大厂／枪厂	1887	砖混结构	2	1 584	厂房
A9	—	1937	砖混结构	2	1 590	库房
A10	—	1937	砖混结构	2	1 566	办公楼及厂房
A11	—	1937	砖混结构	2	3 667	厂房
B1	机器左厂	1879	砖混结构	2	918	厂房／办公楼
B2	机器正厂	1866	砖混结构	2	912	厂房／办公楼
B3	机器右厂	1873	砖混结构	2	912	厂房／办公楼
B4	—	1977	砖混结构	2	672.8	机房
B5	—	1979	砖混结构	4/5	1 820	办公楼／档案馆
B6	—	1989	砖混结构	4	2 022	办公楼
B7	—	1979	砖混结构	2	329	办公楼
B8	—	1956	砖混结构	2	529	办公楼
B9	—	1979	砖混结构	4	1 989	办公楼
B10	—	1984	砖混结构	5	1 984	办公楼
C1	—	1986	砖混结构	3/5	3 709	库房
C2	特种焊接工房	1986	砖混结构	1	1 559	厂房
C3	—	1980	砖混结构	1	1 552	厂房
C4	特种改装车间	1962	钢混结构	1	7 154	厂房
D1	—	1979	砖混结构	1	1 282	厂房
D2	—	1937	砖混结构	1	1 318	厂房
D3	—	1937	砖混结构	2	1 103	厂房／仓库
D4	—	1934	砖混结构	3	750	办公
D5	材料试验站	1934	砖木结构	2	346	厂房／实验室
E6	—	1971	砖混结构	1	274	厂房
E7	—	1937	砖混结构	2	2 671	厂房及办公楼
E8	—	1937	砖混结构	2	2 806	厂房
E9	木厂大楼	1887	砖木结构	1	847	厂房
E10	—	1984	砖混结构	4/5	3 749	厂房及办公楼
E11-1	炎铜厂／卷铜厂	1882	砖木结构	1	524	厂房／库房
E11-2	熔铜厂／熔铜房	1882	砖木结构	1	367	厂房／库房
E12	—	1937	砖混结构	2	1 070	办公楼
E13	—	1937	砖混结构	2	3 652	厂房
E14	—	1937	砖混结构	2/3	2 701	厂房
E15	—	1937	砖混结构	2	1 566	厂房及办公楼
E16	—	1937	砖混结构	2	852.8	厂房／办公楼
X1	厂部大楼	1937	砖混结构	4	3 584	办公楼
X2	—	1937	砖混结构	3/4	2 943	办公楼
X3	后大院／宿舍	1937	砖混结构	2	2 364	宿舍
X4	—	1937	砖混结构	2	618	办公楼
X5	兵工专门学校	1932	砖混结构	2/5	1 812	学校

二、晚清时期——工厂初创

（一）晚清时期的工厂布局特征

针对晚清时期的布局研究,选取的时间段是1865—1929年。从1865年建厂至1920年代末,金陵机器制造局已经过近60年的发展。虽然在1920年代末,中国已进入中华民国时期,但这时的工厂布局大体上维持和反映了清末的格局样貌,原因如下:

第一,清末几十年间,工厂发展状况不佳。1890年代后厂区内就未进行过大规模扩建,仅于1894年建立了东子弹厂并对现有厂房进行简单修缮维护,工厂布局没有大的变动。辛亥革命后,厂长也多由不懂兵工生产的官僚充任,未对厂区进行进一步增建。

第二,1931年7月李承干[①]任厂长后至1937年侵华日军占领南京前,厂区内进行了持续大规模的改扩建,新建了大量厂房,且在改扩建过程中对原有厂房进行了易地重建及拆除等不可逆的建设活动,厂区布局发生了极大的变化。

因此,1920年代末的工厂布局典型地反映了金陵机器制造局在清末的布局特点。

在这段时间内,金陵机器制造局经历了1879—1882年及1885—1887年2次扩建。现存7处清代文物建筑中,除机器正厂为1866年建设以外,其余6栋均为这2次扩建工程中所建。同时还于正学路向东北延伸与养虎巷相交的位置新建了1个码头。

将1929年《中国南京航拍图》(图19-2-2)中的金陵机器制造局与现在的工厂厂区对比,可以发现当时厂区的占地范围远远小于现在的厂区范围。当时的厂房主要集中在今晨光大道以北与金陵机器制造局西环路一带,处于2014年南京市规划局公布的历史街区保护范围的北部。当时厂区内的建筑大致可分为4组:

第一组为秦淮河南岸厂房,面阔朝河,呈扇形布局沿河岸展开,部分厂房组团向河岸内陆延伸。这些厂房为以炎铜、卷铜、熔铜各厂及木厂大楼为主的生产性建筑群。

第二组建筑位于第一组南部,与之正交,由一系列大进深、大面阔的连续厂房组成,朝向既有南北向,又有东西向,以机器正厂、左厂、右厂和大厂组成的厂房群为核心,这4座厂房也是这一时期单体规模最大的几处建筑。其中机器左厂、右厂、正厂3座厂房彼此毗邻、面阔相接,十分特殊,证明了这组建筑是由机器正厂逐步增建而成的。

第三组建筑位于第一组的南部、第二组的西部,由一系列院落及小型建筑组成。

第四组建筑位于现保护范围西北侧突出的矩形区域内,含一组合院,院落空间较厂区里其他院落显得宽阔、疏朗。第三、四组建筑为当时厂区内的主要办公、生活性建筑群。

这一时期工厂的总平面布置在整体上顺应了聚宝门一带的地势,厂区内部主要建筑基本处于同一正交网格系统中。其中,第一组及第二组厂房形成的生产性建筑群采用了典型的并列式布局方式,以缩短原料、半成品、成品在各厂房之间的运输距离,提高生产效率。同时工厂厂房布置考虑了周边自然环境的因素,呼应了秦淮河的走向及附近的丘陵地势,将主要建筑修建在靠近秦淮河南岸河床地势平坦的区域内,避开了马家山及老君塘2处并不十分适合建造厂房的地段。总体来看,当时的布局充分考虑了用地及生产的客观要求。

当时的厂区布局也存在着一定弊端。首先,在这几个组团内部,某些区域的建筑密度过大,

---

① 李承干(1888—1959),新中国首任国家计量局局长,1931年任金陵兵工厂厂长,后任第二十一兵工厂厂长。

建筑间距离最近处仅有 5 米左右。特别是熔铜厂、炎铜厂这一组建筑间,几乎没有开阔的室外场地,这样不利于生产,也存在安全隐患。其次,像机器左厂、右厂、正厂 3 座厂房这样毗邻布置,且朝向为东西向,并不理想。这种厂房增建带来的特殊布局大大增加了厂房室内的进深,影响厂房室内生产空间的自然采光及通风效果。

(二)晚清时期典型厂房建筑

1. 金陵机器制造分局

在英国纪实摄影先驱约翰·汤姆森(John Thomson, 1837—1921)拍摄的几幅照片中,我们可以发现一组特别的"工业建筑"。这组建筑与厂区内现存的晚清厂房在样式上并不一样,也与文献中所记载的"外洋风味"相去甚远。据推测,这组建筑位于现后大院(X3)一组合院处,即 1929 年航拍图(图 19-2-2)中的第三组建筑。

在样式及建造技术上,这组建筑有着典型的中国江南一带传统民居的特点:合院式的平面、白墙配深色坡顶、土木结构、门前照壁等等,甚至有着非常典型的江南嫩戗发戗的屋角做法,唯一看起来西式的元素是嵌在墙上的平板玻璃窗(图 19-2-3)。《马格里传》中题注该图为马格里在南京的寓所,并这样描述:"马格里的寓所被高墙环绕,有一大片营地······兵工厂是离寓所最近的建筑,距离有 300 码远。"

图 19-2-2 1929 年厂区航拍图
图片来源:基于美国国会图书馆藏 1929 年《南京航拍图》绘制

图 19-2-3 制造分局屋角嫩戗发戗做法及平板玻璃窗
图片来源: http://wellcomelibrary.org/

2. 机器大厂（A8）

机器大厂是现存晚清厂房中单体建筑规模最大的一栋，其特殊的张弦梁结构形式也很有特点，是现存同时期国内建筑使用类似结构的孤例。

机器大厂始建于光绪十二年（1886年），用作枪械扳机、机械零件加工车间，又称"枪厂"或"枪子机器厂"。民国年间，其作为军工生产工具、配具的加工车间，增设了2个木质楼梯和1个与东侧建筑(A9)相连的木连廊（现已拆除）；20世纪70年代，建筑西南立面加设了1部钢制楼梯，一层作精密机械加工之用，二层分隔成小间办公用房。

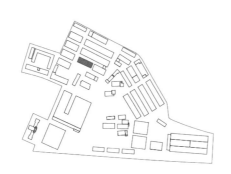

图 19-2-4 机器大厂在厂区中的位置
图片来源：东南大学周琦建筑工作室

图 19-2-5 机器大厂一层室内
图片来源：东南大学建筑研究所

图 19-2-6 机器大厂二层室内
图片来源：东南大学建筑研究所

图 19-2-7 二层花篮式柱头与正脊斜脊相处
图片来源：东南大学建筑研究所

机器大厂为西南朝向，平面呈矩形，长约47.5米，宽约15.9米。共2层，为四坡顶，檐口高约9.2米，正脊高约14.8米。一层室内正中有一列铸铁圆柱，共12根，与外墙（约0.8米厚）共同承重，建筑外墙四角设高约1米的灰白色转角石（图19-2-5）。二层端部设2根方形铸铁立柱，位于屋面正脊与斜脊相交处的下方（图19-2-6）。屋架采用木制中柱式桁架（Kingpost Truss），最大跨度约14.3米，斜脊屋架设金属构件与正脊屋架相连。厂房上、下2层均开有带拱券的半圆门窗，均质分布于青砖墙面上。窗上有横、纵2道拱券，门上有两横两纵4道拱券，券心石由若干块砖拼合而成。每扇窗的拱券上还有砖砌过梁，拱券最下一块砖砌筑时挑出墙面。窗洞横截面外小内大，从室内看去，洞口呈矩形。

特殊的张弦梁结构应用在一层木梁及二层屋架之下。每组张弦梁由木梁（木屋架）及铸铁拉索组合而成。铸铁拉索直径约4毫米，每组拉索分3段。端头2段拉索通过直角金属构件与外墙连接，中间的拉索通过3组金属构件与拉索上方木梁（木屋架）相连。3段拉索之间依靠铸铁"连环"连接。这样就形成了木制构件与铸铁构件共同承担荷载的张弦梁结构体系。若木梁下有立柱，中间一段拉索会穿过立柱上设置花篮形的柱头，而不干扰立柱竖向的支撑。这种结构形式使机器大厂木屋架最大跨度达到 14.3 米，在二层营造出了 450 平方米的无柱室内空间，保证了兵器制造生产的顺利进行。

在外墙上，部分青砖上有"六合""正""大"等字样的铭文，高约 3 厘米。一层室内的每根铸铁圆柱上朝西北向均有"光绪拾叁年金陵机器總局造"的铭文。

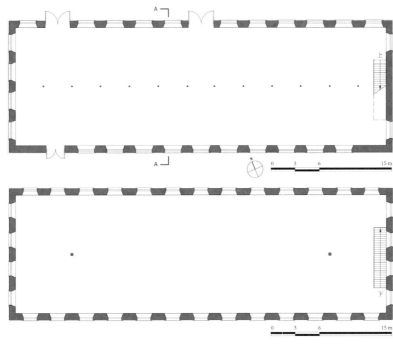

图 19-2-8 机器大厂推测复原一层平面图（上）、二层平面图（下）

图片来源：东南大学周琦建筑工作室

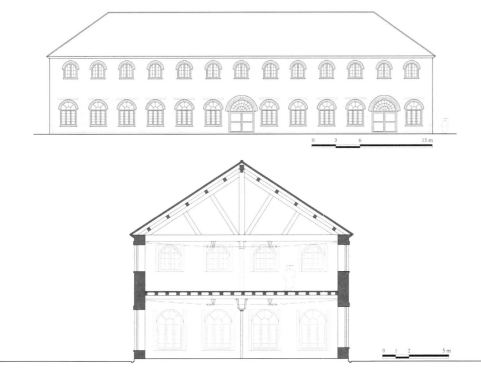

图 19-2-9 机器大厂推测复原北立面图（上）、A-A 剖面图（下）

图片来源：东南大学周琦建筑工作室

3. 木厂大楼（E9）

木厂大楼始建于 1887 年，是现厂区内风貌保存较为良好的单体建筑之一。木厂大楼最初主要用作生产枪炮上的木制构件（枪托、炮托等），分东、西 2 部分，因此又称"木匠贰厂"。 它在民国时期作为配合军工枪炮零件的加工、修理车间；解放后又作为生产车间及机修车间等；后又作为晨光集团的动力站和存放设备的库房，最西边一间则作会议室。

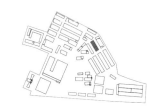

图 19-2-10 木厂大楼在厂区中的位置

木厂大楼为西南朝向，采用砖木混合结构，外墙为青砖砌筑，墙厚约 650 毫米，外墙四角设高约 1 米的灰白色转角石。在建设年代上，东侧建筑早于西侧建筑。其东侧平面近似方形，尺寸约 16.4 米 ×16.5 米，为攒尖顶；室内为 2 层，檐口高约 7.8 米，攒尖顶高约 13.6 米。西侧为矩形，平面尺寸约 32.9 米 ×16.5 米，为四坡屋顶；室内为 1 层，檐口高约 6.1 米，正脊高约 12.2 米。西侧建筑室内有 19 根木柱，部分为后期添加，柱径约为 290 毫米。屋顶使用三角木屋架，屋架跨度约 15.2 米。东、西 2 部分之间有一封闭楼梯间，宽约 1.9 米，长约 16.5 米，内有直跑楼梯 1 部，通往东侧建筑二层。

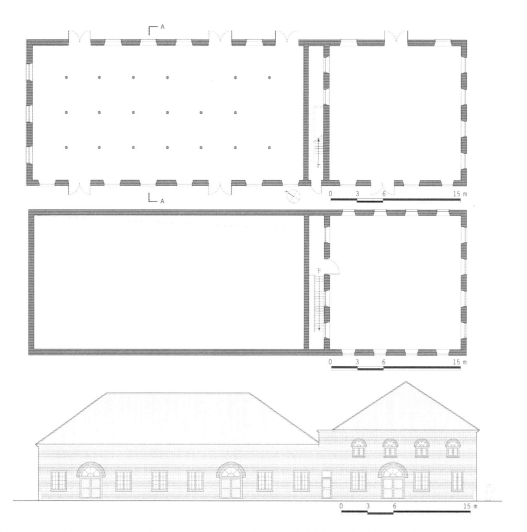

图 19-2-11 木厂大楼推测复原一层平面图（上）、二层平面图（中）、西南立面图（下）

图片来源：东南大学周琦建筑工作室

西侧建筑立面开方窗，洞口外小内大。西南及东北立面上开带圆形拱券的大门，有两横两纵4道拱券。东侧建筑一层开方窗，二层开半圆窗，圆窗上有横纵2道拱券。

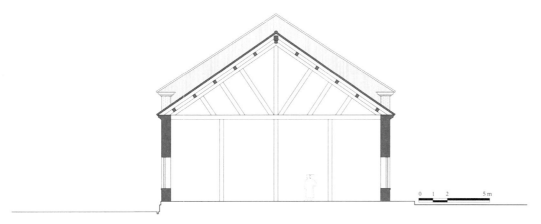

图 19-2-12 木厂大楼推测复原 A-A 剖面图
图片来源：东南大学周琦建筑工作室

4. 机器左厂（B1）

机器左厂、机器正厂、机器右厂是是现存晚清厂房中始建年代最早的3栋，始建年代分别是1878年（一说为1879年）、1866年、1873年。原为主要的机械生产用房。

这3栋厂房的特别之处在于：在1930年代初工厂改造扩建时进行了迁址（图19-2-13）。迁址前，这3栋厂房位于厂区北部、机器大厂的东北侧，相互毗邻，东西朝向。3栋厂房于2005年进行翻新改造，左厂现作为晨光集团厂史馆使用。因三者规模、形制相近，故以其中的机器左厂为例进行研究。

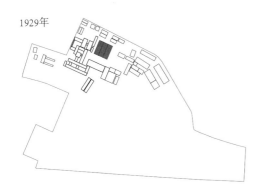

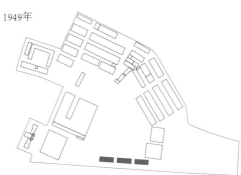

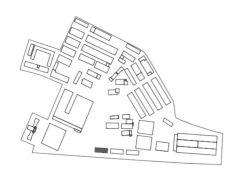

图 19-2-13 机器左厂、正厂、右厂三厂迁址示意图（上）、机器左厂在厂区中的位置（下）

图片来源：东南大学周琦建筑工作室

现存机器左厂坐北朝南，平面呈矩形，长约 36.7 米，宽约 12.5 米，与晚清时规模基本一致。共 2 层，檐口高约 6.8 米，正脊高约 10.6 米。机器左厂为青砖外墙，室内有 2 排铸铁立柱（柱径约 200 毫米，有"光绪四年金陵机器局监制"铭文），每排 18 根，室内划分成纵 3 列横 10 间。二层列柱所围楼地面挖空与一层连通。屋架结构采用木制豪式屋架（Howe Truss）。其东、西尽头 2 间开间较小，约 2.9 ～ 3.0 米，中间 6 跨跨度较大，约 4.0 米。上、下 2 层遍开门窗，每间 1 扇。其立面壁柱突出墙面约 120 毫米，底部放大成柱础。

在 2005 年的翻新改造中，厂房外观有较大改动。2004 年时门窗均为方形，墙面粉刷砂浆。改造后，门窗洞均改为半圆窗洞，外饰面贴青灰色饰面砖，并在门窗洞口上方拼贴假券。在窗洞形式上，改造者试图通过方改圆来与厂区里其他晚清的厂房统一，却在立面上采用了更接近民国时期青砖尺寸（约 230 毫米 ×50 毫米 ×11 毫米）的青色饰面砖。这种将不同时代建筑细部装饰语言混用的做法，在之后的厂区修缮中已逐渐避免。

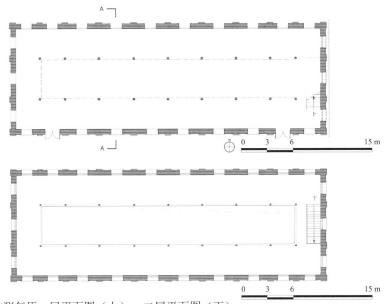

图 19-2-14 木厂大楼推测复原一层平面图（上）、二层平面图（下）
图片来源：东南大学周琦建筑工作室

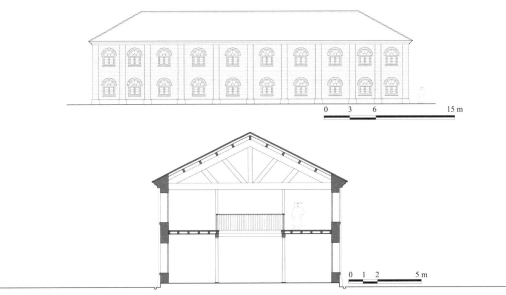

图 19-2-15 木厂大楼推测复原南立面图（上）、A-A 剖面图（下）
图片来源：东南大学周琦建筑工作室

三、民国时期——改扩建的高峰

（一）民国时期工厂布局特征

民国时期金陵机器制造局改称金陵兵工厂。1930年代李承干任厂长后，进行了大规模的建设与改造，增购了大量生产设备，使得金陵兵工厂的面貌发生了巨大的改变。1932—1937年，先后征地200余亩，总计修建了50 000平方米的新厂房，其中1934—1937年是改扩建工程的高峰阶段①。建筑新建改造工程在进行的同时，街巷的格局则延续了清朝时期的肌理。

1934年9月26日，李承干向时任军政部兵工署署长俞大维提交了对全厂进行翻新扩建的计划报告，报告中提到了几点原因：第一，金陵机器制造局在创立初期并没有合理地进行布局筹划；第二，当时厂中的房屋、机器设备等均已超过使用年限②。同时他也提出了"化片段为整个"的翻新扩建策略。工厂用结余公款200余万元进行厂房翻新、扩建及设备添置。工厂分2次进行征地，总计223亩（约148 674平方米）③。1937年厂区全面改造完成后不久，金陵机器制造局即被侵华日军控制，直至1945年日军战败撤退。在被占领的8年时间里，日军将各地收缴的机器运往该厂进行生产，但对厂区内的厂房设施等只进行了很小的改动④。1945年日军战败后，国民政府兵工署继续接管工厂并改称第六十兵工厂。后国民党在国共战争中战败，于1948年年底开始将大批的生产资料迁往中国台湾高雄。在1934—1937年期间，工厂布局较之前发生了较大变化，而1937—1949年在这一阶段内工厂布局的变化相对稳定，现厂区内所存的民国时期的厂房主要的建设时间也都在1930—1937年之间（详见图19-2-1）。1949年的南京市航拍图可以准确地反映厂区经过民国时期改扩建后的布局特点。由于这一时间段内建设的厂房保存状况最为完整，因此该阶段的布局也可看作是现存厂区布局的雏形。

1934年着手进行改造扩建工程时的方案总平面图清晰反映了改造扩建的设计思路，该设计方案也与实际进行的厂区改扩建方案大体相似（两者区别在于：设计方案中，机器大厂北侧及东侧设计了2组并列的厂房，而实施方案中仅有1组厂房；此外，设计方案中新建的厂房规模与清代原有的机器大厂等厂房相差不多，多为进深10余米、平面呈矩形的厂房，而在实施方案中则建设了若干栋平面近似方形的钢混结构多跨厂房）。方案图中，绘图者勾勒了当时厂区内的现状，画出了待建的房屋，并标示了需要保留的清代厂房（图中标注保留的清代厂房包括机器大厂、卷铜厂、木厂大楼及一处现已不存的厂房⑤）。同改造前的工厂布局相比，此时设计方案的布局已经发生很大变化，厂区规划对厂房间距进行了必要的控制，大致与厂房进深相当，整个新建部分的建筑密度也在相当程度上保持一致，对之前局部密度过大的布置方式进行了有效矫正。

实际进行的改扩建方案在拆除大部分原有建筑的基础上，进行了大规模的扩建和翻新，包括对原有的枪厂、器材厂、冲弹厂的扩建，新建建筑包括木厂、工具厂、南弹厂、北弹厂、

---

① 郑洪泉. 李承干传 [M]. 长春：吉林文史出版社，2011.

② 同①.

③ 王伟，梅正亮. 跨越三个世纪的强国梦——档案史料中的金陵制造局 [J]. 中国档案，2011(11):82-85.

④ 同①.

⑤ 该厂房位于木厂大楼东北，现存建筑为1984年于原址建设的八分厂工具大楼。

实验室及物料仓库。同时还新建了许多非工业建筑，包括兵工学校、职工的公寓宿舍、浴室、医院等。实施的方案进一步强化了新建厂房之间、新建厂房与原有厂房之间的并列式布局模式，厂房的组团结构更为明晰。同时，原位于厂区东北部靠近机器大厂的机器正厂、机器右厂及机器左厂，也易地重建了，现位于马家山以南，紧邻应天大街。厂区范围也有了明显的扩大（至1934年，工厂占地面积达到 300 亩以上[①]），从秦淮河南岸一直延伸到马家山周边。厂房的布局及朝向更加顺应了秦淮河的走势，沿河岸形成了扇形布局及厂区内部扇骨型的街巷空间。

此时，厂区内建筑大致可以分为 5 组：

第一组为沿秦淮河河岸扇形展开的厂房群，有晚清遗存厂房，也有新建的厂房，呈并列式布局，共有 5 列，每列有 3 ～ 5 排。该组厂房为主要的生产性建筑群，单体进深多在 15 ～ 20 米之间，大多高 1 ～ 2 层，厂房间距基本约 10 米，建筑密度适当。

第二组位于老君塘以北，半围合的合院布局，朝西南向，为 2 层高的职工宿舍。

第三组为马家山西侧的 2 栋多跨连续锯齿形车间，建筑朝向与机器大厂保持一致。

第四组为迁至马家山南、朝向应天大街线性展开的机器正厂、机器左厂、机器右厂，3 栋厂房由原来的毗邻相接变为线性并列式布局，朝向由东西向变为南北向。

第五组为位于马家山东侧的 2 座方形平面厂房，从其屋顶形式推测，应与第三组建筑相似，为多跨的锯齿天窗屋顶厂房，但单体规模较第三组小[②]。

1949 年航拍图中反映出实施方案准确实现了设计者的设计意图，即试图通过厂区的改建来优化厂房布局。改造后的厂区相较于晚清时期，建筑密度更加合理，对于生产用房及办公、生活用房的总体布局，与晚清时期基本一致，即主要的生产性用房沿着秦淮河南岸展开布置，生活、办公用房则靠近厂区西侧布置。

（二）民国时期典型厂房建筑

1. 锯齿形天窗（Sawtooth Roof）厂房（A1）

厂区内现存 2 栋锯齿形天窗厂房位于厂区西南，编号为 A1、A2。锯齿形天窗厂房是厂区内现存各时期、各风格的厂房中最具特点的。吉田初三郎所绘《南京景胜鸟瞰图》（1938 年）也用锯齿形天窗厂房的形象作为金陵兵工厂中厂房建筑的范本，基本将厂区内所有的厂房均描画成该式样，足见其特殊性与重要性。

图 19-2-16 A1 厂房在厂区位置

锯齿形天窗厂房也是近代西方工业建筑中常见的类型，早在 19 世纪中叶就已出现。这种屋顶形式是为了更好地利用自然光线为大尺度厂房的室内空间提供充足的采光，节约人工照明成本，屋架材料也由木制逐渐发展为钢制。始建于民国二十三年（1934 年）的 A1 厂房采用的就是钢制屋架系统。

A1 厂房在改造前主要生产金属软管及各类波纹管，产品体积较小。厂房平面为一层矩形，东西宽约 53.6 米，南北长约 62.3 米，钢结构为主要承重体系。屋顶用三角形钢屋架（屋架跨度约为 7.6 米）和木梁共同承重，钢屋架间施以横向桁架，增强了结构的整体性。厂房室内

---

① 郑洪泉. 李承干传 [M]. 长春：吉林文史出版社，2011.
② 这一组建筑现已不存，现存建筑为 20 世纪 80 年代于原址建设的特种焊接工房及六分厂大修装配工房。

净高约为 4.6 米，锯齿形屋顶最高点距室内地面约 8.6 米。

图 19-2-17 A1 厂房东南侧外观

图片来源：东南大学周琦建筑工作室，许碧宇摄

A1 厂房室内共有工字钢柱 72 根，钢柱宽约 200 毫米，翼缘宽 200 毫米，翼缘及腹板厚度均约 10 毫米。其平面最外侧一周的 30 根钢柱距外墙约 200 毫米，未紧贴外墙，砌壁柱与外墙相连。建筑平面构成逻辑清晰，所用各类钢结构构件轻巧纤细，主要以栓接方式相连，节点设计精致。立面上，厂房东西南北四面在三角屋架下弦以下高度开大面积方窗，并开有推拉式的大门。方窗以深色金属窗框划分小细窗格，以上悬窗的方式开启，这也是厂区内现存民国时期厂房最常见的开窗形式。除此之外，面北而开的锯齿形天窗防止阳光直射的同时也带来均匀的自然采光，整个厂房室内空间开敞明亮、光线柔和。卢海鸣所著《南京民国建筑》中还记载了锯齿形天窗利用涡轮涡杆系统开启的细节，转动涡杆上的旋转手柄，就可以将距室内地面 5 米多高的天窗打开进行通风换气。民国时期厂房立面大量采用上悬窗，也是为方便在地面高度开启高窗。

A1 厂房整体形象简洁明快，外立面以青砖为主，并用粉刷的饰面强调了纵向及横向的结构构件。檐口线脚层次分明，室外壁柱柱础放大，单元式的重复既反映了内部空间的构成逻辑，也形成了极具韵律感的外部形象。

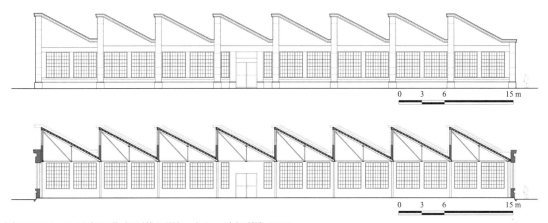

图 19-2-18 A1 厂房西北立面推测图（上）、剖面图（下）

图片来源：东南大学周琦建筑工作室

厂区现存的民国时期所建的建筑，歇山顶厂房数量最多。这些厂房呈清晰的并列式布局，形成较大规模的工业厂房群。各厂房间东西间隔约 10 米，南北间隔约 8 米。当时各厂房在二层设有过街连廊（现大部分已拆除），把整个厂房群在二层连接在了一起，一些文献称其为"过街楼厂房"。

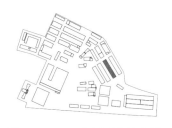

图 19-2-19 E7 在厂区中的位置

图 19-2-20 歇山顶厂房山面
图片来源：东南大学周琦建筑工作室，许碧宇摄

图 19-2-21 歇山顶厂房间的道路
图片来源：东南大学周琦建筑工作室，许碧宇摄

2. 歇山顶（Gablet Roof）厂房（E7）

以 E7 为例分析这类厂房的特点。

E7 厂房平面呈矩形，共 2 层（西北侧局部有半地下室，原用作卫生间）。建筑为西南朝向，长约 83.5 米，宽约 15.6 米，平面两端有 2 部直跑楼梯通往二层。因平面上面阔尺寸过长，不利于消防疏散，后期于西南面室外添建钢制楼梯。该厂房结构形式较为特殊：一层以混凝土方柱承托现浇混凝土无梁楼板；二层室内无柱，屋顶结构为承托在砖墙上、跨度约 15 米的豪式屋架。厂房一层的混凝土方柱平面尺寸约为 450 毫米 ×450 毫米，上端扩大为方锥形柱帽，柱帽上设托板。柱帽高约 575 毫米，托板平面尺寸约为 2 420 毫米 ×2 420 毫米，厚约 200 毫米，一层天花上可见浇筑混凝土时留下的木制模板的纹理。二层的豪式屋架下弦及上弦为木制，木料截面尺寸约为 300 毫米 ×140 毫米，腹杆竖杆为铁制（正中的竖杆直径约 5 毫米，其余直径约 2 毫米），斜杆为木制。一层室内楼板下高度约为 5.1 米，二层室内净高约为 4.5 米。其室内高度较之清朝的厂房有了明显的增加，特别是在二层室内形成了巨大的无柱空间。

立面上，这类歇山顶厂房与锯齿形天窗厂房风格统一：厂房四面开高大的细窗格，上悬大方窗，墙面为青砖砌块，并用粉刷饰面突出壁柱及横向的元素（梁、窗台等）。

关于厂房歇山顶的形象，《南京民国建筑》认为其受到了中式传统歇山顶的影响并由此发展形成（图 19-2-23）。但西方建筑中类似歇山顶的做法及实例并不少见，且 E7 厂房的屋架是典型的西方屋架体系，与中式歇山顶做法差异明显，简单认为是受中式建筑影响不准确。

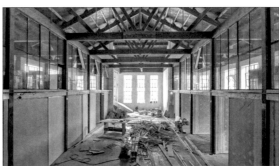

图 19-2-22 改造中的 E7 厂房室内一层（左）、二层（右）
图片来源：东南大学周琦建筑工作室，许碧宇摄

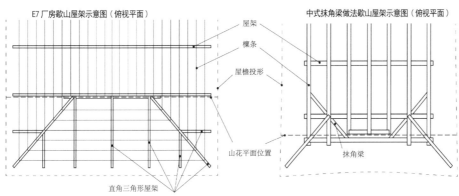

图 19-2-23 歇山屋架做法对比
图片来源：东南大学周琦建筑工作室

图 19-2-24 E7 厂房推测复原一层平面图（上）、二层平面图（中）、西南立面图（下）
图片来源：东南大学周琦建筑工作室

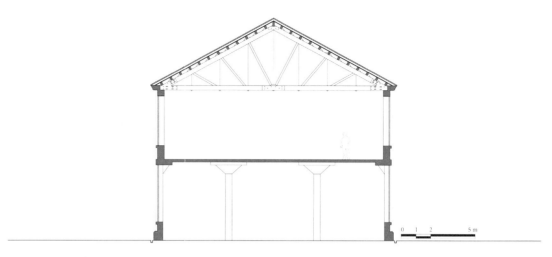

图 19-2-25 E7 厂房推测复原 A-A 剖面图

图片来源：东南大学周琦建筑工作室

四、中华人民共和国成立后——发展与转型

　　1949—1976 年间，工厂布局相较之前没有发生大的变化。从 1976 年航拍图（图 19-2-26）中可以看到，在原有空间结构基础上，厂区范围向南进一步扩展。此时，厂区南边界已经到达了今天应天大街以南的区域，紧邻宁芜铁路，现应天大街也成为了厂区内部的一条横向干道。而位于厂区以南的新厂区，即今天晨光集团所在地（现应天大道以南、晨光路以西、雨花东路以东一带），也已经开始建设，许多厂房拔地而起。

图 19-2-26 1976 年厂区航拍图

图片来源：南京市规划局

　　该时期新建的厂房主要围绕在马家山南侧及东侧，单体规模较之以前有了显著增大，新建的厂房之间延续了原有的并列式布局模式，但在今厂区以南、宁芜铁路以北的几组厂房在 20 世纪初应天大道拓宽时已被拆除。此时，马家山上也开始了建设活动，但所建建筑并不承担生产功能。至此，金陵机器制造局厂区的格局已基本形成。

　　1980 年代，金陵机器制造局又进行了一次较大规模的扩建。新建的厂房建筑均为将原有厂房拆除后于原址重建，单体的规模也基本与原来的厂房保持一致，维持了原有的厂区空间结构。在原有的空地上新建的则多是办公用房，包括科技图书馆、质量部办公楼等。马家山上也新建了计量中心、测力机房等 4 栋办公建筑。这些新建的办公建筑基本为正南北向，不再顺应原有的扇形布局。随着南京市城市布局的发展，现应天大街（原集合村路、纬七路）

于 2003 年开始拓宽。拓宽后的道路完全把位于北部的老厂区和位于南部的新厂区分为 2 个部分，影响了本来 2 个厂区之间的生产联系。因此晨光集团于 2003 年开始将主要的生产部门继续向南迁至江宁区。马家山南部的几栋厂房由于在 1982 年时并未被列入第三批江苏省文物保护单位（名称为"金陵机器制造局厂房遗迹"），所以在拓宽时并未考虑道路对其退让，最终被拆除。

在 2007 年之后，对原厂区逐步进行改造，以打造创意产业园区。但是厂区内建筑密度很高，空间结构也不够完整，缺乏空间层次，特别是缺乏大型开放公共空间，将直接影响未来创意产业园的空间品质。在道路交通方面，原有路网虽然密集，但道路等级低、道路较窄，有很多尽端路。为了解决上述这些问题，在尊重原有厂区风貌的基础上，改造方案对厂区内的各类临时性建筑和体量小、质量差的建筑进行了拆除，打通、拓宽原有道路，使现应天大街和晨光路路口形成了宽敞的入口广场，卷铜厂、炎铜厂南侧一带建筑密度过高的情况也得到了改善。在规划方案中，马家山上的 2 栋建筑也将被拆除。截至 2015 年末，厂区的改造已经基本完成。

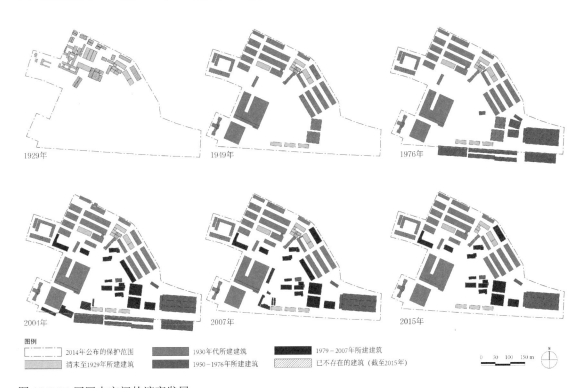

图 19-2-27 厂区内空间的演变发展
图片来源：东南大学周琦建筑工作室

第三节　金陵机器制造局中的近代工业建筑特征

一、西方工业建筑的影响

与技术的快速发展相比，工业建筑的诞生与发展有一定的延迟性。早期的工业建筑源于手工业从业者"居产合一"的生产模式向工业化生产的转变，但其早期式样仍然脱胎于水磨及手工作坊。随着蒸汽机和生产设备的发展，工厂可生产产品种类越来越多，生产厂房越来越大，功能越来越复杂，对建筑的投资也越来越大，工厂主便也越来越重视工厂建筑的设计。

厂区内现存的晚清厂房始建年代为1866—1887年间，但在技术上与样式上却与同时代流行于英国的工业建筑存在不同，反而与1830年代甚至更加早期的英国工业建筑相似之处更多。这一时期的厂房建筑的特点在于：

第一，简洁的造型和空间。金陵机器制造局中的现存晚清厂房建筑均为长矩形平面，立面上几乎没有任何装饰。墙上开窗样式为方窗或半圆窗（半圆窗窗上部发券），均匀分布在建筑的立面上，保证了室内充足的采光。除熔铜厂和熔铜房（E11-2）采用双坡顶以外，其余清代厂房均为简洁的四坡顶或四坡尖顶，这些造型要素都是早期工业建筑的特征。这时的工业建筑常常通过厂房的巨大体量、装饰的缺失、大量的青砖、规则的开窗和对称的布局来强调厂房的"庄严性"，与1850年代后英国工业建筑开始对市政厅、豪华宅邸等建筑样式进行模仿后的追求比例、构图与豪华气势的设计风格大不相同。对建筑空间的设计上，这些厂房也相对简单。比较典型的是机器正厂（B2）、机器左厂（B1）、机器右厂（B3），这3栋厂房采用了室内双排柱列的空间划分方式，并在二层形成回廊，最终形成单一宽敞、轴对称的生产空间。

第二，建造技术相对保守。1860年代，铸铁结构的工业厂房在英国已经有了显著的发展。新技术及新材料使得更大跨度的厂房变成了可能，铸铁结构具有防火功能，也保证了厂房的使用安全，玻璃在建筑上的大面积使用也随着铸铁结构的发展成为了流行趋势。但这些技术特点在金陵机器制造局现存的晚清厂房中难以寻觅。这些清末厂房的结构分为砖木、砖混两种结构类型，其竖向主要承重结构均为青砖砌体墙及木柱，屋架为木屋架。但在建设年代较晚的机器大厂（A8）及机器左厂（B1）中，使用了当时技术较为先进的铸铁立柱。特别是机器大厂在"人"字形屋架下弦和一层楼板梁架处使用的铸铁张拉弦结构（是国内现存的孤例），是对新建筑技术应用的大胆尝试。建筑技术相对保守，一方面是因为铸铁这类的建筑结构本就起源于西方国家，与中国传统的砖木建造体系差别甚大；另一方面，当时国内的钢铁工业十分落后，产能有限，将铸铁应用于建筑建造工程比较浪费。机器大厂及机器左厂中的铸铁立柱，也是由金陵机器制造局自行生产的。可见当时国内的工业水平制约了建筑技术的发展，这也是砖钢混合结构、钢铁结构在早期中国工业建筑中未能取代砖木结构成为主流的原因之一。

民国时期的厂房以锯齿形天窗厂房及歇山顶厂房最具代表性，二者的式样风格依旧受到了西方工业建筑形式和新建筑技术的影响。这一时期的厂房建筑也维持了工业建筑特有的功能至上、装饰简洁的风格，青砖外墙、突出墙面的壁柱、横梁及大片的玻璃窗构成了主要的视觉要素，在柱脚及檐口处加以少量的线脚装饰。在外部形象上，这时的厂房有着强烈的"框架""单元"的特征，强调其结构及建造过程的"可复制性"。内部空间则均质、开敞，4个立面开启的大玻璃窗进一步强化了这种感觉。

在建筑技术上，民国时期的厂房更加紧随当时最先进的建造技术。锯齿形天窗厂房对钢结构的应用及歇山顶厂房一层的现浇混凝土无梁楼板都反映出了技术的先进性。

图 19-3-1 1930 年代的美国福特汽车生产线
图片来源：美国国会图书馆 (http://www.loc.gov /pictures/item/ca1661.photos.011847p/)

图 19-3-2 A1 厂房室内
图片来源：东南大学建筑研究所

二、建筑材料

现存晚清厂房主要使用青砖及木屋架，但如机器正厂（B2）等始建年代较早的厂房已经过多次修缮改建，改动较大，所以难以从外观直接判断其建筑材料。在档案文献中，有对建筑材料的记载，甚至能通过所使用的建筑材料大致推断出建筑技术及建筑流程，因此可以以此作为依据进行考察。

中国第一历史档案馆藏光绪二十四年（1898 年）《金陵机器制造局造呈第七案第五册：清销修理各厂屋并平船油舱工料等项银两册》（后文简称《第七案第五册》）中，记载了光绪十二年（1886 年）修理建设金陵机器制造局中各个厂房所耗费的材料，包括大杉木 11 根，杉木板 98 方 4 尺 2 寸 [①]，皮槁木 105 根，此外还有楷（阶）沿石、盖板柱石、旧城砖、碎砖、石灰、油灰、纸筋、红土、烟煤、水胶等材料。

李鸿章光绪十四年（1888 年）五月二十二日所奏《金陵机器局光绪十二年扩建工程》也对这次扩建所使用的建筑材料进行了记录："添建厂屋均用外洋坚木，一切造法悉依洋式。"

在另一案卷《金陵机器制造局造呈第二十三案第一册：清销购买中外各项料物价值银两册》（后文简称《第二十三案第一册》中，对"自光绪二十玖年正月（1903 年初）至是年拾贰月底（1904 年初）"期间购买的各类料物进行汇编。其中在国内采购的可能用来从事建筑建造的材料包括大杉木 15 根、皮槁木 91 根、杉木板 379 丈 1 尺、白杨松树料 42 812 斤 [②]。购买西洋料物可能用来从事建筑建造的材料包括水花桠枫料 874 斤、檀树料 6 808 斤、洋钞木 2 665 平尺 6 寸 [③]、洋桂木 1 445 平尺 3 寸、金山洋松板 3 764 平尺 8 寸。

另有《金陵机器制造局造呈第二十三案第五册：清销维修各厂屋并平船油舱工料等项目银两册》（光绪三十二年，1906 年）对光绪二十九年（1903 年）间的修理事宜进行了记录。其中，修缮所使用材料和物品的种类远超《第七案第五册》和《第二十三案第一册》中的记录，包括（大、小）杉木、杉木板、栅板、光面石等共计 31 种材料。

---

① 1 寸 ≈3.33 厘米。

② 1 斤 = 500 克。

③ 1 平尺 ≈33.3 厘米 ×33.3 厘米。

在《马格里传》中，亦有关于厂房及马格里寓所所使用的建筑材料的记载：

"马格里在一封信里提到，他在这片废墟中为自己盖了一座房屋，并装上从上海带来的现代化门窗。"据《北华捷报》的报道，兵工厂也是用报恩寺塔周围庙宇残余的砖瓦捷起来的。

从对上述材料的综合分析来看，晚清建设维修厂房使用的建筑材料主要以各类木材和砖石为主。木材主要是杉木和皮篙木（即现在所称的杉篙），也是常见的建筑材料，与现今主要使用的木材品种基本一致。关于木材的来源在记载中出现了分歧：李鸿章的奏折中称"添建厂屋均用外洋坚木"，而在《第二十三案第一册》中记载杉木采购自国内。杉木在清末是国产木材中在建筑业流通较广的木材品种，主要用作桩基、库门、桁条、地搁栅及水泥壳子和支柱等①。但当时国产木材的生产没有统一标准，施工使用时往往无从选择，且国内生产主要是用手工制作，缺乏烘房设施，导致加工出的木材易收缩变形。可能在修建新的厂房时，特别是重要的结构构件如屋架等选用的是进口木料，而在修缮补旧时使用的是国产的木料。

相比木材，厂房建筑中的用砖种类要多很多。从现存的晚清厂房实例和同时期的国内建筑技术分析来看，金陵机器制造局所建的晚清厂房所使用的是青砖而非红砖，而在同时期的欧洲工业建筑中，红砖的使用频率要高于青砖。在金陵机器制造局其后的发展中直至民国年

晚清厂房所用砖材尺寸表　　　　　　表 19-3-1

砖种类		《工程做法则例》中所规定的尺寸（单位：营造尺②）			备注
		长	宽	厚	
城砖类	旧城砖	1.5	0.75	0.44	糙砖尺寸
小砖类	滚砖	0.95～1	0.47～0.5	0.2～0.22	砍净尺寸
	旺砖	0.63	—③	0.16	砍净尺寸；旺砖用于椽上代替望板，尺寸一椽一档

间新建的厂房也仍然使用青砖，到 20 世纪 60 年代厂区内才开始出现红砖建筑（如特种改装车间，编号 C4）。此外，清单中还记录了瓦头滴水这样有着典型中式建筑特征的建筑构件。

对照现场实际测量数据（图 19-3-3）与《工程做法则例》的规定，厂区内现存晚清建筑的墙体使用的是滚砖而不是城砖。清代滚砖的尺寸比现在的标准砖（如 C2 号厂房所用的红砖）要大得多。民国时期用砖的尺寸则基本与现代标准砖相同。此外，B1（机器左厂）、B2（机器正厂）、B3（机器右厂）号厂房在 2005 年修缮时，外部墙面贴灰色面砖，选用的面砖尺寸及色彩基本可以看作是对民国时期风格的模仿。但 21 世纪初的照片中，这 3 栋厂房的外墙为抹灰饰面，从抹灰剥落处可以看出墙体采用的是清代大尺寸的青砖砌筑。立面改造对建筑的原始信息造成了一定破坏。

然而，在晚清对厂房进行修缮的材料中，并没有涉及对玻璃使用的记录。只有在图 19-2-3 中，中式建筑使用了平板玻璃窗，这些门窗是从上海运到南京来的。玻璃是西方工业建筑最具代表性的建筑材料之一，这种记录缺失情况的出现可能有 2 种原因：第一，这些厂房的窗子并不使用玻璃；第二，这些窗子使用玻璃，但当时不需要替换，所以修缮物料清单中没有关于玻璃的记录。我国直到 20 世纪初才开始进行机械化平板玻璃生产④，清末厂房如果确实大规模使用了玻璃，那么这些玻璃一定是进口而并非国产的。

---

① 王昕. 江苏近代建筑文化研究 [D]. 南京：东南大学,2006.
② 1 营造尺 =320 毫米。
③ 旺砖宽度在《工程做法则例》中无记载。
④ 1904 年《一说 1906 年》山东农工商局在博山开办博山玻璃公司，为我国最早用机械生产平板玻璃的企业。资料来源：王承遇，李松基，陶瑛，等. 玻璃的发展历程及未来趋势（连载二)[J]. 玻璃,2010（5):3-12.

民国时期建设的厂房应用了新的建筑材料及技术，新材料以钢铁及混凝土为主，如锯齿形天窗厂房中大量应用了工字钢立柱及钢制三角屋架，歇山顶厂房中使用现浇混凝土柱及混凝土无梁楼板等。但出于经济因素，木制结构构件在当时的厂房中依然较常见，且在整体结构材料中占比较大。如锯齿形天窗厂房以钢结构三角屋架为主要屋面承重结构，但仅在工字钢柱上使用，其他位置的屋面承托结构则使用与钢屋架屋架上弦等高的木梁密肋。又如在歇山顶厂房屋架部分，使用了木与金属复合的屋架体系：三角屋架的上弦、下弦及斜杆为木制，竖杆为金属。钢木混用的屋面结构在节省造价的同时也有缺陷，即建筑结构防火性能大打折扣。如 E15 歇山顶厂房原先的木屋架因失火损毁，后期改造时更换为钢制芬式屋架（Fink Truss）[①]。

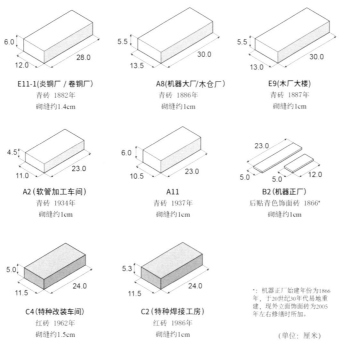

图 19-3-3 厂房建筑的砖砌块尺寸

图片来源：东南大学周琦建筑工作室

图 19-3-4 A2 厂房东南立面外墙

图片来源：东南大学周琦建筑工作室，许碧宇摄

---

① 于菲.中国近现代工业遗产保护再利用研究——以南京晨光 1865 创意产业园为例 [D]. 南京：东南大学，2014.

在建筑技术上，先进的结构形式使得厂房的规模足以满足生产的需要，特别是民国时期新建的厂房，应用了现浇混凝土无梁楼板等由西方传入的新兴建造技术；在建筑材料上，以清朝的厂房为例，建筑中既应用了从国外进口的木料，也使用了颇具中国特色的青砖，部分厂房还使用了金陵机器制造局本厂锻造的铸铁结构构件，反映出东西方交融的特点。

第二十章

其他案例

图 20-1-1 扬子饭店夜景

图片来源：东南大学周琦建筑工作室，苏圣亮摄影，
2013—2017 年东南大学周琦建筑工作室进行历史研究和修缮保护

第一节　扬子饭店

一、概述

（一）基本情况

扬子饭店（Yangtze Hotel）（图 20-1-1）位于今鼓楼区宝善街 2 号，旧中山桥西南角（图 20-1-2），是民国时期南京最高档的旅馆之一。饭店建于 1912—1914 年间，由英侨李熙·法尔里（E. Farrell）创办，1921 年左右法尔里病故后，其妻李张氏改嫁与英国人威廉·柏耐登（William Walter Brydon），后由柏耐登掌管扬子饭店的业务近 30 年。

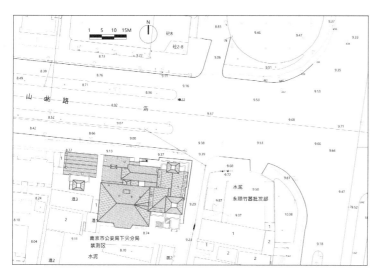

图 20-1-2 扬子饭店总平面图（左）、城市区位图（右）

图片来源：东南大学周琦建筑工作室

图 20-1-3 扬子饭店的砖拱结构（左）、明城墙砖（右）

图片来源：东南大学周琦建筑工作室，苏圣亮摄（左）、韩艺宽摄（右）

本节作者为韩艺宽、陈勐、陈亮。

图 20-1-4 扬子饭店历史照片

图片来源：贺云翱. 百年商埠——南京下关历史溯源 [M]. 南京：江苏美术出版社，2011：153.

图 20-1-5 民国时期扬子饭店明信片

图片来源：叶兆言，等. 老明信片·南京旧影 [M]. 南京：南京出版社，2011：274.

扬子饭店占地面积约 3 320 平方米，建筑面积约 2 336.5 平方米，坐北朝南，包括 4 层主楼 1 幢，2 层附楼 1 幢。主楼地上 3 层、地下 1 层，高 18.65 米，层高在 2.6 米至 4.1 米不等。建筑采用砖木混合结构，所用砖均来自浦口点将台及明故宫皇城的明代城墙砖。

扬子饭店除客房外，还设置了餐厅、酒吧间、舞池、弹子房、会客厅、理发店、小卖部等诸多功能用房，不仅是食宿之所，也是社交、休闲、娱乐之地。客房内配备各类现代化设备，如暖气、电灯、电话、抽水马桶、卫生浴盆等，以及各类中西式家具，如地毯、席梦思大铁床、桌椅、茶几、镜台、衣橱、茶杯等，在当时可谓十分奢华。

（二）历史沿革

1898 年，南京下关开埠，滨江地区贸易繁忙，大量外国客商驻留在此。

1912—1914 年，金陵关海关查货员、英侨李熙·法尔里出资，申请并建造了扬子饭店，命名为法国公馆，这是南京作为通商口岸正式对外开放后最早的一家西式高级宾馆。

1921 年，法尔里病故，其妻李张氏改嫁和记洋行稽查员英侨威廉·柏耐登，改名杰茜·柏耐登（Jessie Bonnard），继续经营。

1927 年，法国公馆改名扬子饭店。

1929 年，国民政府举行奉安大典，扬子饭店被指定为招待各国专使的定点饭店。

1933 年，宋庆龄女士下榻扬子饭店，营救牛兰夫妇，国民政府行政院院长汪精卫、司法部部长罗文干赴扬子饭店拜望宋庆龄，扬子饭店因此名噪一时。

1950 年，扬子饭店闭门歇业，柏耐登携妻移居上海，房屋由南京市政府交际处租用。

1954 年，柏耐登去世，扬子饭店产权归其妻（已入英籍）所有。杰茜·柏耐登向上海市第一中级人民法院申诉继承遗产，后外交部以"契证不全"为由，予以代管。当年 10 月宣布土地收归国有，杰茜·柏耐登交纳地租准予继承。

1965 年，杰茜·柏耐登去世，上海市高级人民法院在报纸上刊登广告，未见有人持合法证件前来继承扬子饭店。

1968 年，经上海市高级人民法院裁定，扬子饭店判为绝产，由南京市房管局接收，后成为南京市公安局下关（现已撤销）分局办公地点。

1992 年，扬子饭店被列为南京市文物保护单位。

2002 年，扬子饭店被列为江苏省文物保护单位。

2013 年，下关旅游局发起扬子饭店保护修缮项目，由东南大学周琦建筑工作室负责建筑修缮保护设计，上海章明建筑设计事务所负责室内装饰设计。

2016 年，修缮保护施工完成。

2017 年，扬子饭店由南京颐和集团运营，成为一家主打民国风情的高档饭店。

（三）建筑空间形式

扬子饭店的建筑形式体现出西方殖民地外廊式风格与法国古堡复兴式风格的融合。由平面看，建筑可分东、西、北三部分，东楼为非对称式平面，西楼为方整的矩形平面，三面外廊环绕，南立面中部突出类似玄关的空间，为建筑主入口。殖民地建筑设外廊的初衷是为了改善居住环境，提高建筑的防暑、通风性能，其后外廊式建筑向东亚北部发展，因气候条件不同，出现了为防寒而把"外廊作为日光室"的封闭式外廊建筑。扬子饭店主体底层为封闭式外廊，二层为开敞式外廊，是两种外廊式形制的结合。

（四）建筑风格

图 20-1-6 扬子饭店夜景图

图片来源：东南大学周琦建筑工作室，韩艺宽摄

扬子饭店的建筑形式体现了西方建筑风格与外廊样式相融合的特征，建筑陡而高的斜面式屋顶源自法国古堡式复兴建筑风格。法国古堡式风格（Château Style 或 Châteauesque）通常称为弗朗索瓦一世风格（Francisl Style），是对弗朗索瓦一世时期（1515—1547 年）建筑风格的归纳，该风格是意大利文艺复兴建筑思想和古典建筑形式与法国哥特式风格相融合而产生的，是一种"过渡性"的建筑风格。法国古堡式风格于 19 世纪 30 年代中期至 19 世纪 50 年代率先复兴于法国，其后传入美国、英国、加拿大等地，是流行于 19 世纪末至 20 世纪初的建筑风格。

法国古堡式复兴建筑风格通常为砖石结构（石砌、砖砌或砖石砌）和非对称式平面，建筑轮廓以高而倾斜的斜面式屋顶为特征，斜面或相交成为双坡顶，或形成平顶屋顶，两种情况的屋顶均上覆金属栏杆或有网状小孔的金属顶饰（而不是实体顶饰或第二帝国式样的屋顶形制）。该风格发展到后期，通常将具有斜面屋顶、老虎窗和装饰性顶饰的建筑称为法国古堡式复兴风格。

扬子饭店的建筑风格符合法国古堡式复兴建筑风格的特征，体现在非对称式平面、以明代城墙砖作为主要砌筑材料的砖木结构体系、斜面式屋顶、老虎窗以及屋顶的栏杆装饰等，但建筑细部语言更加简练，提篮拱窗（Basket-handle Arch）和砌体竖框窗均被普通的圆拱窗所替代。建筑屋顶形制也更为灵活，其屋顶由多种斜率的斜面式屋顶构成，加之灵活的形体和南侧的柱廊，使整体的砖构体系显得不那么厚重，庄重而又不失典雅。

二、建筑图纸

图 20-1-7～图 20-1-18 为扬子饭店 2013 年修缮设计时的图纸，绘制于 2013 年 7 月，由东南大学周琦建筑工作室提供。

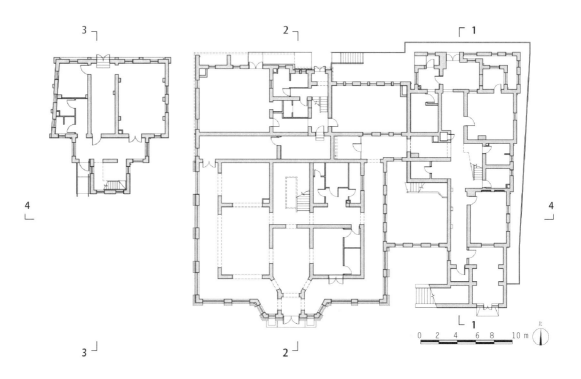

图 20-1-7 扬子饭店一层平面图

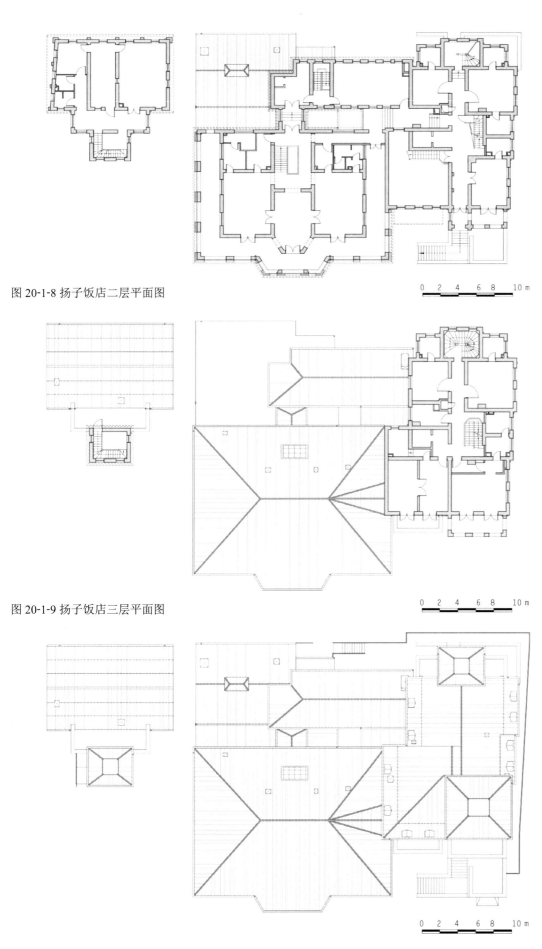

图 20-1-8 扬子饭店二层平面图

0　2　4　6　8　　10 m

图 20-1-9 扬子饭店三层平面图

0　2　4　6　8　　10 m

0　2　4　6　8　　10 m

图 20-1-10 扬子饭店屋顶平面图

图 20-1-11 扬子饭店北立面图

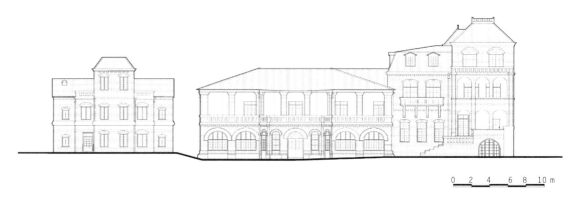

图 20-1-12 扬子饭店南立面图

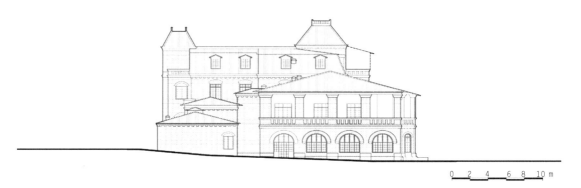

图 20-1-13 扬子饭店西立面图

图 20-1-14 扬子饭店东立面图

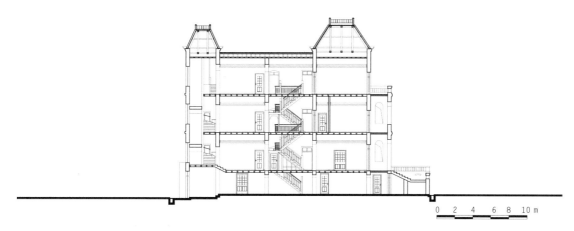

图 20-1-15 扬子饭店 1-1 剖面图

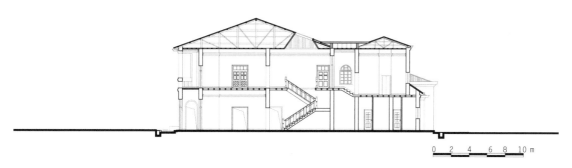

图 20-1-16 扬子饭店 2-2 剖面图

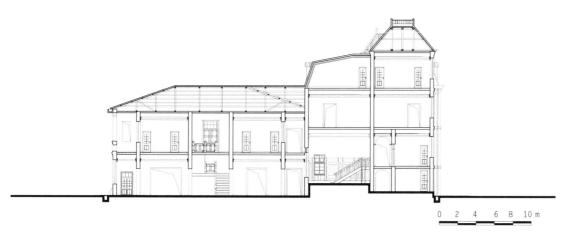

图 20-1-17 扬子饭店 3-3 剖面图

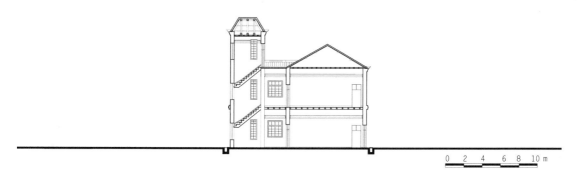

图 20-1-18 扬子饭店 4-4 剖面图

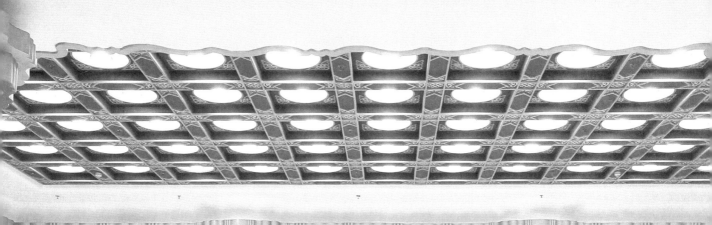

图 20-2-1 大华大戏院门厅
图片来源：东南大学周琦建筑工作室，苏圣亮摄

第二节 大华大戏院

一、概述

（一）基本情况

　　大华大戏院位于中山南路67号，新街口南端，是民国时期南京标准最高、规模最大的戏院，也是那时达官显贵交际往来、娱乐消费的场所。它由美籍华人司徒英铨集资，基泰工程司杨廷宝设计于1934年，由上海建华建筑工程公司营造，于1936年完工。

图 20-2-2 大华大戏院总平面图（左）、城市区位图（右）
图片来源：东南大学周琦建筑工作室

（二）历史沿革

　　大华大戏院于1936年5月29日建成开业，首映影片是美国米高梅公司出品的歌舞剧《百鸟朝凰》。南京沦陷后，大华大戏院由中华电影公司经营，1945年后被国民政府接管。1949年以前，它以放映进口影片为主。1950年4月，改名为"大华电影院"。

　　20世纪50年代初期，新中国电影刚刚起步，这期间影院主要放映苏联等东欧社会主义国家的电影，以及为数不多的国产影片。20世纪50年代中期以后的10年间，国产影片迅速发展，看电影、评电影是人们陶冶性情最时尚的享受。20世纪50年代末，大华电影院移交地方政府。

　　20世纪70年代后期，特别是中国共产党十一届三中全会之后，国产电影日益繁荣，大华电影院作为南京首屈一指的影院进入了放映的辉煌时期。20世纪80年代前后，《保密局的枪声》《庐山恋》《小花》等电影每天放映10场依然一票难求，大华大戏院的票房也因此屡创新高。1984年，影院在全市率先突破全年门票收入100万元大关，雄冠全省，获得了江苏省文化厅

本节作者为韩艺宽、王为、高钢。

授予的"全省电影发行放映系统先进集体"荣誉称号。1986年,大华电影院继实现放映自动化、光源氙灯化、音响立体化、座椅软席化、空调制冷化之后,又进行了一次大规模改造,电影院更加华丽、舒适。1987年全年门票收入在之前3年均超百万元的基础上,又创造150万元的新纪录,并于1989年突破200万元大关,获中央广播电影电视部授予的"全国电影发行放映系统先进集体"称号。

大华电影院于1992年在全国电影院中率先安装了大型空气净化装置,并在2000年安装了全省首家高级数码八声道SDDS立体环绕音响设备。2002年,大华电影院被列为江苏省文物保护单位。

大华电影院经历过三次大的改造:1973年更换了原有钢屋架。1993年将原放映厅改建为下层商场,上层放映,新增了一层现浇钢筋混凝土框架结构。最近一次修缮改造完成于2013年,由东南大学周琦建筑工作室完成设计,保留并修复了电影院原有的前厅。由于观众厅原貌已经遭到破坏,且其本身的功能、结构强度和安全性能都不能满足使用要求,因此电影院后半部分的大电影厅全部拆除,置换为层高分别为6米、9米、9米的3个楼层,地上一层为电影文化展示中心,二、三层填入3小4大7个放映厅,地下设停车库。

图 20-2-3 大华大戏院外景历史照片

图片来源:http://cn.bing.com

图 20-2-4 大华大戏院门厅历史照片

图片来源:南京工学院建筑研究所.杨廷宝建筑设计作品集[M].北京:中国建筑工业出版社,1983.

(三)建筑特点

1927年,杨廷宝回国后加入基泰工程司,从事建筑设计工作。1934年,他主持设计的大华大戏院成为建筑历史上的一个标志。大华大戏院吸取了当时上海很多大戏院的长处,如门面仿造上海大戏院,大厅楼梯仿造上海南京路电影院,放映大厅仿造上海大光明电影院,但它也有独创之处。

图 20-2-5 大华大戏院夜景图

图片来源:东南大学周琦建筑工作室,韩艺宽摄大华大戏院为中西合璧式建筑。其外观采用西方现代建筑手法，门厅则具有浓郁的民族特色。建筑正立面上层为招牌幕墙和横向排列的采光高窗，下层为雨篷和大门，大门分3道通向门厅，大门左、右两侧各有1条疏散人流的通道。门厅高2层，由12根大红圆柱支撑。门厅内迎面正中设有1个宽大的台阶通向二层休息平台，左右各有1个门道通向观众厅。门厅天花、墙壁以及栏杆扶手雕饰，均采用传统纹样装饰。

　　大华大戏院在入口处是压低、出挑的宽大雨篷。进入门厅后空间变高、变大，豁然开朗。再进入观众厅后，是一个更大的空间。观众厅长66米，宽33米，分上、下2层，按照现代剧场的视觉、声学要求布置舞台、天花、墙壁和楼座，可容纳观众近1 800人。

图20-2-6 大华大戏院内部
图片来源：东南大学周琦建筑工作室，韩艺宽摄

二、建筑图纸

　　图20-2-7～图20-2-12为1934年基泰工程司绘制的大华大戏院设计图纸。

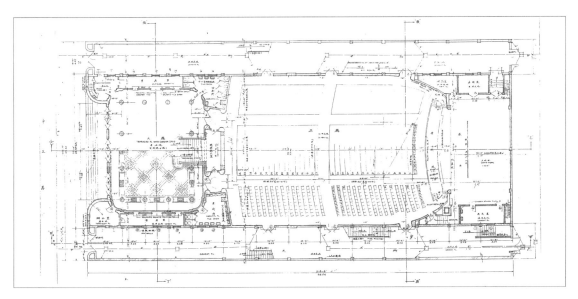

图20-2-7 大华大戏院一层平面图

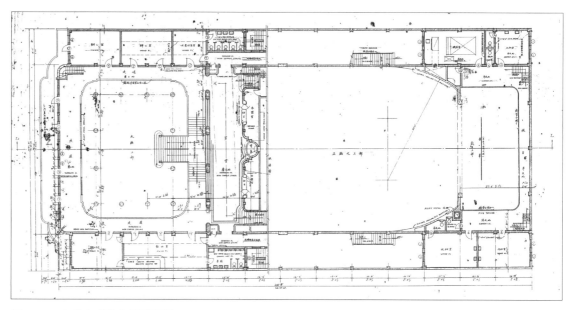

图 20-2-8 大华大戏院中层平面图

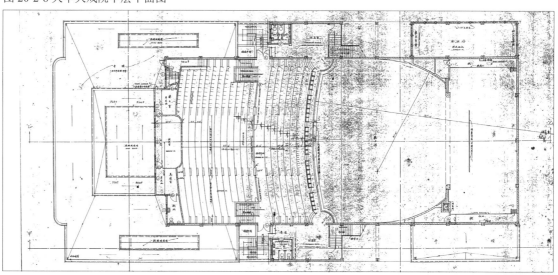

图 20-2-9 大华大戏院楼厅平面图

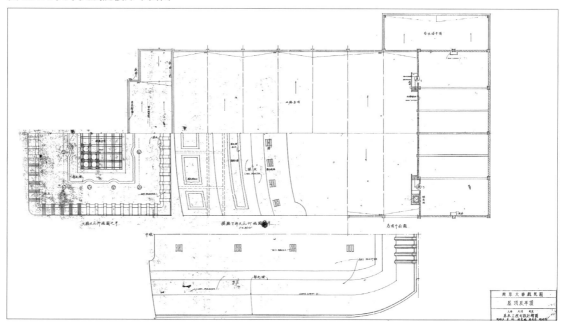

图 20-2-10 大华大戏院楼厅下部天花仰视图（上）、正厅天花仰视图（下）

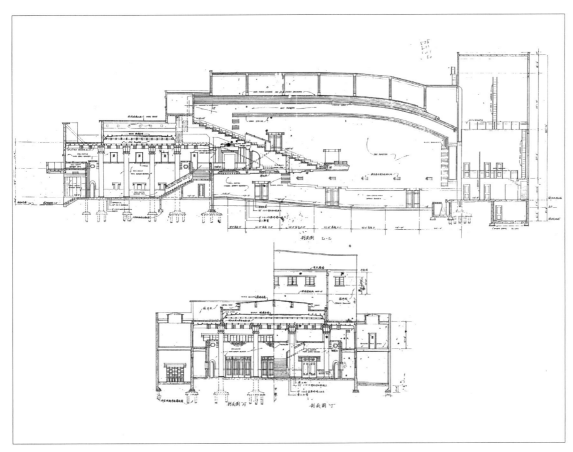

图20-2-11 大华大戏院乙-乙剖面图（上）、丁-丁剖面图（下）

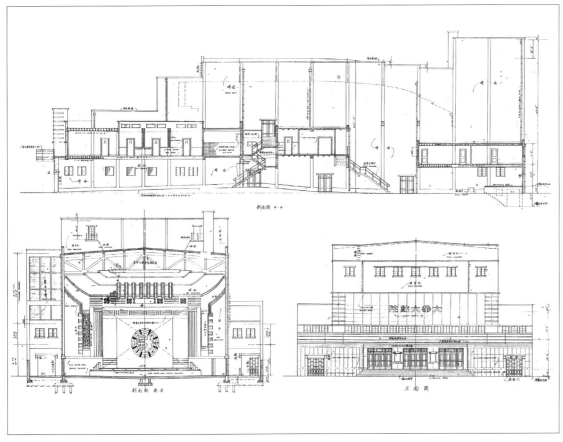

图20-2-12 大华大戏院甲-甲剖面图（上）、庚-庚剖面图（下左）、正立面图（下右）

图 20-3-1 中山东路一号立面细部
图片来源：东南大学周琦建筑工作室，赖自力摄

第三节　中山东路一号

一、20 世纪 30 年代

（一）新街口广场的背景

新街口在 20 世纪 20 年代末，还是一片未开发的区域。国民政府的《首都计划》中 1929 年制的《南京城内人口密度图》明确地显示了新街口地块是一块"城市空洞"，水塘遍布，房屋稀少，人口密度明显小于其南、北的其他地区。

1928 年，以迎接孙中山灵柩为由而开工建设的中山大道系统直接导致了新街口广场的产生。它从中山码头（下关码头）一直延伸至中山陵，是民国政府统一中国之后，在南京修建的第一条道路，也是南京历史上第一条柏油马路。新街口作为该道路系统的重要转折点，及南京城的几何中心，凭借筑路的机缘获得了巨大的优势，空地"凭空"成为了未来的市中心。

图 20-3-2 新街口形成

图片来源：东南大学周琦建筑工作室

1930 年，在中山路和中山东路部分完成之后，其交叉口被设计建造成为了新街口广场，该广场作为市中心象征的历史正式开始。新街口广场的边界为正方形，边长 100 米，以东西向道路为正方向，与南北道路有 5 度的夹角。以正方形内切环形道路，宽 20 米，四角分别连

本节作者为朱力元。

接 40 米宽的主干道。环形道路与外切正方形边界之间形成的 4 个角部布置有绿化。广场的中心位置是半径 30 米的街心公园。圆形广场与其中心的雕像一起，从视觉的意义上强调了中心的意向，在该中心周围建造的房屋，在当时代表着城市乃至国家的精神，因此具有重要的意义。

20 世纪 30 年代初，新街口广场虽已在兴建，但其周边仍旧是未开发的田地，被水塘和传统民居占据，将广场打造成南京市中心的工作此时才刚刚开始。国民政府的《首都计划》中有新街口广场的建筑意向图，图中明确显示周围的建筑将全部是中国传统之形式①。但是事实却与之相反，广场四角的建筑从来没有整齐划一地出现过，也没有中国传统之形式，而是以西方古典建筑和现代派建筑为主。中山东路一号就是其中最具代表性的西方古典式建筑。

（二）交通银行南京分行的背景

交通银行是中国早期四大银行之一，它是 1908 年清政府邮传部为赎回京汉铁路而设立的。最早的交行总行设在北京正阳门外西河沿。南京分行则在宣统二年（1910 年）成立。据《交通银行南京分行志》记载："（1910 年）6 月 5 日，交通银行在南京设立的江宁试办分行开业，简称陵行，行址在马府街，首任经理为杨益谦。陵行发行交通银行第一版大银元券，券面镌印双龙旗，并印有'宣统元年''南京'之地名。"②

成立后，南京分行的运行似乎并不顺利，从《交通银行南京分行志》的大事记中可以看出：

"（1911 年）春，交通银行首任总理李经楚私人开设的南京宝善源票号倒闭……11 月 5 日，陵行迁沪，12 月陵行停办。

"（1912 年）8 月 27 日，陵行被裁撤。

"（1913 年）2 月 28 日，交通银行浦口分行开业……隶属沪行，在下关龙江关……11 月，浦行因时局变迁，迁往镇江，12 月迁回南京。

"（1925 年）宁行将为一等支行，又移行址于下关。

"（1927 年）因下关屡经兵事，行址又迁城内。"

在经历了 7 年的沉浮之后，从 1930 年开始，宁行（交通银行南京分行）迎来了一段发展的高潮期。《交通银行南京分行志》上有这样的记载：

"（1930 年）12 月，宁行由三等支行恢复为一等支行，仍隶属沪行。

"（1931 年）3 月，宁行二处储蓄支部开业。

"（1932 年）7 月，南京交行自办的下关煤炭港仓库建成，经营仓储业务。

"（1933 年）7 月，宁行由隶属沪行改为直隶总行，原有宁行及所属储蓄支部改为南京及下关、中山路储蓄信托支部。同月，南京一等发行之库成立。"③

中山东路一号的银行建筑，正是在宁行事业发展的顶峰期出现的。设计图上的日期显示，该建筑的设计年份正是 1933 年，结合当时的一些社会背景，可以窥见宁行当时在筹划建造中山东路一号之时的雄心壮志。

---

① （民国）国都设计技术专员办事处编. 首都计划 [M]. 南京：南京出版社，2006.
② 江苏地区交通银行志编纂委员会. 交通银行南京分行志 [M]. 南京：江苏人民出版社，1997：210.
③ 同②211-215.

（三）建筑师与营造厂

1. 缪凯伯工程司

主持设计宁行大楼的建筑师是缪苏骏。历史对于缪苏骏并没有太多的记载，只是在《近代哲匠录——中国近代重要建筑师、建筑事务所名录》中有关于他的词条。据记载，缪苏骏（字凯伯，Miao Kay-Pah）籍贯江苏溧阳，教育背景为上海南洋路矿学校。他的经历包括：作为实业部登记工业技师，并自营东南建筑公司；1932年于上海市工务局作为技师开业登记；1933年12月，经杨锡镠、庄俊介绍加入中国建筑师学会，并在1934—1937年成为中国工程师学会正式会员；自营缪苏骏建筑事务所，事务所人员包括周庭柏（绘图员）、厉尊谅（设计员）、严有翼（设计员）[①]。

关于缪苏骏工程司在当时建筑市场中的情况，20世纪30年代，建筑业在中国已经获得长足的发展，建筑、施工制度趋于完善，不仅有大量的留洋归国建筑师在各地开设建筑事务所，更有众多国外建筑事务所在华营业。而缪苏骏并没有留洋背景，其毕业的南洋路矿学校也并非一般认为的上海交通大学前身。该校曾租驻尚贤堂，后来移至虹口公园对面，改名东华大学[②]，但与如今的东华大学并无关系。该校出过一批建筑人才，比如《近代哲匠录——中国近代重要建筑师、建筑事务所名录》中记载的钟铭玉，以及前杭州市建筑设计院总工吴寅。又根据《上海求学指南》中关于该校的学费明细表，以及该校出过的优秀毕业生来看，该校在当时也是与南洋公学、圣约翰大学校等一样的高等学堂，甚至斯坦福大学图书馆保留着《南洋路矿学校章程》。

但是在当时有大量海归建筑师进行建筑实践的背景下，这样的教育背景仍旧不足以使缪苏骏成为具有影响力的大师。其事务所中的成员厉尊谅曾在范文照建筑事务所从业；严有翼在1921年前于浦东中学及新瑞和洋行学习5年，后任美商克理洋行设计员[③]。按照其设计图纸上的地址，可以查找到其事务所所在地：上海康脑脱路第七三三街第三十号永宁坊，也就是今天的康定路永宁坊，是一片石库门民居，而不像其他的大型事务所那样在办公楼里。

不可否认，缪苏骏具有足够的实力。从南京市档案馆中找到的交通银行南京分行下房设计资料中，可以看到缪苏骏在项目中从设计到施工图到结构计算书全部都仔细完成，这与当时大部分建筑师只管"图样"是很不一样的。但是与当时有名的事务所相比，他仍然很不起眼。交通银行在当时已经相当于中央银行，其标志性的办公楼选择这样的小型事务所设计，可能与当时交通银行在全国统一的"罗马式风格"及其常年合作伙伴庄俊有关。

2. 庄俊与"全国通行之罗马建筑"

庄俊是中国近代建筑史上的重要人物，其身世背景与建筑生涯经历不再赘述，仅仅关注他的作品。《近代哲匠录——中国近代重要建筑师、建筑事务所名录》中记载的庄俊作品中包括：济南交通银行大楼（1925年）、大连交通银行大楼（1930年）、哈尔滨交通银行大楼（1930年）、青岛交通银行大楼（1931年）以及徐州交通银行大楼（1936年）[④]。在《中国近代建筑总览》中可以找到这些建筑。

---

① 赖德霖. 近代哲匠录——中国近代重要建筑师、建筑事务所名录 [M]. 北京：中国水利水电出版社，2006：117.
② 上海市虹口区志编纂委员会. 虹口区志 [M]. 上海：上海社会科学院出版社，1999.
③ 赖德霖. 中国近代建筑史研究 [M]. 北京：清华大学出版社，2007：127.
④ 同① 220.

交通银行在二十世纪二三十年代全国营造的银行大楼在外形上颇为相似，均为四层罗马式大楼，主立面正中有 4 根爱奥尼柱，爱奥尼柱上方的大横梁在立面上将最上一层分隔开来，同时最上一层的正中还竖有旗杆。纵观当时中国的其他银行建筑，几乎都是类似的罗马式，但在体型、立面分段等方面仍存在明显差异。同时，并不是所有的交通银行大楼都采用了罗马式，比如杨廷宝设计的北京交通银行大楼（1930 年）以及上海交通银行大楼（资料缺失）等。

在这样的环境下，这一系列相似的交通银行大楼就表现出明显的继承关系了。继承关系的原因不得而知，只能看出庄俊自己设计的 4 个交通银行大楼与广东分行大楼之间存在些许联系，它们也许都是"全国通行之罗马式建筑"的美好意愿造就的。如庄俊所说："新派建筑也好，古派建筑也好，建筑目的，所为的不过是适用与坚牢。费用十分经济，业主岂不更道好！"这些银行大楼简洁的形体带来了极高的使用效率。

同时，庄俊还承建过交通银行堆栈及办公处（1933 年），可见其与交通银行有密切的业务往来关系。但是，1933 年的南京分行为缪苏骏所建，而 1936 年徐州分行又是由庄俊设计。这其中的原因由于资料的缺失已不可查，只能做推测：从缪苏骏 1933 年被庄俊介绍加入中国建筑师学会来看，最起码在 1933 年，缪苏骏与庄俊有相互往来，也许正是庄俊推荐了缪苏骏作为南京分行的建筑师。无论如何，南京分行的建筑并不是凭空产生的，作为当时国家银行的中心办公楼，交通银行对这幢楼的建设应是相当重视的，能够信任缪苏骏工程司来承建，交通银行便认为他有实力来完成。南京市档案馆中保存的当年的施工图与结构计算书也确实证明了缪苏骏工程司的实力。而大楼的形式问题已经被之前的一系列交通银行大楼解决了，缪苏骏要做的，就是在之前的银行大楼的设计方案上进行发展。

3. 新亨营造厂

负责承建交通银行南京分行的工程队是新亨营造厂。新亨营造厂的创始人是叶庚年，浙江宁波人，1900 年出生，是宁波帮"叶氏家族"承前启后的关键人物。叶庚年 12 岁被父亲送至上海澄衷中学，后进入著名的教会学校圣芳济书院读书，成绩优秀。1920 年，叶庚年离开上海到香港，进入香港大学攻读土木工程专业，不过，由于香港大学学费十分昂贵，叶家的经济并不宽裕，为了不再增加家庭负担，在香港大学读了 2 年之后，叶庚年只得辍学返回上海。回到上海后，他利用数年的积蓄，加上岳丈的支持，先创办了一间五金店，之后又与亲戚合作，成立新亨营造厂，承接各类建造工程业务。

抗战全面爆发后，叶庚年与妻子于 1939 年乘船前往香港，创立香港新昌营造厂并自任董事长兼总经理。经过 3 年的经营，叶庚年不仅在香港站稳了脚跟，而且建立了良好的声誉。新昌营造厂不但在香港的英商和当地商家接受，连中国银行广州分行也前来签订工程合约。截至 1993 年底，长达半世纪的历史中，新昌营造厂完成的工程已超过 500 项。广州清华街和香港建华街等街道所有的楼宇，都是新昌营造厂建筑承建的。如今，新昌营造厂是香港五大建筑公司之一，实力可见一斑。

从现工商银行（当时的宁行）的建筑基础以及板梁柱施工质量来看，新亨营造厂在当时就具有了相当高的技术水平。

（四）宁行大楼的设计与建造

1. 历史图纸

由于资料缺失，目前能找到的完整图纸只有 1932 年 11 月 4 日的一份过程图。

方案中，建筑整体高 3 层，地下 1 层，主楼和附楼连成一体。东南角和西南角分别有一层高塔楼，其中西南角塔楼为楼梯间，东南角塔楼为储藏间。东北角也有"L"形塔楼，功能为楼梯间。屋顶正中的中庭采光天窗突出楼面。

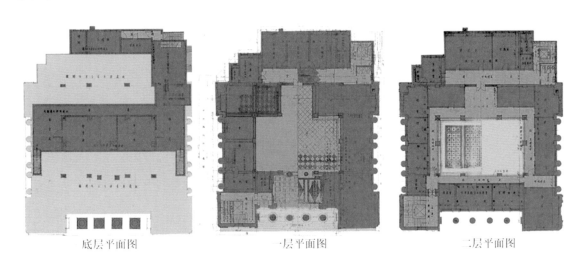

底层平面图　　　　　　　一层平面图　　　　　　　二层平面图

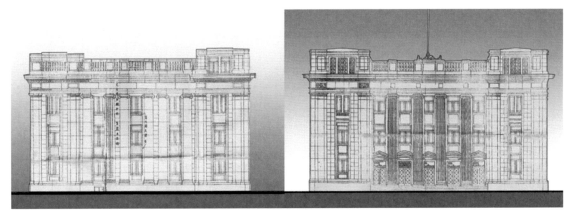

图 20-3-3 宁行历史图纸
图片来源：交通银行基建处

功能上，地下室分为南、北 2 块，并通过连廊连接，南部为银行库房，北部为锅炉房。从一层平面图可以看出主楼与附楼的分界线。主楼一层为营业大厅，附楼及主楼二、三层均为办公空间，所有房间均围绕中庭布置。这种采光方法在当时的建筑中非常常见。

外观上，宁行采用了西方古典主义的建筑手法。正立面有 4 根三层通高的爱奥尼柱，东、西两面则分别有 6 根。主楼有高达 2 米的宽厚檐部，顶部出挑 1 米多。这条檐部是建筑外观上结实的收边，并带来了舒展的视觉效果。檐部齿饰等装饰构件也遵照了西方古典的做法。塔楼在向外的 2 个面上有尖顶，塔楼之间用宝瓶栏杆连接，正南面的栏杆正中，做有其他交通银行建筑中都会看到的旗杆。

从图纸上看，该建筑采用内框架式结构。边柱与中庭框架柱之间存在对位关系，南面 4

根框架柱截面小于其他框架柱。该设计方案结构布置的特殊之处在剖面上，可以明显地看出，主楼的一、二层除了二层南部，均由钢混结构连接成了一个整体。而其他部分，包括三层以及辅楼，都是砖承重的混合结构。此外，从楼板的次梁平行中庭布置等地方也能看出该设计方案在结构布置上的不合理之处。中山东路一号并没有按照该设计方案建造。施工图显示，地下室并没有建造，而附楼部分则改为了纯钢筋混凝土结构的金库。边柱与内柱都有独立基础，因此该建筑应该是框架结构。可见当时建筑技术已经较为先进。

图 20-3-4 宁行大楼复原透视图
图片来源：东南大学周琦建筑工作室

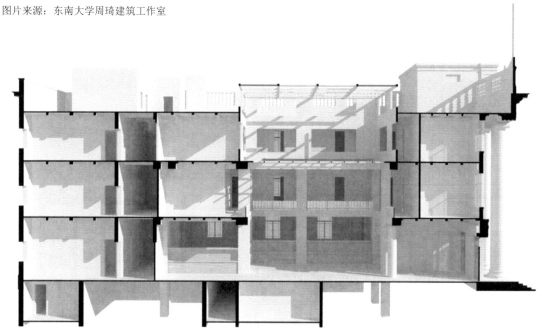

图 20-3-5 宁行大楼复原剖透视图
图片来源：东南大学周琦建筑工作室

2. 宁行大楼建成

宁行大楼于 1935 年建成，据《交通银行南京分行志》记载："（1935 年）7 月 1 日，交通银行南京支行由宁行改为京行，并移址新街口中山东路一号新大厦。"

这就是现在的中山东路一号。虽然经过改建，仍可以推测出建造完成时的原貌：主楼与附楼明确地分开了，没有地下室。附楼部分只有 1 层且作为金库使用。东北角的楼梯间仍旧保留，同时西北角新增塔楼。从照片上看，采光天窗应是平顶。

外观上，由于附楼降为 1 层，主楼北立面外露，因此该立面西部有与其他立面一样的开窗与装饰。屋顶栏杆及其宝瓶的高度与比例和设计图中的不同，南面正中应存在过旗杆（图 20-3-7）。其正立面上原设计有 5 扇门，实际中最东面的门被改为了窗。

图 20-3-6 京行时期的立面
图片来源：东南大学周琦建筑工作室

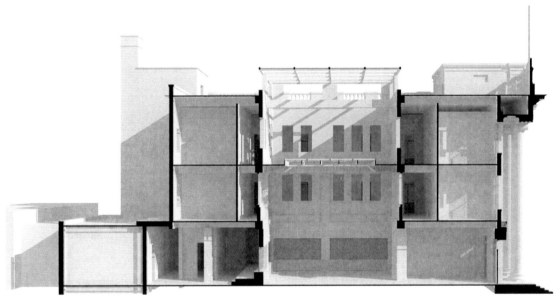

图 20-3-7 京行时期的复原剖透视图
图片来源：东南大学周琦建筑工作室

结构上，设计图与实际建筑的结构布置有很大的不同。设计图上次梁平行于中庭布置，实际建筑中是垂直中庭。设计图中的剖面图显示，支撑中庭的 10 根立柱在三层楼面处结束，三层都是墙承重的砖混结构，而非一、二层的框架结构，中庭柱也与外边柱对位。实际建筑中没有这样的对位关系，建筑整体都是框架结构。

另外，三层的层高被加高了，方法是在第三层原有的圈梁之上又布置了一层圈梁。从剖面的结构上看这应与厚重的檐部有关。

1933 年，缪苏骏又被委托设计了京行下房。从清照单上看，申报日期为 1933 年 7 月 6 日，建完复勘日期为 1935 年 7 月 24 日，基本与主楼同步。下房工程包括三层楼房 1 座，平房 4 间。这 4 间平房是指汽车房 1 大间、披房 3 间，另有广场走廊 1 道。该下房属于先建造后通报，建造时土地问题还没解决①。

南京市房产局档案馆的资料中有一份《土地所有权状》写道："南京市地政局据业主户交通银行声请为左列土地所有权登记。业经番查公告认为产权确定合行给予所有权状以凭执业。民国二十五年七月七日。局长周湘。"根据该土地所有权状的附图，结合房屋平面图，可以确定当时建造完成时的京行全貌（图 20-3-7）②。

造成实际建筑与之前方案不同的原因有很多。中国第二历史档案馆中保存的针对该建筑建成不久后开裂等问题的书信中写道："经实地查勘及与缪工程师会谈后认为，建筑本身有下沉情形。据缪工程师云因节省造价关系故将地板下之大料除去而代以地垄墙。"经济因素很可能是造成建筑方案变化的真正原因。

（五）京行建成后的城市分析

20 世纪 30 年代是新街口的形成发展起步阶段，与京行同时伴随中山东路的开拓而建成的第一批建筑还包括：东北角的浙江兴业银行（中山东路三号，1937 年）和西南角的邮政储金汇业局（1930 年代后期）、盐业银行（1936 年，庄俊设计），以及东南角的大陆银行（1930年代）、聚兴城银行南京分行（1934 年，李锦沛设计）。

除这些建筑外，新街口大片地区仍以传统民居与空地为主，从当时的地籍图和地图便可看出，说明当时该地区还在发展初期。1935 年，国民政府军事委员会为举办防空展览会，将一枚巨大的炸弹模型摆放在新街口，提醒市民警惕日军空袭③。

结合以上资料并结合其他资料，可以整理出当时新街口的城市状况。因为 1938 年沿中山路的主要大体量建筑都已经建造完成，其城市面貌基本定型，便以此为京行与新街口城市关系的参考年限，以下为该城市模型的详细分析。

东北角：除京行大楼与兴业银行大楼之外，其余均为传统民居。京行大楼西北侧后来成为交通银行营业部大楼的地块在此时仍旧是传统民居，并且此时的糖坊桥还是直通新街口，并没有出现转折。兴业银行往西的沿街部分，也都是传统民居。

图 20-3-8 京行建成后的新街口照片
图片来源：卢海鸣，杨新华．南京民国建筑 [M]．南京：南京大学出版社，2001.

图 20-3-9 京行建成后的城市关系
图片来源：东南大学周琦建筑工作室

---

① 南京市档案馆，《南京交通银行（二局中正街）》，案卷号 4476。

② 南京市房产局档案馆，房产登记卷，土地丘号 113565。

③ 卢海鸣，杨新华．南京民国建筑 [M]．南京：南京大学出版社，2001：224.

西北角：西北地块内的大片民居，最东面靠近新街口的是"汉中新村"，是以"流浪、逃荒"为基本人群的居民区。其中最靠新街口广场的是"三六九饭店"[①]，该饭店的高度已无从查找。

西南角：除盐业银行与邮政储金汇业局之外，其余的均为民居。此时丰富路依然存在，沿路两边分布有传统民居，其余为空地。

东南角：除大陆银行、聚兴城银行外，另有靠近新街口东南角的一座与两银行体量相当的建筑，从照片上看曾用作会馆。除此之外，沿中正路与中山东路分布有民居，其余为空地[②]。

从复原模型可以看出，此时新街口广场几乎被庄重风格的银行建筑包围，这些银行也都刻意修饰了建筑面向广场的一面。在这些庄重风格的建筑中，京行是唯一采用了仿罗马建筑形式的，其他的都是新古典主义的形式。

在当时民居大量存在的情况下，这些体量大的银行建筑以相对整齐的立面限定了城市的空间，围合出街道和广场。这种做法来源于当时的规划要求中中山大道两侧建筑一律紧贴街道边线建设。也正因为此，整个庄重风格的建筑群加上新街口广场形成了一个整体，在视觉和空间上成为了南京的地标。中山东路一号建筑便是这个整体的一部分。

京行大楼与周边的新大楼一起在小体量建筑中拔地而起，以压倒性的大体量向城市展示着西方的建筑文化，但这种新式的建筑与中国的历史以及中国普通民众的生活有一定距离。

二、20 世纪 40—60 年代

（一）汪伪国民政府中央储备银行

随着 1940 年汪伪政权的到来，中山东路一号经历了最重要的一次变更，加建了南部阁楼。这次变更没有留下任何历史资料，对其的研究只能从事件背景以及加建物两方面入手。

1940 年 3 月 30 日，汪伪国民政府成立，并着手开始筹建自己的"中央"银行。沿袭国民党的规定，汪伪国民政府将"中央"银行的名称定为"中央"储备银行，从华兴商业银行募得资本后，于 1941 年 1 月 6 日，正式成立了"中央"储备银行，总行行址设在中山东路一号。原本位于中山

图 20-3-10 "中央"储备银行与新街口

图片来源：张燕. 南京民国建筑艺术 [M]. 南京：江苏科学技术出版社，2000.

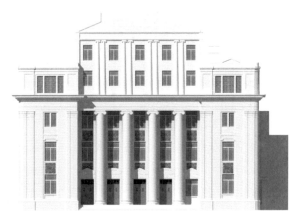

图 20-3-11 "中央"储备银行正立面

图片来源：东南大学周琦建筑工作室

---

① 参考自江苏省地方志，网址：http://www.jssdfz.gov.cn/webpage/zjwcinner.jsp?detailId=16041。

② 许念飞. 南京新街口街区形态发展变迁研究 [D]：南京：南京大学，2004.

东路一号的京行，已于 1937 年迁至汉口，1938 年又迁至重庆，后再迁昆明，并于 1939 年并入滇行。京行迁走期间中山东路一号曾被何人占有，没有相关资料。

"中央"储备银行开业后即开始发行中储券。随着战事推进，"中央"储备银行成为了日方支付军费的工具。日本投降后，"中央"储备银行一直营业到 1945 年 9 月 12 日。之后在国民党地下组织接管南京政权的行动中，国民政府军事委员会京沪行动总队南京指挥部进驻了中山东路一号，有史料记载："被逮捕的汉奸中，主要有伪中央常务委员梅思平……统统关押在'中央'储备银行大楼的地下室里。"中山东路一号由于特殊的身份与位置，见证了时局变迁。

建筑方面，中山东路一号作为"中央"储备银行大楼时经历了加建。最主要的是在屋顶南面敲掉了部分栏杆，加建了 1 栋二层小楼。该楼仍采用西方新古典建筑模式，正面嵌有 8 根爱奥尼柱的同时安装了歇山式屋顶。为配合该二层小楼，南部两塔楼上加建了女儿墙以方便上人，塔楼顶部成为了二层小楼的露台。在外形上，无论歇山顶还是爱奥尼柱都显得比例失调，应是时局混乱之下的仓促工程。结构上，歇山顶内部是桁架，而不是中国传统的屋架结构。室内在之后的修缮中经过了较大变更，现已无从推测当时室内的情况，因目前结构形式完整，推测应该未涉及结构的调整。

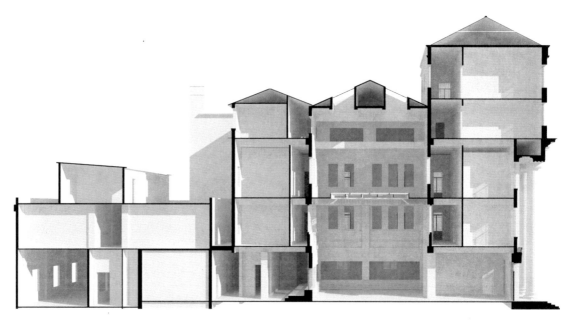

图 20-3-12 "中央"储备银行剖透视图
图片来源：东南大学周琦建筑工作室

（二）20 世纪 40 年代后的变迁

1945 年之后的变更情况，根据《交通银行南京分行志》和其他资料，整理如下：

《交通银行南京分行志》记载：

"（1945 年）11 月 1 日，京行在南京白下路宁行旧址复业。

"（1946 年）1 月，京行迁回南京新街口中山东路一号原址。"①

房产局档案馆记载：

① 江苏地区交通银行志编纂委员会.交通银行南京分行志[M].南京：江苏人民出版社，1997：216.

1951 年交行南京分行补办了中山东路一号的所有权证，此时该建筑仍为交通银行所有。

1951 年，交行南京分行与中国人民银行南京分行进行了中山东路一号的"价拨"。中山东路一号在 1949 年就已经被中国人民银行南京分行使用，《中山东路一号房屋使用情况动态登记》中明确写道："1949 年 5 月，人民银行南京分行合储部。警备部 304 团 2 营住一部分于 1950 年 4 月。1950 年 4 月起，一号全部由合储部使用。"交通银行于 1951 年 9 月将中山东路一号价拨人民银行所有。1953 年，人民银行登记了中山东路一号的产权，户名改为"中国人民银行南京市支行"。

1956 年，人民银行在建筑北面糖坊桥内征地建库，面积"一四零平方公尺"。

（三）20 世纪 60 年代的新街口城市分析

此时新街口城市面貌不断更新，中山东路的断面比例发生改变，围合感得到加强。

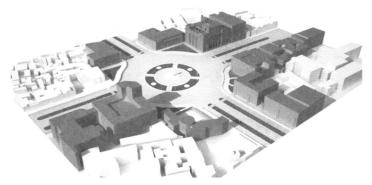

图 20-3-13 1963 年的新街口广场
图片来源：东南大学周琦建筑工作室，朱力元绘

新街口广场也发生了改变。中心塑像在"文革"期间被迁走，圆环形花坛中多出 4 个雕塑，原本该位置上的路灯改为雕塑，两边各 1 个。

另外，人行围栏的设置对新街口交通产生了较大影响。该工程在 1955 年完成，内容包括在人行道内侧加建护栏。1956 年又修建了外侧的护栏以及广场四角的绿化[①]。这次工程的目的，是要改善新街口长期以来行人占据车行道带来的交通拥挤问题。

广场周边城市肌理也发生了较大改变。在东北地块的糖坊桥，中山东路一号的西北角新增了 2 层高的建筑（后为《南京日报》大楼）。西南和东南地块，沿街建筑增多，地块内部也被大量新建建筑填满（厂房、民居和加建）。大陆银行南面兴建起了 3 层高的大楼（完成于 1948 年）和弧形的新式厕所。西北角仍是汉中新村民居。

中山东路一号此时与新街口共同经历了改建，外形上发生了明显变化，时代的特征也得到了表达。与周边无太大外形变化的建筑相比，两者的变化显得相辅相成。

到了改革开放前，城市发展缓慢，中山东路一号依然是新街口的主角，已经被视为广场的一部分。此时中山东路一号已成为老百姓也能进入的公共银行，倒卖外汇的票贩子开始出现并在周围活动。而中山东路一号仍旧能让人从中感受到之前的历史。

新街口在 20 世纪 20 年代末，还是一片未开发的区域。国民政府的《首都计划》中 1929 年制的《南京城内人口密度图》明确地显示了新街口地块是一块"城市空洞"，水塘遍布，房屋稀少，人口密度明显小于其南、北的其他地区。

---

① 南京市城市建设档案馆，档案号 E1202050540：《新街口广场道路工程图纸》。

三、21 世纪初

（一）中山东路一号的变迁

根据房产局档案馆的记载，20 世纪 60 年代后，中山东路一号的建设活动主要有：

1980 年，人民银行南京支行盖简易房一层，面积为 75 平方米。

1981 年，人民银行南京支行盖简易房一层，面积为 57.4 平方米。

1985 年，工商银行进驻中山东路一号，并下达了当年的基本建设投资计划，即"拆除院内二层危房 392 平方米，改建电子计算机房 733 平方米"。

至 1990 年，南京市公有房屋所有权证存根上，工行面积总计 4187.6 平方米。此时的平面图上，仍旧没有后部西侧的二层小楼。因此，该二层小楼应为 1990 年之后所建。

这些建设活动主要都是后部的配房建设以及加建，有记载的针对主楼的建设活动只有 2001 年进行的立面翻新工程。此时的中山东路一号进入了稳定期。

（二）城市的变迁

对中山东路一号与新街口的城市关系影响较大的下一个关键点是 1996 年前后时代广场（现德基广场）的建成。因有完整的 2000 年航片图，且 2000 年比 1996 年的更能体现该阶段的特征 ①，便以 2000 年航片为参考来分析此时工行大楼与新街口的关系。

东北角：时代广场基址原为大片传统民居，其占地 12 300 平方米的体量大大改变了糖坊桥的肌理，使其路口向北移了 90 米，形成了现在的估衣廊路。《南京日报》大楼在此时也经过了改建，从 2 层加盖到了 7 层。

西北角：1983 年建成的金陵饭店，总建筑面积 6.6 万平方米，主楼 37 层，高 111.4 米。建成时，其高度一度使其成为南京的标志性建筑。1997 年，金陵饭店开始兴建综合楼，平面形式与原主楼一样，共 15 层高 61.1 米，与原主楼一起形成了双塔楼。金陵饭店一方面给新街口带来了高度上的变化，另一方面则是率先带来了彻底的肌理上的变化，用大体量代替小体量，用退界和斜向布局代替了原有紧贴道路的建设模式。

西南角：民国时期的盐业银行与邮政储金汇业局大楼在 1996 年被拆除，取而代之的是 1996 年由南京富城房地产开发公司建设的南京国际金融中心。在 2000 年只完成了 7 层 34.74 米高，面积 91 940 平方米的裙楼。原定的主楼建造计划由于投资方停止投资导致被"截断"。

东南角：聚兴城银行在 1984 年被改为南京市对外经济贸易局，1997 年，此处和沿中山东路的周边建筑被拆除，兴建 32 层高 120.5 米的南京国际贸易中心。主楼以商业办公为主，裙楼是大型商场。民国时期的大陆银行与沿中山南路的周边建筑在 1994 年被拆除，兴建新街口百货商店二期。1997 年，6 层的裙楼和 55 层主楼的最下部 10 层完成后，工程停工，完成部分高 36 米。

广场方面：20 世纪 90 年代末期由于地铁施工，孙中山铜像被移走。1995 年前后，中山大道各路段内分隔快慢车道的绿化带，连同 20 世纪 30 年代种植的法国梧桐被移除，以增加道路面积从而缓解交通压力。中山路口、中山东路口、汉中路口 3 座天桥的建设则是为了解决人行交通问题。

---

① 民国时期的盐业银行与邮政储金汇业局等一批建筑均在 20 世纪 90 年代末期被拆除，原址盖起了现在的南京国际金融中心等大型建筑。

可见，新街口此时处于大变革的中期。原计划中的大体量建筑由于各种原因只完成了裙房部分，留给新街口一个"未完成"的城市面貌。繁忙的天桥说明此时新街口地区的交通设施发展慢于人流量的增长，这个过渡式的产品将被建设地铁带来的人行地下通道所代替。

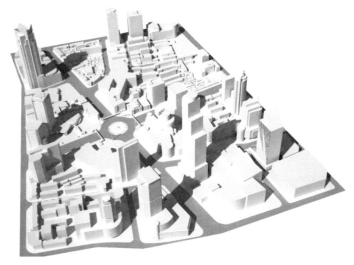

图 20-3-14 2000 年新街口地区鸟瞰模型

图片来源：东南大学周琦建筑工作室

在周围开始大量拆旧建新的背景下，作为工商银行贵金属旗舰店和财富管理中心（工行南京中山支行）大楼的中山东路一号，与周边的中国人民银行办公楼、浙江兴业银行大楼一起，仍使历史风貌面对着新街口广场。随着近代建筑的拆除殆尽，大楼作为仅存的"地标"的意义也开始显现了。

四、2007 年及以后

中山东路一号改造工程开始于 2007 年 1 月。当时新街口中心的大转盘已于 2003 年地铁施工完成之时取消，建设横亘新街口的天桥也于 2005 年被拆除。同时，由于地铁的建设，新街口的道路再次成为工地。建筑方面，"时代广场"于 2003 年被德基集团有限公司接手，改造成德基广场后于 2006 年正式营业。中山东路一号西北角的《南京日报》大楼被拆除，拆除后德基广场与工行后部的小楼都面向空地敞开了，德基广场因此进行了立面改造，而工行后面的小楼只能用巨大的广告牌遮挡起来。拆除《南京日报》大楼后留下的空地则被改造成了广场。

此外，东南面的南京新百二期主楼在停工 10 年后，于 2007 年 6 月 1 日重新开始建设 249 米高的"新街口第一高楼"，设计者为法国荷菲德建筑设计公司[1]。这座大楼于 2008 年 7 月 26 日封顶。西南角的南京国际金融中心于 2005 年 1 月 6 日开始重新建设其主楼，由美国 HOK 建筑师事务所设计，于 2005 年 9 月 22 日封顶。南京国际金融中心高 220 米，最终于 2009 年 5 月 13 日落成开幕。

这意味着新街口四角以及道路、广场进行了第二次的大规模建设，此番建设之后，中山东路一号大楼与新街口的差异就很明显了：拔地而起的高楼在高度、体量和技术上将中山东路一号甩在了后面，当代建筑玻璃与钢组成的外表与民国建筑的外立面形成了强烈对比，甚至在文化层面上，象征着进步与未来的高楼大厦也在挑战着具有历史地位的中山东路一号。一直停滞在二十世纪四五十年代的中山东路一号此时成为了新街口地区的"落后分子"。

① 蒋维祥. 新百主楼明封顶成南京新地标 [N]. 南京日报, 2008-07-25.

城市前进的脚步一直没有停止。在过去的十年中，东北角的德基二期工程已经完工，其主楼高339米，于2011年封顶，设计单位为南京市建筑设计研究院。西北角金陵饭店三期工程也已完工，设计单位是香港巴马丹拿公司，其主楼高达238米[1]。可见，超高层塔楼从各个方向牢牢占据了新街口。工商银行贵金属旗舰店和财富管理中心（南京中山支行）需要与时俱进，而不是成为城市的负面因子。

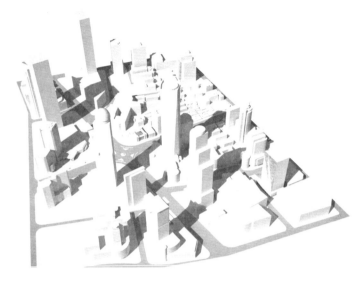

图 20-3-15 2010 年新街口展望模型
图片来源：东南大学周琦建筑工作室

五、现状照片

　　图 20-3-16 ～ 图 20-3-26 为中山东路一号现状照片。

图 20-3-16 中山东路一号室内透视（一）
图片来源：赖自力摄

图 20-3-17 中山东路一号室内透视（二）
图片来源：赖自力摄

---

① 郑春平. 两个金陵饭店空中"握手"[N]. 现代快报，2008-10-31.

图 20-3-18 中山东路一号南立面

图片来源：赖自力摄

图 20-3-19 中山东路一号西
南透视

图片来源：赖自力摄

图 20-3-20 中山东路一号室
外透视

图片来源：赖自力摄

图 20-3-21 中山东路一号立面细部（一）

图片来源：赖自力摄

图 20-3-22 中山东路一号立面细部（二）

图片来源：赖自力摄

图 20-3-23 中山东路一号立面细部（三）

图片来源：赖自力摄

图 20-3-24 中山东路一号走廊透视

图片来源：赖自力摄

图 20-3-25 中山东路一号楼梯透视

图片来源：赖自力摄

图 20-3-26 中山东路一号大厅透视

图片来源：赖自力摄

图 20-4-1 海军医院南楼外廊
图片来源：东南大学周琦建筑工作室，韩艺宽摄

第四节　海军医院

一、概述

（一）基本情况

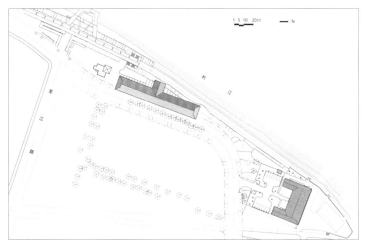

图 20-4-2 海军医院总平面图（左）、城市区位图（右）

图片来源：东南大学周琦建筑工作室

　　海军医院（民国海军医院旧址）位于原下关区江边路 30 号，下关滨江历史风貌区中部。共有主体建筑 2 栋，分别是位于南侧占地面积约 1 363 平方米的长条形建筑（南楼）和位于北端占地面积约 806 平方米的"凹"字型建筑（北楼），以及北端建筑的配套门房一对。上述建筑均建造于民国时期，为当时海军的医疗机构，是当代南京乃至全国现存为数不多的近代医疗卫生建筑中极具价值的一处。

　　海军医院的历史沿革缺乏记录。2014 年之前，2 处建筑均有多处私自搭建，多户人家在此居住，周边环境较混乱。随着相关部门对下关滨江民国文化遗产保护与利用的推进，该区域经历了大规模的拆迁、清理，民国海军医院因其历史价值和优越的位置迎来了新生，带动了区域环境的复兴。目前民国海军医院旧址南楼用作游客中心，北楼用作某地产公司售楼处。

图 20-4-3 海军医院北楼（左）、南楼（右）2014 年状况

图片来源：东南大学周琦建筑工作室，韩艺宽摄

本节作者为韩艺宽、陈劲、王真真。

（二）建筑特点

形式上，该建筑是典型的殖民地外廊式，南楼是单侧外廊，北楼则是环三合院的外廊。结构上是带有西方特点的砖木混合结构，其近 13 米跨度的大型木桁架体系是近代南京为数不多的大跨建筑案例，这也保证了这组建筑可有多种使用功能，极具空间灵活性。精美的木雕、石雕和混凝土水泥雕刻工艺也彰显着其建筑艺术价值。

南京下关作为中国近代历史中重要"舞台"之一，原本拥有众多历史建筑遗存。现代化进程加速了城市的新旧更迭，带来繁荣的同时也湮没了历史的痕迹，在此情况下，海军医院建筑组群尤显珍贵。同时该建筑群西侧毗邻长江，北侧可望南京长江大桥，东侧和阅江楼风景区形成对景，南端的下关滨江大道从其旁顺势而过。在新一轮的城市发展中，重获新生的它将和江边的现代化规划相得益彰，在自然、历史以及人工环境的融合中，为城市营造出深厚的文化底蕴。

图 20-4-4 海军医院南楼立面（上）、南楼（中）、北楼三合院（下）

图片来源：东南大学周琦建筑工作室，韩艺宽摄

图 20-4-5 海军医院北楼外景
图片来源：东南大学周琦建筑工作室，韩艺宽摄

图 20-4-6 海军医院北楼木屋架
图片来源：东南大学周琦建筑工作
室，韩艺宽摄

图 20-4-7 海军医院南楼木桁架
图片来源：东南大学周琦建筑工作
室，韩艺宽摄

二、建筑图纸

图 20-4-8~图 20-4-19 为海军医院建筑图纸，此图纸由东南大学周琦建筑工作室提供。

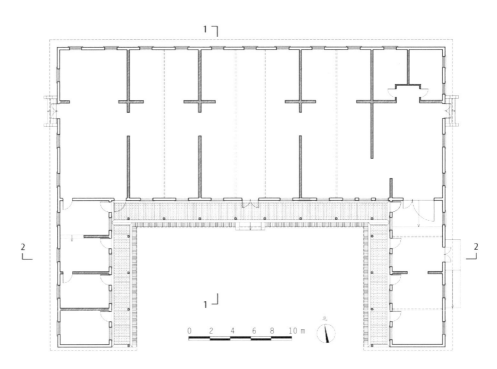

图 20-4-8 海军医院北楼一层平面图

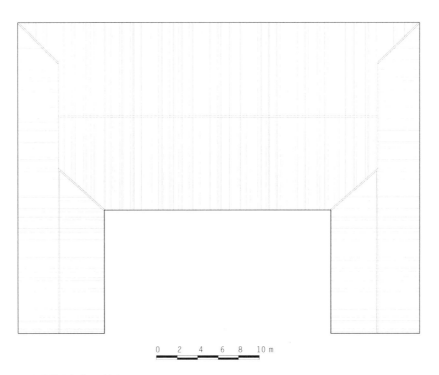

图 20-4-9 海军医院北楼屋顶平面图

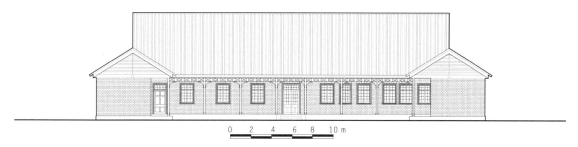

图 20-4-10 海军医院北楼南立面图

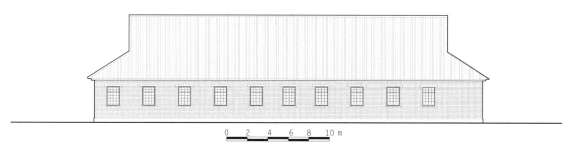

图 20-4-11 海军医院北楼北立面图

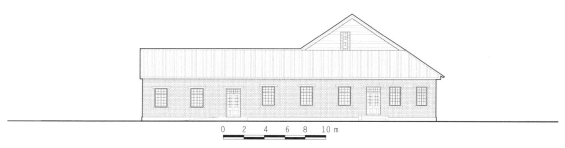

图 20-4-12 海军医院北楼东立面图

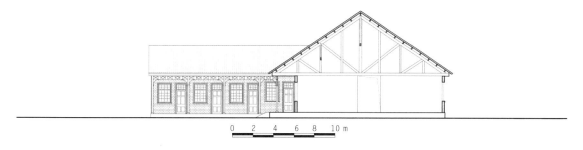

图 20-4-13 海军医院北楼 1-1 剖面图

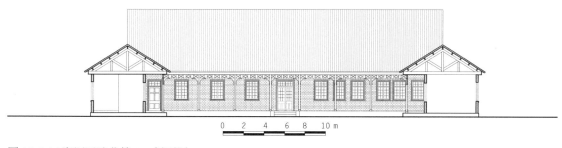

图 20-4-14 海军医院北楼 2-2 剖面图

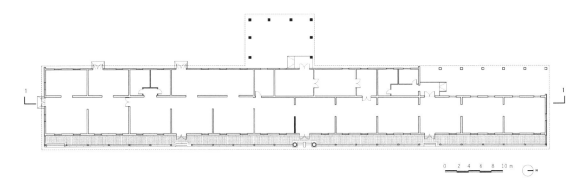

图 20-4-15 海军医院南楼一层平面图

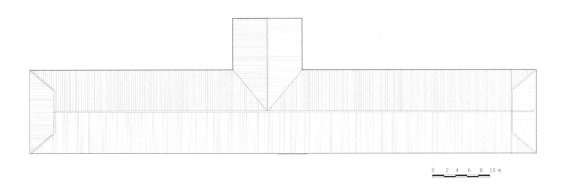

图 20-4-16 海军医院南楼屋顶平面图

图 20-4-17 海军医院南楼东立面

图 20-4-18 海军医院南楼西立面

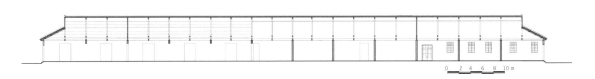

图 20-4-19 海军医院南楼 1-1 剖面图

图 20-5-1 青石街民国建筑南立面局部

图片来源：东南大学周琦建筑工作室，马佳志摄

第五节 青石街

一、概述

（一）基本情况

青石街 20、22、26 号民国建筑位于南京市玄武区新街口街道（图 20-5-2），属于民国时期的住宅建筑，建于 20 世纪 30 年代。

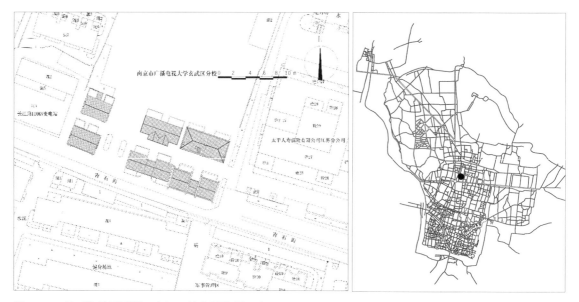

图 20-5-2 青石街总平面图（左）、城市区位图（右）

图片来源：东南大学周琦建筑工作室

20 世纪 30 年代开始，随着城市建设的发展，一些官员、商贾开始在青石街兴建公馆。其中青石街 20 号建筑镶刻石质"青村"匾额，落款"李锡五，明国二十三年"（图 20-5-3）。原主人是李锡五的同僚陈湛恩和程叔彪。陈湛恩曾任国民政府内政部水利科科长，好友兼同学程叔彪任国民政府铁道部秘书长，1934 年，两人购地建造了这座 400 多平方米的两层公馆，东边属程叔彪，西边属陈湛恩。该栋建筑由著名桥梁专家茅以升监督建造。青石街 22 号建筑镶刻石质"海山村"匾额，无落款（图 20-5-3）。

青石街建筑均为二层砖混结构，内部为木质楼梯，上置木屋架。当时还没有国产的水泥，建造房屋的水泥都是由美国运来。青石街民国建筑群见证了 20 世纪 30 年代南京新街口地区的繁华盛景，以及民国时期随着城市建设的发展，在该地段形成的商业界面。

本节作者为李莹韩。

图 20-5-3 "青村" "海山村" 匾额

图片来源：东南大学周琦建筑工作室，李莹韩摄

（二）建筑特点

青石街 20、22、26 号民国建筑采用的是以砖墙为竖向承重结构、以木屋架为屋面结构、以木梁及木楼板为横向结构、最后传力至条形基础的结构体系。20 世纪初，这种自欧美传入我国的砖木结构技术得到了快速的发展和广泛的应用。目前南京现存近千栋民国时期住宅建筑，其中绝大部分是砖木小住宅体系的建筑。（图 20-5-4）

该体系主要以砖材和木材作为建筑材料。砖为黏土砖，其形制一般仿制欧美体系之尺寸与材质，用中国本地的黏土烧制而成，分为红砖和青砖。木材以中国本地杉木为主，杂木为辅，同时也有部分使用了北美花旗松。木材一般用于木楼板及屋面体系。屋架为木屋架，屋顶以两坡与四坡屋顶为主，用钢铁和木头进行连接。

在砖木小住宅体系的建筑中，这些结构构件的做法特征鲜明。地基基础普遍采用的是砖砌条形基础，并且采用了大放脚的形式。砌体主要为砖砌体，分为青色与红色两种。楼板分为木楼板与钢筋混凝土楼板两种。其中，大部分楼板为木楼板，钢筋混凝土楼板仅仅用于阳台、露台部分。屋架采用的是木质屋架，局部节点有铁构件对屋架进行了加固处理。

图 20-5-4 青石街 20 号南楼

图片来源：东南大学周琦建筑工作室，李莹韩摄

二、建筑图纸

图 20-5-5~图 20-5-10 为对青石街 20、22、26 号民国建筑于 2018 年进行修缮设计时的部分图纸，由东南大学周琦建筑工作室提供。

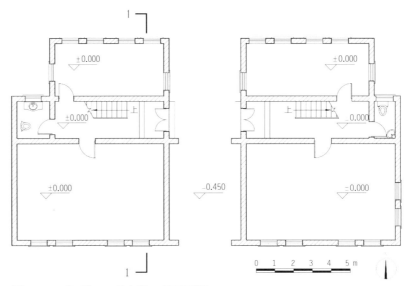

图 20-5-5　青石街 20 号南楼一层平面图

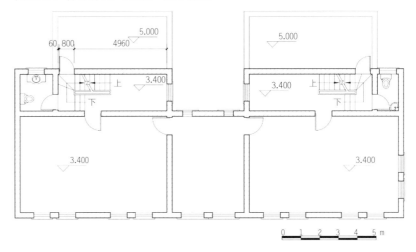

图 20-5-6　青石街 20 号南楼二层平面图

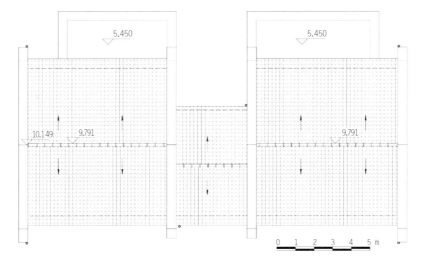

图 20-5-7　青石街 20 号南楼屋顶平面图

图 20-5-8 青石街 20 号南楼南立面图

图 20-5-9 青石街 20 号南楼北立面图

图 20-5-10 青石街 20 号南楼东立面图（左）、1-1 剖面图（右）

图 20-6-1 西白菜园近代建筑风貌区整体模型展示图

图片来源：东南大学周琦建筑工作室

图 20-6-2 西白菜园近代建筑风貌区概况

图片来源：东南大学周琦建筑工作室

第六节　西白菜园近代建筑风貌区

一、概述

（一）基本情况

西白菜园近代建筑风貌区紧邻南京市秦淮区政府，位于太平南路商业街北段。风貌区范围北至原白下区人民政府[①]，南至文昌巷幼儿园，西至宝庆大厦，东至西白菜园路，用地面积约 0.82 公顷。二十世纪二三十年代，它"藏"在老字号林立的太平南路背后，民国时期最高法院院长李芾棠、北伐名将谭道源等历史名人曾在此居住，曾是老白下的"颐和路"。

该近代建筑风貌区是南京划定的 22 片历史风貌区之一，同天目路、复成新村、慧园里、宁中里、江南水泥厂、百子亭等 6 片历史风貌区一样，已公布为南京市重要近现代建筑风貌区。

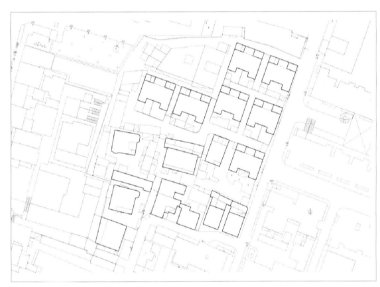

图 20-6-3 西白菜园近代建筑风貌区总平面图（左）、城市区位图（右）

图片来源：东南大学周琦建筑工作室

（二）历史沿革

南朝至清末，本街区一直位于城市中心地区，但没有具体文献和地图资料记载。

文昌巷、科巷、利济巷—红花地所组成的基本格局自明代就已基本定型，并延续至今。

清末，东侧吉祥街（今太平南路）为主要商业街，区内为原江宁织造府的红花种植区，无建设。

1910 年的地图上，区内仍无建设，因江宁织造府久废而荒为菜园，故有"白菜园"一名。

1927 年的地图上，街区北部的传统民居部分已经形成，可能是受人口增长及京市铁路的影响。

1933 年的地图上，区内南部开始出现零星建筑，推测为 1930 年、1931 年建的曹鑫标、

本节作者为李宣范、李莹韩。

① 2013 年 2 月 20 日，撤销白下区、秦淮区，以原两区所辖区域设立新的秦淮区。

彭新民住宅。

片区内所有建筑解放后经社会主义改造，用作省机关、市供电局、房产局宿舍。

1990年代初期，周边地块陆续拆迁，但本街区内因省级机关居民反对，以及街区内建筑具有一定的近代历史价值，得以保存。

1993年，在南京市政府"九路二桥拓宽市政工程"中，本地块"以路补地"，划拨给白下区城镇建设综合开发总公司第四开发公司（后文简称"白下区开发四公司"）。

2005年，白下区开发四公司改制，本地块过户给江苏联威公司。

2007年后，白下区政府开始规划打造太平南路黄金珠宝特色商业街区，本地块因临近著名的宝庆银楼，而被视为组成部分之一。

2008年1月，本地块被南京市政府公布为第五批近现代建筑风貌区，从此成为法定保护对象。

图 20-6-4 西白菜园街景图
图片来源：东南大学周琦建筑工作室，李莹韩摄

（三）建筑风格

西白菜园近代建筑风貌区内，集中保存了近代时期官商自建独栋西式住宅、小型私人房地产开发的近代联体住宅以及近代传统中式民居3种类型的建筑。风貌区内共有历史建筑16处，其中8处为近代私人房地产公司开发的近代联体住宅，6处为近代官商自建的西式独立住宅，1处为抗战时期的日式建筑，1处为近代传统中式住宅。区内总体风貌保存情况较好。

西白菜园近代建筑风貌区内的建筑为西洋砖木体系和南京本土的建筑材料结构工艺相结合，为混合结构体系。这种结构体系在南京早年出现较多，但现存案例很少，在建筑技术上，它是中西文化交流并走向现代的见证。

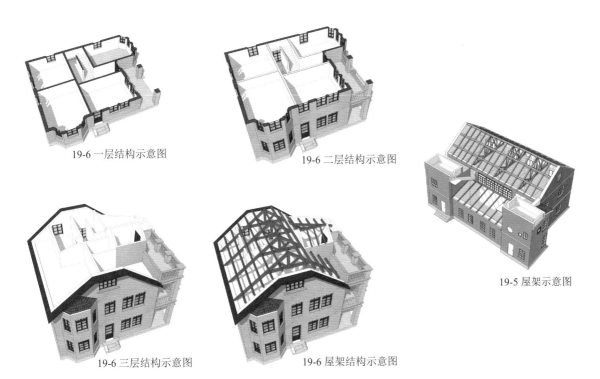

19-6 一层结构示意图   19-6 二层结构示意图

19-5 屋架示意图

19-6 三层结构示意图   19-6 屋架结构示意图

图 20-6-5 西白菜园 19-5、19-6 建筑结构示意图
图片来源：东南大学周琦建筑工作室

二、建筑图纸

图 20-6-6~ 图 20-6-12 为西白菜园近代建筑风貌区 2018 年修缮设计时的图纸，由东南大学周琦建筑工作室提供。建筑数量较多，选取其中较典型的 19-5 区域中的 1~5 号建筑为例展示图纸。

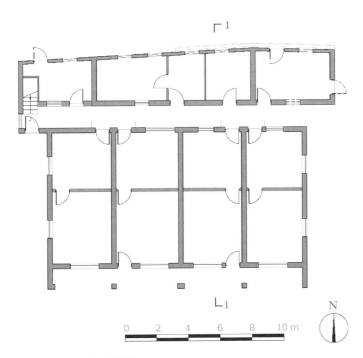

0 2 4 6 8 10 m

N

图 20-6-6 19-5 区域中的 1~5 号建筑一层平面图

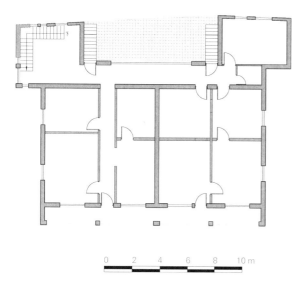

图 20-6-7 19-5 区域中的 1~5 号建筑二层平面图

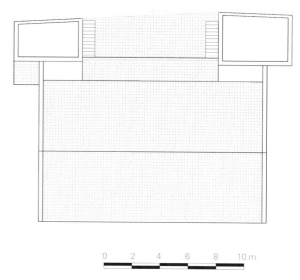

图 20-6-8 19-5 区域中的 1~5 号建筑屋顶平面图

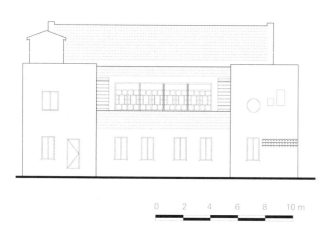

图 20-6-9 19-5 区域中的 1~5 号建筑北立面图

图 20-6-10 19-5 区域中的 1~5 号建筑南立面图

图 20-6-11 19-5 区域中的 1~5 号建筑西立面图

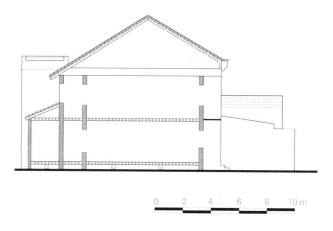

图 20-6-12 19-5 区域中的 1~5 号建筑 1-1 剖面图

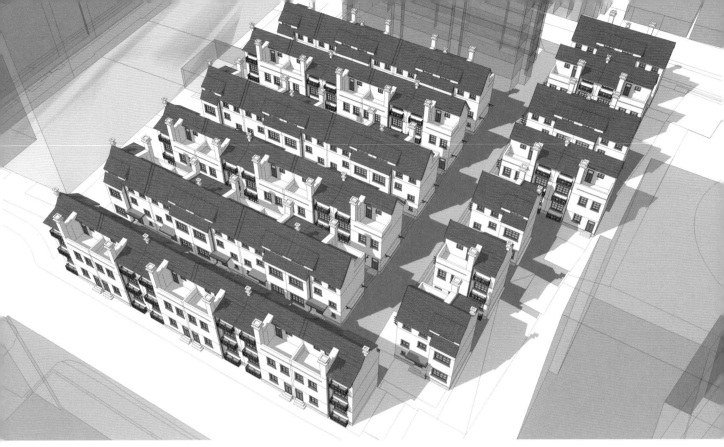

图 20-7-1 宁中里民国时期建筑风貌区
整体模型展示
图片来源：东南大学周琦建筑工作室

图 20-7-2 宁中里民国时期建筑风貌区鸟瞰图
图片来源：东南大学周琦建筑工作室，李莹韩摄

图 20-7-3 宁中里民国时期建筑风貌区单体模型展示
图片来源：东南大学周琦建筑工作室

第七节　宁中里民国时期建筑风貌区

一、概述

（一）基本情况

宁中里民国时期建筑风貌区地处南京老城中心地区，位于白下路以北、中山南路和洪武路之间，北至九条巷，南至厅后街，西至南京市第三高级中学，东至苏发大厦。总用地面积0.52公顷，现状以居住功能为主。（图20-7-4）

宁中里历史风貌区建成于1937年，为南京22片历史风貌区之一，属于秦淮区第五批重要近现代建筑风貌区。南京市第三次全国文物普查公布了宁中里13栋民国建筑为秦淮区区级不可移动文物。在此之前，宁中里东南角的2栋建筑遭拆除，并新建1栋多层住宅楼，其余建筑基本保持原貌。由于住户的增加，建筑存在多处违章搭建。

宁中里建筑风貌区是南京民国居住区的典型代表之一，风貌区整体布局和单体建筑具有重要的历史价值、使用价值、艺术价值、景观价值和旅游价值。

图 20-7-4 宁中里民国时期建筑风貌区总平面图（左）、城市区位图（右）
图片来源：东南大学周琦建筑工作室

（二）历史沿革

国民政府制定了《首都计划》参与和引导当时南京的住宅新建及棚户区改造，1930—1936年南京房地产业的住宅建设进入短暂繁荣期，宁中里历史风貌区里的建筑就是当时企事业单位住宅的典型代表。

本节作者为李宣范、李莹韩。

宁中里民国时期建筑风貌区始建于 1935 年，是中国银行南京分行的职工宿舍^①。

"宁"即南京，"中"表示中国银行。抗日战争期间，宁中里在日军空袭时被炸毁部分，后日军修复用作野战医院。抗日战争之后，宁中里恢复了它作为银行职员宿舍的功能，解放后依然作为银行宿舍使用。

图 20-7-5 宁中里 1 号建筑 2018 年状况

图片来源：东南大学周琦建筑工作室，李莹韩摄

1976 年唐山大地震发生后，国内开始重视建筑物的抗震性能，1978 年出现了最早的建筑物抗震设计规范，全国开始对建筑物进行加固。在这一时期，宁中里建筑的南北向外墙之间增加了钢筋拉结，外墙面铺设了钢筋网并在表面粉刷水泥砂浆，以增强建筑物的整体抗震性能。建筑外立面由原来的清水砖墙变为水泥砂浆饰面，建筑风貌发生了巨大改变。

（三）建筑特点

宁中里民国建筑风貌区内的建筑建于 20 世纪 30 年代，建筑风格为当时流行的西洋风格联排小别墅，保存状况尚可。这组建筑采用西洋建筑的构图方式，又使用中国传统砖木作为结构材料，并采用不等坡屋顶，其建筑风格朴实、端庄，具备西方古典田园式住宅的特征。房子间的巷弄道路宽度相同，建筑排列整齐划一，体现出平等的秩序感。住宅区保存至今，大部分文物建筑现状基本完好，结构主体未遭破坏，建筑格局也未有较大改变。这组建筑保存了真实的历史环境和生活场景，给文物建筑的价值保存和继续使用提供了有利条件。

总体上说，宁中里近代建筑群是近代中国较早出现的西化特征明显的居住建筑，在布局、结构、立面构图、装饰和细节处理上都采用了西式做法，但同时，又因为材质选用的特殊性呈现出独特的个性，是研究西洋建筑在中国传播的重要案例。

---

① 民国中央银行和中国银行是当时的两大国有银行，分别发行纸币。

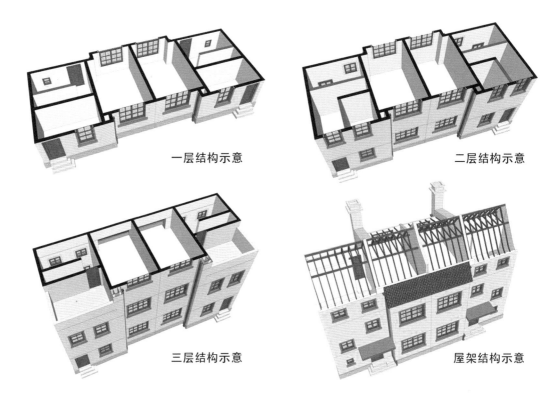

一层结构示意　　　　　　　二层结构示意

三层结构示意　　　　　　　屋架结构示意

图 20-7-6 宁中里 1 号建筑结构示意图
图片来源：东南大学周琦建筑工作室

二、建筑图纸（以宁中里 1 号建筑为例）

图 20-7-7~ 图 20-7-14 为宁中里 1 号建筑图纸，由东南大学周琦建筑工作室提供。

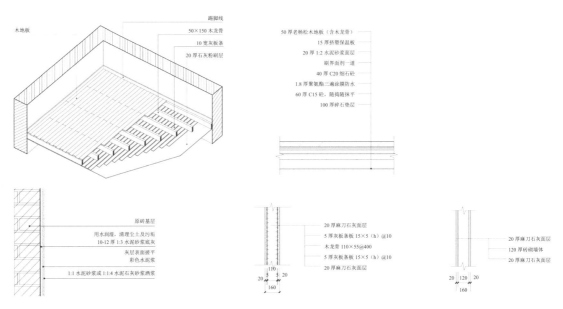

图 20-7-7 宁中里 1 号建筑木地面做法详图（上）、外墙构造大样图（下左）、灰板条木隔墙大样图（下中）、砖砌内墙大样图（下右）

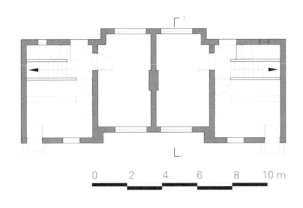

图 20-7-8 宁中里 1 号建筑一层平面图

图 20-7-9 宁中里 1 号建筑南立面图

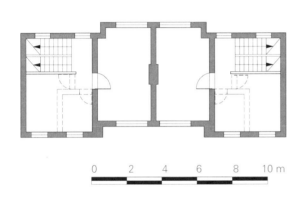

图 20-7-10 宁中里 1 号建筑二层平面图

图 20-7-11 宁中里 1 号建筑北立面图

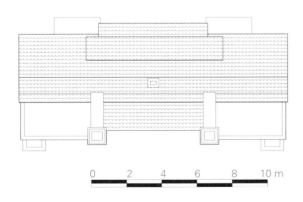

图 20-7-12 宁中里 1 号建筑屋顶平面图

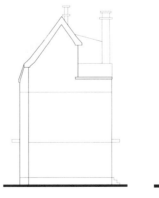

图 20-7-13 宁中里 1 号
建筑西立面图

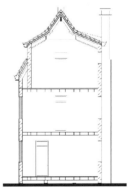

图 20-7-14 宁中里 1 号建筑
1-1 剖面图

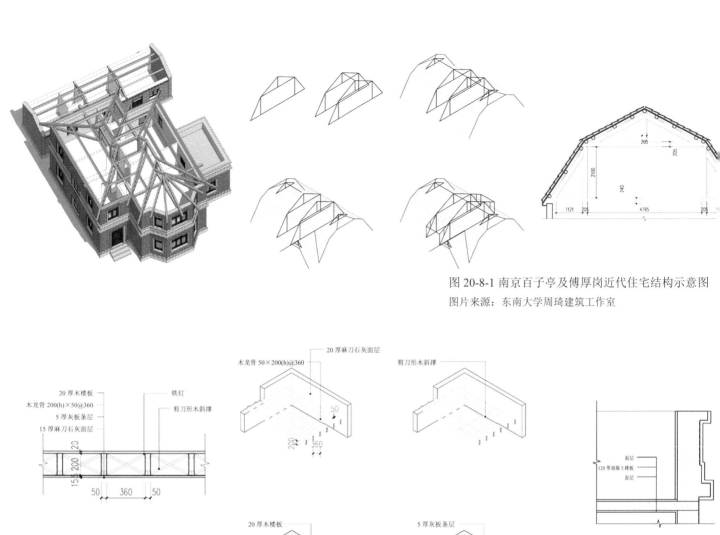

图 20-8-1 南京百子亭及傅厚岗近代住宅结构示意图
图片来源：东南大学周琦建筑工作室

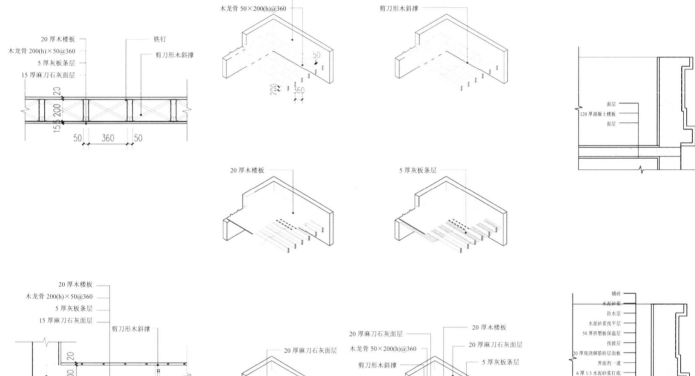

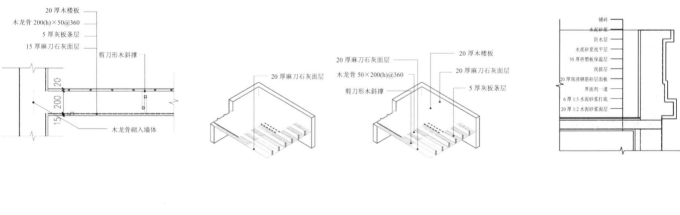

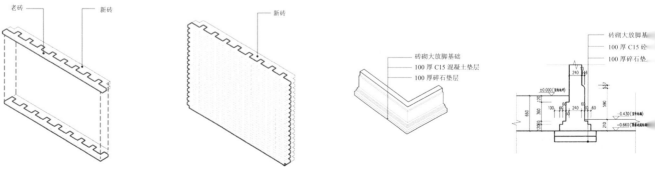

第八节　南京百子亭及傅厚岗近代住宅区

一、概述

（一）基本情况

南京百子亭及傅厚岗近代住宅区位于中央路东侧，地铁 1 号线玄武门站的东南，距离地铁玄武门站约 300 米；住宅区北距玄武湖主入口约 500 米，东距明城墙约 350 米；周边有鼓楼公园、北极阁、鸡鸣寺等著名景点。

这组建筑是民国南京居住区的典型代表之一，其平面布局自由，是现存民国住宅区中历史风貌保存较完整的地区（图 20-8-1~ 图 20-8-4）。风貌区中曾居住的重要人物如徐悲鸿、傅抱石、桂永清、段锡朋、杨公达、王仲廉等在中国近代史上有着举足轻重的地位。

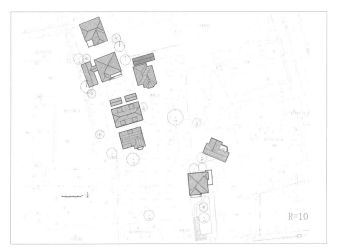

图 20-8-2 南京百子亭及傅厚岗近代住宅区总平面图（左）、城市区位图（右）

图片来源：东南大学周琦建筑工作室

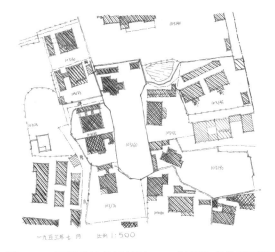

图 20-8-3 百子亭建筑风貌区 1953 年房地产总平面图

图片来源：南京市房产局档案馆藏《南京市房地产登记卷》

图 20-8-4 百子亭建筑 2018 年状况

图片来源：东南大学周琦建筑工作室，李莹韩摄

本节作者为李宣范、李莹韩。

（二）历史沿革

南京百子亭及傅厚岗近代住宅区由西侧中央路、南边傅厚岗和东侧百子亭围合而成，该住宅区最早的历史可以追溯至明代，主要的建设活动则从国民政府定都南京后开始。作为南京城内的交通干道，中央路最初叫作"子午路"（因为它与本初子午线平行），开辟于1930年代，是当时《首都计划》中的一部分。傅厚岗在明代曾叫"府后岗"，因其地势高旷，且为明代府军后卫驻扎之地，故得此名；随着时间的流逝、朝代的更迭，"府后岗"之名最终被讹传为了现在的"傅厚岗"。在《首都计划》中，傅厚岗被定位为市级行政区。

而对于百子亭一名的来源，根据清同治时期县志记载，起源于在它附近的2个亭子—"百子亭"和"息息亭"。相传"百子亭"内曾供奉送子观音，是古时人们的求子之处。

南京百子亭及傅厚岗近代住宅区内现存有21处登录保护的近代城市独立式住宅，其中省级文物保护单位2处、市级文物保护单位5处、重要近现代建筑14处。2处省级文物保护单位为傅厚岗20号（李宗仁旧居）、青云巷41号（八路军驻京办事处旧址），5处市级文物保护单位分别为傅厚岗4号（徐悲鸿旧居）、傅厚岗6号（傅抱石旧居）、百子亭19号（桂永清旧居）、百子亭33号（王世杰旧居）以及傅厚岗32号（熊斌旧居），其余14处重要近现代建筑分别为百子亭5号（黄季弼旧居）2幢、百子亭7号（王仲廉旧居）、百子亭17号（廖运泽旧居）、百子亭25号（关麟征旧居）、傅厚岗10号（原敏兴旧居）、傅厚岗12号（原敏兴旧居）、傅厚岗14号（杨公达旧居）、傅厚岗16号（段锡朋旧居）、中央路52-1号（陈沣藻旧居）、中央路105号（钱云清旧居）3幢以及傅厚岗15号（吴贻芳旧居）。

（三）建筑特点

南京百子亭及傅厚岗近代住宅区内，大部分住宅皆为独立式住宅，这也是南京第一住宅区中常见的住宅形式。这种住宅一般为2层，局部有阁楼层，面积普遍为200~500平方米。一层为公共活动区，主要布置起居室与会客室；二层较为私密，主要布置卧室。（图20-8-5）

一层主入口多位于南面，入口处一般设有门廊，通过灰空间的虚实结合处理来强调入口。但是根据现有建筑遗存的情况来看，大部分的门廊在后期改扩建时被封堵，纳入了室内空间。一层入口有大门间，即玄关，玄关直接与走道相连，楼梯多布于此处。一层南侧的入口旁，一般设置会客厅，会客室多向南突出，多为八角形或方形，采光好。二层多设置阳台，位于一层门廊之上的阳台最为常见；另一种为二层退台；还有一种为局部挑出的混凝土板，面积最小。二层空间构成与一层基本一致，功能多为卧室，走廊联系各个房间，楼梯布置在走廊内部。

南京百子亭及傅厚岗近代住宅区内的城市独立式住宅，立面精美，线脚细致，材质的肌理显露出做法古朴典雅，颇具异国情调。

此近代住宅区内的建筑，外墙面普遍为清水砖墙（图20-8-6），青色砖墙占大多数，红色砖墙则较为少见（如傅厚岗14号、百子亭7号）。主体建筑山墙一侧多设有砖砌烟囱，出屋面，小巧精致。部分住宅使用了一般抹灰的外墙面装饰做法，如百子亭17号为黄色和青色抹灰。部分住宅使用了混凝土拉毛的做法，如傅厚岗14号的一层。入口处门廊的普遍做法为砖砌柱搭配砖砌拱券，如傅厚岗16号。部分住宅采用了西方柱式装饰，如百子亭7号、百子亭17号。

所有住宅皆为坡屋面，屋面瓦采用灰色或红色机平瓦。由于建筑平面的多样化布局，因此产生了多种多样的屋顶形式。部分有阁楼层的住宅在屋顶处设有老虎窗。

图 20-8-5 百子亭建筑室内图

图片来源：东南大学周琦建筑工作室，李莹韩摄

图 20-8-6 百子亭建筑清水砖墙面

图片来源：东南大学周琦建筑工作室，李莹韩摄

二、建筑图纸（以傅厚岗 16 号建筑为例）

图 20-8-7~ 图 20-8-14 为傅厚岗 16 号建筑图纸，由东南大学周琦建筑工作室提供。

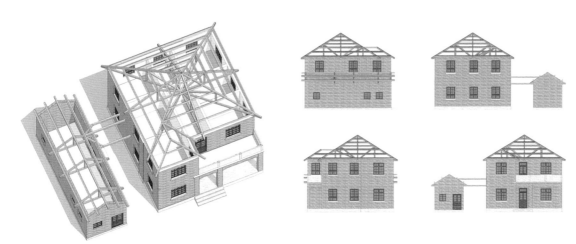

图 20-8-7 傅厚岗 16 号建筑屋架示意图

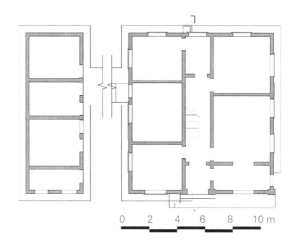

图 20-8-8 傅厚岗 16 号建筑一层平面图

图 20-8-9 傅厚岗 16 号建筑南立面图

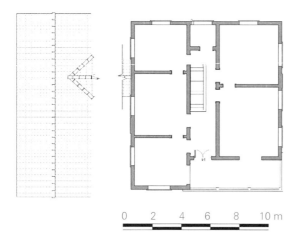

图 20-8-10 傅厚岗 16 号建筑二层平面图

图 20-8-11 傅厚岗 16 号建筑北立面图

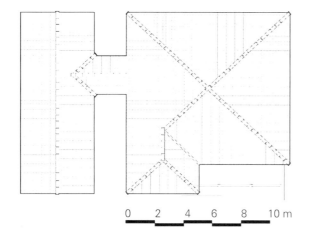

图 20-8-12 傅厚岗 16 号建筑
屋顶平面图

图 20-8-13 傅厚岗 16 号建筑
西立面图

图 20-8-14 傅厚岗 16
号建筑剖面图

第九节 大校场机场

一、历史沿革

大校场机场（Dajiaochang Airport）位于光华门外七桥瓮南，今大校场机场片区范围西起大明路，东到绕城公路，北至秦淮河与响水河，区域总面积约 10 平方千米。大校场机场由机场跑道、机窝和集中在北部的附属建筑群组成。跑道总体呈南偏西 55 度布置，长向约 2 800 米，短向约 300 米，总占地约 0.8 平方千米。大校场机场于 1929 年初始扩建，经过 86 年的风云变幻，于 2015 年正式关闭。现成为南部新城开发建设的重点区域。

（一）人文发展史（1367—1950 年）

1367 年，明朝新宫建成后，为了禁卫新宫的安全，朱元璋设立了瓮家营、柴家营和郑家营等兵营，在响水河和秦淮河之间设立了教场，作为练武的场所。从此，这片约九百亩的土地就被称为"大教场"。后来，明朝的一些军事设施和军事机构也设在这里。

经过长期的口耳相传，"大教场"的名称逐渐演变为"大校场"，并一直沿用至今。

1645 年，清朝时期将明朝的宫城改为"驻防城"，由"八旗兵"驻守。大校场成为清军的军事基地，主要功能是进行操练、比武以及选拔军事人才。康熙和乾隆 6 次下江南，每次都在此阅兵。（图 20-9-1、图 20-9-2）

太平天国期间，大校场的各种建筑和文物古迹毁坏殆尽，变成了一片荒地。

1929—1936 年，国民政府扩修了大校场机场（图 20-9-3）。1936 年 12 月 26 日西安事变末，张学良陪同蒋介石从洛阳飞抵南京，就着陆在该机场。

图 20-9-1 《江宁府志》中的明都城图

图片来源：南京图书馆编. 南京图书馆珍本图录 [M]. 南京：江苏人民出版社，2007.

图 20-9-2 康熙南巡图中大校场阅兵台

图片来源：http://www.njmgjz.cn/njmgjz.cn/doc/92294986

本节作者为胡蝶。

图 20-9-3 1930 年左右的大校场机场

图片来源：卢海鸣，杨新华. 南京民国建筑图集 [M]. 南京：南京大学出版社，2001.

图 20-9-4 从南京撤退的最后三架飞机

图片来源：http://js.ifeng.com/humanity/detail_2015_08/28/4287193_0.shtml.

全面抗日战争时期，大校场机场是抗日对空作战的主战场。1937 年初夏，克莱尔·李·陈纳德（Claire Lee Chennault）上校曾来华参与策划对日空战。宋美龄也经常冒着空战的艰险前往大校场鼓舞士气。

1937 年 12 月底，随着日军对南京机场及大校场机场的重点打击，中方被迫放弃大校场机场。南京沦陷后，大校场机场被日军修复使用直到 1945 年抗战结束。

1945 年 8 月，首批进入南京受降的国民党新六军在大校场机场降落。当时机场旁边有很多自发欢迎的老百姓。

1947 年夏，美国特使马歇尔的座机在大校场机场降落时遭到损坏。国民政府随即彻底改造了大校场机场，并增加了一条跑道。

1949 年 1 月，蒋介石在大校场机场登上"美龄号"飞离南京，国民党政权宣告失败。同年 9 月，国民党政权的最后 3 架飞机从大校场飞离南京。（图 20-9-4）

（二）机场建设史（1367—1950 年）

大校场机场始扩建于 1929 年，当时飞行场过于狭小，建设需要的场所"尚不敷用"，另外南京作为国民政府首都需要有一个较为完备的飞机场"以壮观瞻"，故航空署于 1929 年 8 月函请土地局征收大校场土地约 47 万平方米，以备扩建。

1934 年 10 月，蒋介石电请中央工务局续修大校场机场，并派石邦藩前去接洽。此次扩修总工程造价约 343 346.8 元，分 2 期进行，第一期工程造价约为 72 524.8 元，第二期约 188 824 元。由南京建隆营造厂、中华兴业营造厂、姬久记营造厂参与承建。这次扩修工程包括地上附属建筑营建及飞行场扩修。工程于 1937 年 3 月完工验收。

1937 至 1945 年全面抗日战争时期，大校机场成为空军作战的主战场之一。

1937 年 12 月底，南京沦陷，大校场机场被日军占用，1939 年经日军修复改建，大校场机场成为中国战场上被日军占领的大型机场之一。

1945 年抗战结束后，大校场机场收归南京国民政府。

1947 年，由于地势低下，积水严重，大校场机场及其地上建筑亟待实施改善工程。因此国民政府对其进行了进一步的扩修，由交通部公路总局第一机械筑路工程总队承建，中华兴业公司参与建设。此次大修主要是在原跑道南侧增加一新跑道，新跑道按照国际民航组织

B 级标准设计修建，长 2 200 米，宽 45 米，厚 0.3 米，跑道面为混凝土浇铸而成。工程始于 1947 年 10 月 1 日，至 1948 年 4 月 29 日完工。

　　1949 年 4 月，南京解放后，大校场机场由解放军华东军区接管，成为军用机场。1950 年 6 月 19 日，在此组建了第一支人民空军航空兵部队。

　　关于大校场机场 1367—1948 年的修缮文档记录见表 20-9-1。

大校场机场 1367—1948 年修缮文档整理记录表　　　　表 20-9-1

历史时期	时间	事件描述
明朝	1367 年	明故宫建成后，朱元璋在响水河和秦淮河之间的一片平地，辟建大教场，设置阅兵台，以阅兵、练武。在长期流传中，"大教场"演变为"大校场"
清朝	1645 年	大校场成为清军的军事基地，在这里进行操练、比武和选拔军事人才。康熙和乾隆皇帝 6 次下江南，每次都在这里阅兵
国民政府时期	1929 年 8 月 29 日	航空署呈请扩充大校场拨用官地
	1934 年 10 月 9 日	蒋中正电请续修大校场机场并派石邦藩来接洽
	1935 年 5 月 26 日	计总工程费约需三十四万三千三百四十六元八角……分两期修筑，附送变更扩修大校场飞机场图
	1936 年 6 月 13 日	……奉钧座手谕：南京大校场机场扩修飞行场及一切建筑物务须于本年双十节以前完成
	1936 年 6 月 27 日	建隆营造厂、姬久记营造厂填土工程开标收据
	1936 年 7 月 3 日	赶办大校场飞机场工程，曾任饬派技士陈觉民……因病……所有未完事项着派本局技士吴颐泉继续案办
	1936 年 7 月 16 日	中华兴业营造厂……为便利工作进行以冀如期完成……请钧局仍按照原来设计数量为准
	1936 年 7 月 21 日	……查该机场扩充范围根据本局计划图，即以四周河道内原有圩堤为界，附飞机场平面计划图
	1936 年 11 月 12 日	……建筑大校场机场南京总站运动场工程二十五年（1936 年）十一月二日……现此项工程业已完竣……核列预算洋四千八百元正……
	1937 年 3 月 15 日	大校场飞机场土方工程验收复测记录
	1937 年 3 月 27 日	大校场扩修完竣并全场面积图以备留用
	1937 年 8 月 5 日	尊查收用旗地，四成市有地价，前拟定半数记账，半数现金，已属折中办法。设全予免收，此例一开，将来影响市库收入甚大……
	1937 年 10 月 25 日	发还建隆营造厂、中华兴业营造厂承筑大校场工程保固金
	1944 年 6 月 29 日	倭在华飞机场数目调查表
	1946 年 7 月 24 日	航空委员会南京飞机修理厂迁移新址办公
	1947 年 2 月	为大校场飞机场地上建筑亟待改善邀请工程师会同视察研究改善办法
	1947 年 11 月 4 日	为采运民航局大校场机场石料工程开工报告预算仰速报呈备核，监理费应速汇
	1947 年 11 月 19 日	第一机械筑路总队代办大校场机场跑道各层滚压工程及道面碎石材料
	1948 年 6 月 15 日	空军第六、七工程队于 6 月 15 日移往大校场
	1948 年 9 月 2 日	五项工程业经办竣……空军大校场跑道滚压工程、联动总部第六十兵工厂基地土方工程、中华兴业公司大校场机场运送块石工程、资源委员会管理开建基地土方工程、资源委员会电业管理处开建基地土方工程

二、空间分析与建筑单体

（一）空间分析

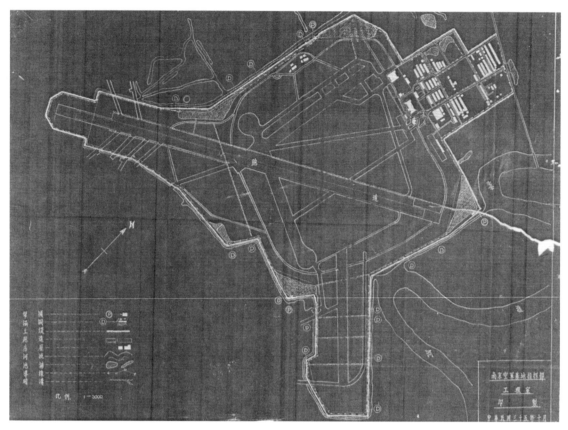

图 20-9-5 1946 年南京大校场机场平面图

图片来源：南京市档案馆，档案号 10030081747（00）0019，南京空军指挥部工程室印制

　　大校场机场始扩建于 1929 年，总体呈南北布局，跑道基本遵循原始河道流向，占地总面积 9.94 平方千米。机场本身占地 1.2 平方千米，是典型的军用民用机场结合体，以军用为主。机场位置在城市的东南角，从东北方向进入机场。机场整体地形平缓，周围有防御体系，有相对完整、封闭的用地。机场由 3 部分组成，一是机场主跑道—2 条主跑道与正北呈 55 度偏角，长度约 2 800 米，宽度约 300 米，混凝土地面，有辅道、停机坪等衔接；二是机场附属区，有行政楼、候机楼、宿舍、仓库、机库等，位于机场东北角，占地约 7 000 平方米；三是临时飞机库（机窝），主要在场地北侧，沿水系和田埂利用高差地形做掩蔽。图 20-9-5 与图 20-9-6 分别为 1946 年南京大校场机场平面图和 2018 年南京大校场机场总平图。

　　场地是典型的因陋就简的近代大型机场。场前区是方正的布局，基本是正南、正北方向，跑道临侧为机库、机修车间、加油设施等。场前区从北往南依次为行政建筑、居住建筑、后勤管理建筑、贵宾接待室。

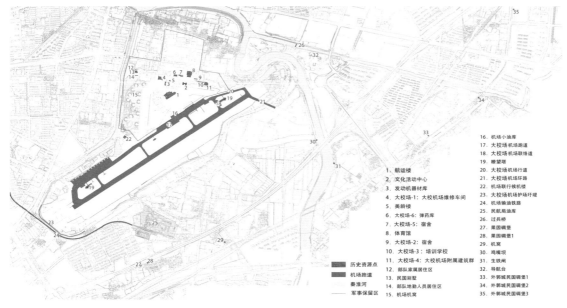

图 20-9-6 2018 年南京大校场机场总平面图
图片来源：东南大学周琦建筑工作室

1. 航运楼	16. 机场小油库
2. 文化活动中心	17. 大校场机场跑道
3. 发动机器材库	18. 大校场机场联络道
4. 大校场机场维修车间	19. 瞭望塔
5. 美龄楼	20. 大校场机场行道
6. 大校场-6：弹药库	21. 大校场机场环路
7. 大校场-5：宿舍	22. 机场联行候机楼
8. 体育馆	23. 大校场机场护场纤堤
9. 大校场-2：宿舍	24. 机场输油铁路
10. 大校场-3：培训学校	25. 民航局油库
11. 大校场-4：大校机场附属建筑群	26. 过兵桥
12. 部队家属居住区	27. 果园碉堡
13. 民国别墅	28. 果园碉堡1
14. 部队地勤人员居住区	29. 机窝
15. 机场机窝	30. 鸡嘴坝
	31. 生铁闸
	32. 导航台
	33. 外郭城民国碉堡1
	34. 外郭城民国碉堡2
	35. 外郭城民国碉堡3

历史资源点
机场跑道
秦淮河
军事保留区

（二）建筑单体

1. 机库（现为体育馆）

图 20-9-7 机库现状外部
图片来源：东南大学周琦建筑工作室，胡蝶摄

图 20-9-8 机库现状内部
图片来源：东南大学周琦建筑工作室，胡蝶摄

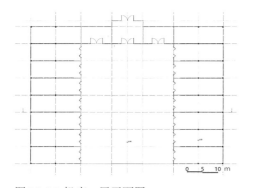

图 20-9-9 机库一层平面图
图片来源：东南大学周琦建筑工作室

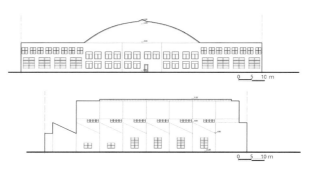

图 20-9-10 机库北立面图（上）、机库东立面图（下）
图片来源：东南大学周琦建筑工作室

　　机库基本呈南北向布置，跨度 62 米，长度 78 米，高 18 米，建筑面积为 4 295.41 平方米，为单层大跨度钢筋泥混凝土结构。原用途是飞机机库，后改造成体育馆（图 20-9-7、图 20-9-8）。现状由 2 部分组成，南部是大跨度网架结构，为后期加建；北部是拱形钢筋混凝土桁架

体系，整体空间很有特点。

作为机场附属建筑里最大的一栋单体建筑，机库具备典型的特征。比如不同结构体系混合，北面近代建筑的中部是桁架体系，两边是锯齿形天窗的钢筋混凝土的工业建筑，两者之间结合得很完美。钢屋架部分用钢量很省，效率很高。钢结构部分的桁架及拱券体系也将材料的有效性发挥到了最佳。（图 20-9-9、图 20-9-10）

2. 大校场机场维修车间

大校场机场维修车间具有弧形的屋架（图 20-9-11），为钢筋混凝土大跨度空间结构，顶上是大型屋面板。建筑本身为装配式建筑，基本呈南北向，跨度 51 米，长度 56 米，高度 12 米，建筑面积 2 340.05 平方米。建筑内部采光通风良好（图 20-9-12），具有桁架梁，整体体现了工业建筑的基本特征。

图 20-9-11 维修车间现状
图片来源：东南大学周琦建筑工作室，胡蝶摄

图 20-9-12 维修车间现状内部
图片来源：东南大学周琦建筑工作室，胡蝶摄

建筑具有典型的拱形屋架，外观形式直接体现了结构方式，是一个真实质朴、结构技术高度统一的建筑物，具有很好的工程技术和科学艺术的价值。结构方面，混凝土构件纤细，下弦式拉杆杆件纤细，中间有腹杆，上弦杆件最大，横向受力通过上部的大型屋面板传递，整体形成了完美的空间结构体系。（图 20-9-13、图 20-9-14）

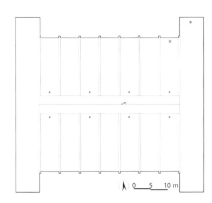 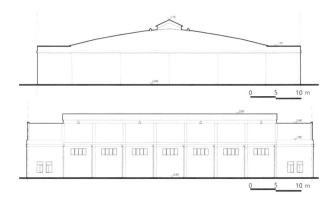

图 20-9-13 维修车间屋顶平面图
图片来源：东南大学周琦建筑工作室

图 20-9-14 维修车间西立面（上）、南立面（下）
图片来源：东南大学周琦建筑工作室

3. 机窝

机窝建于 20 世纪 30 年代，是停放军用飞机的地方。机窝周围以土堆形成环形的形式，周边有覆土和植被树木起保护和隐蔽作用，防止敌机发现和轰炸，具有战时军用机场的基本特征。（图 20-9-15）

图 20-9-15 机窝现状
图片来源：东南大学周琦建筑工作室

图 20-9-16 美龄楼现状
图片来源：东南大学周琦建筑工作

4. 机场休息与接待处

　　该建筑修建于 20 世纪 30 年代，建筑为 2 层，开间 16.3 米，进深 11 米。据说这栋建筑当年是宋美龄候机时使用的，故俗称"美龄楼"（图 20-9-16）。该建筑是机场的附属设施，在大校场机场现存建筑中的保护级别最高。建筑本体造型典雅，经过正规的设计和建造，外观和内部结构保存完好，由混凝土的外装饰和精美的清水砖墙组合而成。其中一些装饰细节是典型的西洋古典和现代建筑风格的集合。整体为砖混结构，三开间，两层楼，坡屋顶，建筑平面布局呈对称布置。

5. 战斗机掩体

　　战斗机掩体位于秦淮区红花街道瓮家营社区佳营东路岔路口西南侧。掩体俗称"机窝"，进深 7.8 米，宽 18 米。拱形混凝土屋顶。全面抗日战争期间，国民政府在大校场机场周边建有多个混凝土建筑的机库，用以停放小型轰炸机，后被日本部队占用，作为停放战斗机的机库，防止被轰炸。（图 20-9-17~ 图 20-9-19）

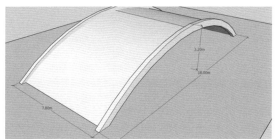

图 20-9-17 战斗机掩体外部现状
图片来源：东南大学周琦建筑工作室

图 20-9-18 战斗机掩体模型示意
图片来源：东南大学周琦建筑工作室

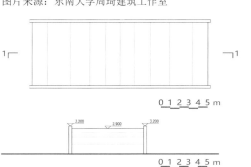
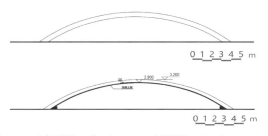

图 20-9-19 战斗机掩体屋顶平面（左上）、侧立面图（右上）、正立面图（左下）、1-1 剖面图（右下）
图片来源：东南大学周琦建筑工作室

参考文献

第十四章

[1] 刘刚 . 我在总督署说古建 [M]. 南京 : 江苏人民出版社 , 2017.

[2] 中国近代史遗址博物馆 . 总统府旧影 (1949).[M]. 南京 : 江苏美术出版社 , 2006.

[3] 陈济民 . 民国官府 [M]. 南京 : 金陵书社出版公司 , 1992.

[4] 杨新华 , 卢海鸣 . 南京明清建筑 [M]. 南京 : 南京大学出版社 , 2001.

[5] (清) 莫祥芝 , 甘绍盘 . 同治上江两县志 [M]. 南京 : 南京出版社 , 2013.

[6] 陈开虞 . 康熙江宁府志 [M]. 南京 : 南京出版社 , 2011.

[7] 吕燕昭修 . 嘉庆新修江宁志 [M]. 南京 : 南京出版社 , 2011.

[8] 陈作霖 , 陈诒绂 . 金陵琐志九种 [M]. 南京 : 南京出版社 , 2008.

[9] 南京市地方志编纂委员会 . 南京建置志 [M]. 深圳 : 海天出版社 , 1996.

[10] 朱偰 . 金陵古迹图考 [M]. 北京 : 中华书局 , 2006.

[11] 刘晓梵 . 南京旧影 [M]. 北京 : 人民美术出版社 , 1998.

[12] 叶兆言 , 卢海鸣 , 韩文宁 . 老照片 : 南京旧影 [M]. 南京 : 南京出版社 , 2012.

[13] 叶兆言 , 等 . 老明信片 : 南京旧影 [M]. 南京 : 南京出版社 , 2012.

[14] 刘晓宁 . 风雨沧桑总统府 [M]. 南京 : 南京出版社 , 2000.

[15] 刘晓宁 . 总统府史话 [M]. 南京 : 南京出版社 , 2003.

[16] 陈宁骏 , 欣辰 . 解密总统府 [M]. 南京 : 东南大学出版社 ,2010.

[17] 刘小宁 . 1912 : 南京 [M]. 南京 : 江苏人民出版社 , 2014.

[18] 卢海鸣 , 刘晓宁 , 朱明 . 南京民国官府史话 [M]. 南京 : 南京出版社 , 2003.

[19] (日) 杉江房造 . 金陵胜观 [M]. 上海 : 上海虹口日本堂书店 , 1910.

[20] 贺云翱 . 百年商埠——南京下关历史溯源 [M]. 南京 : 江苏美术出版社 ,2011.

[21] 高丹予.南京民国总统府遗址考实 [J]. 东南文化 ,2000(S2):6-95.

[22] 高丹予 . 南京总统府遗址明汉王府质疑 [J]. 东南文化 ,2000(S2):96-104.

[23] 张祖方 . 南京长江路 292 号大院建筑遗存考 [J]. 东南文化 ,2000(S2):105-118.

[24] 汤又新 , 丁绍兰 . 南京民国政府、总统府见闻数则 [J]. 东南文化 ,2000(S2):153-157.

[25] 朱明镜 . 我所知道的蒋介石总统府 [J]. 东南文化 ,2000(S2):158-170.

[26] 缪晖 . 南京国民政府行政院增建修葺工程考 [J]. 档案与建设 ,2013(11):36-38.

[27] 卢海鸣 , 朱明 . 论南京民国建筑的科学性和民族性——以总统府建筑群为例 [J]. 中国名城 , 2011(11):47-52.

[28] 龚小峰 . 两江总督的定制及职掌探述 [J]. 史林 , 2007(6):69-75.

[29] 龚小峰 . 清代两江总督群体结构考察——以任职背景和行政经历为视角 [J]. 江苏社会科学 , 2009(2):182-188.

[30] 陈宁骏 . 十年壮丽天王府化作荒庄野鸽飞——太平天国天王宫殿探秘 [J]. 东方收藏 , 2010(12):24-28.

[31] 陈宁骏 . 南京总统府的建筑文化 [J]. 建筑与文化 ,2006(5):94-103.

[32] 吴镕 . 总统府景区最初逐步开放的有关回忆 [J]. 总统府展览研究 ,2009(1):37-38.

[33] 李双辰 . 卢树森建筑教育与建筑设计思想初探 [J]. 建筑与文化 , 2013(5):74-75.

[34] 郭辉 . 民国前期国家仪式研究 (1912—1931)[M]. 北京 : 社会科学文献出版社 , 2013.

[35] 徐智 . 改造与拓展 : 南京城市空间形成过程研究 (1927—1937)[D]. 上海 : 复旦大学 , 2013.

[36] 耿海珍 . 明清衙署文化与其建筑艺术研究 [D]. 北京 : 中国艺术研究院 , 2011.

第十五章

[1] 南京市下关区地方志编纂委员会 . 下关区志 [M]. 北京 : 方志出版社 , 2005.

[2] 《南京港史》编写委员会 . 南京港史 [M]. 北京 : 人民交通出版社 , 1989.

[3] 南京市下关区文化局 . 下关区文物志 [M]. 南京 : 南京出版社 , 2012.

[4] 俞明 . 下关开埠与南京百年 [M]. 北京 : 方志出版社 , 1999.

[5] (清末民国) 金陵关税务司 . 金陵关十年报告 [M]. 张伟 , 译 . 南京 : 南京出版社 , 2014.

[6] 卢海鸣 , 杨新华 . 南京民国建筑 [M]. 南京 : 南京大学出版社 , 2001.

[7] 周馥 . 秋浦周尚书 (玉山) 全集 [M]. 台北 : 文海出版社 , 1967.

[8] 下关协 . 南京市下关区政协编辑出版《下关民国建筑遗存与纪事》[J]. 江苏政协 , 2011(2):54.

[9] 顾起元 . 客座赘语 [M]. 孔一 , 校点 . 上海 : 上海古籍出版社 , 2012.

[10] 王铁崖 . 中外旧约章汇编 [M]. 上海 : 上海社会科学院出版社 , 1999.

[11] (明) 礼部 , 陈沂 . 洪武京城图志 . 金陵古今图考 [M]. 南京 : 南京出版社 , 2006.

[12] (民国) 国都设计技术专员办事处 . 首都计划 [M]. 南京 : 南京出版社 , 2006.

[13] 李文治 , 江太新 . 清代漕运 [M]. 北京 : 中华书局 , 1995.

[14] (清) 莫祥芝 , 甘绍盘 . 同治上江两县志 [M]. 南京 : 南京出版社 ,2013

[15] 汪坦 , (日) 藤森照信 . 中国近代建筑总览 [M]. 北京 : 中国建筑工业出版社 , 1993.

[16] 南京市地方志编纂委员会 . 南京建筑志 [M]. 北京 : 方志出版社 , 1996.

[17] 叶兆言 , 卢海鸣 , 韩文宁 . 老照片 : 南京旧影 [M]. 南京 : 南京出版社 , 2012.

[18] 钟翀 . 旧城胜景 : 日绘近代中国都市鸟瞰地图 [M]. 上海 : 上海书画出版社 , 2011.

[19] 周一凡 . 洋务运动在下关 [J]. 南京史志 , 1999(1):49-51.

[20] 唐文起 . 南京开埠始末 [J]. 学海 , 1999(6):143-146.

[21] 孙建国 . 南京通商口岸开埠始末 [J]. 档案与建设 ,1999(8):24-26.

[22] 沈嘉荣 . 南京开埠通商前后 [J]. 南京史志 , 1998(3):4-6.

[23] 俞明 . 论下关开埠对南京政治经济地位与城市发展的影响——纪念南京下关开埠 10 周年 [J]. 南京社会科学 , 1999(4):43-47.

[24] 许龙波 . 清末南京开埠设关论略 [J]. 卷宗 ,

2015(3):441-442.

[25] 潘之潇.南京下关及浦口老街区发展演化研究 [C]// 生态文明视角下的城乡规划——2008 中国城市规划年会.大连:大连出版社,2008.

[26] 张明华.时代变迁视角下的城市空间更新——以南京市下关区为例 [J].城市开发,2012(8):80-81.

[27] 周凡,郝峻弘.南京近代交通建筑演变研究——以下关码头建筑群为例 [J].建筑与文化,2014(5):124-125.

[28] 陶书竹.京市铁路下关站片区的近代城市变迁 [J].建筑与文化,2013(2):86-87.

[29] 陆敏.历史文化名城商业中心的区位演变研究——以南京为例 [J].建筑与文化,2012(12):80-82.

[30] 徐智.改造与拓展:南京城市空间形成过程研究(1927—1937)[D].上海:复旦大学,2013.

第十六章

[1] 潘谷西.南京的建筑 [M].南京:南京出版社,1998.

[2] 叶皓.南京民国建筑的故事 [M].南京:南京出版社,2001.

[3] 汪坦,(日)藤森照信.中国近代建筑总览 [M].北京:中国建筑工业出版社,1993.

[4] 卢海鸣,杨新华.南京民国建筑 [M].南京:南京大学出版社,2001

[5] (英)康泽恩.城镇平面格局分析:诺森伯兰郡安尼克案例研究 [M].宋峰,许立言,侯安阳,等译.北京:中国建筑工业出版社,2011.

[6] 周坤寿.南京市市政府实习报告 [M]// 萧铮.民国二十年代中国大陆土地问题资料.台北:成文出版社,1977.

[7] 吕俊华,彼得·罗,张杰.中国现代城市住宅(1840—2000)[M].北京:清华大学出版社,2002.

[8] 凌鸿勋.中华铁路史 [M].北京:商务印书局,1981.

[9] (民国)国都设计技术专员办事处.首都计划 [M].南京:南京出版社,2006.

[10] 苏则民.南京城市规划史稿 [M].北京:中国建筑工业出版社,2008.

[11] 南京市地方志编纂委员会.南京建筑志 [M].北京:方志出版社,1996.

[12] 南京市地方志编纂委员会.南京建置志 [M].深圳:海天出版社,1996.

[13] 南京市地方志编纂委员会.南京房地产志 [M].南京:南京出版社,1996.

[14] 徐智.拓展与改造——南京城市空间形成过程研究(1927—1937)[D].上海:复旦大学,2013.

[15] 邢向前.1927 年—1937 年南京住宅建设问题研究 [D].南京:南京师范大学,2012.

[16] 姚圣.中国广州和英国伯明翰历史街区形态的比较研究 [D].广州:华南理工大学,2013.

[17] (日)藤森照信.外廊样式——中国近代建筑的原点 [J].张复合,译.建筑学报,1993(5):33-38.

[18] 陈蕴茜.国家权力、城市住宅与社会分层——以民国南京住宅建设为中心 [J].江苏社会科学,2011(6):223-230.

[19] 王盈,汪永平.南京梅园新村近代住宅保护与利用现状调查 [J].艺术百家,2009,25(4):39-46.

[20] 蔡晴,姚糖.南京近代城市住宅评述:1930—1949[J].南方建筑,2004(5):62-65.

[21] 蔡晴,姚糖.南京近代住区的营建特征与保护观念初探

[J].华中建筑,2006(11):174-182.

[22] 蔡晴,蔡亮.家族经历中的南京近代住宅建筑 [J].华中建筑,2005(23):128-130,137.

[23] 刘宁旗.南京梅园新村民国住区保护改造纪实——兼谈历史街区出新中不变、可变、善变的辩证关系 [J].现代城市研究,2007(1):25-28.

[24] 张宏.近代南京的规划和住居形态特征 [J].华中建筑,2003(2):92-95.

第十七章

[1] (民国)国都设计技术专员办事处.首都计划 [M].南京:南京出版社,2006.

[2] (民国)南京特别市政府.【金陵全书】(丙编·档案类)首都市政公报(第八十四—九十其中)[M].南京:南京出版社,2011.

[3] 张宪文,方庆秋,黄美真.中华民国史大辞典 [M].南京:江苏古籍出版社,2001.

[4] 卢海鸣,杨新华.南京民国建筑 [M].南京:南京大学出版社,2001.

[5] 叶兆言,卢海鸣,韩文宁.老照片:南京旧影 [M].南京:南京出版社,2012.

[6] 王俊雄.国民政府时期南京首都计划之研究 [D].台南:成功大学,2002.

[7] 叶兆言,等.老明信片:南京旧影 [M].南京:南京出版社,2011.

[8] 南京市地方志编纂委员会.南京城市规划志 [M].南京:江苏人民出版社,2008.

[9] 苏则民.南京城市规划史稿 [M].北京:中国建筑工业出版社,2008.

[10] 傅林祥,郑宝恒.中国行政区划通史:中华民国卷 [M].上海:复旦大学出版社,2008.

[11] 中共南京市委党史工作办公室,中共南京市委宣传部.南京百年风云 1840—1949[M].南京:南京出版社,2001.

[12] 罗玲.近代南京城市建设研究 [M].南京:南京大学出版社,1999.

[13] 潘谷西.南京的建筑 [M].南京:南京出版社,1998.

[14] 叶兆言.老南京:旧影秦淮 [M].南京:江苏美术出版社,1998.

[15] 南京市地方志编纂委员会.南京建筑志 [M].北京:方志出版社,1996.

[16] 南京地方志编纂委员会.南京建置志 [M].深圳:海天出版社,1994.

[17] 刘先觉,张复合,村松伸,等.中国近代建筑总览:南京篇 [M].北京:中国建筑工业出版社,1992.

[18] 南京工学院建筑研究所.杨廷宝建筑设计作品集 [M].北京:中国建筑工业出版社,1983.

[19] (民国)王焕镳.首都志 [M].上海:上海书店出版社,1996.

[20] 《鼓楼区文物志》编纂委员会.鼓楼区文物志 [M].南京:江苏文史资料编辑部,1999.

[21] 南京市鼓楼区地方志编纂委员会.鼓楼区志 [M].北京:中华书局,2006.

[22] 佚名.南京住宅区新建住宅 [J].中国建筑,1936(26):44-46.

[23] A+C 璀璨的历史街区——颐和路民国公馆区 [J].建筑与文化,2009(1):18-23.

[24] 吴尧,刘先觉,南京近代非"文保"建筑的保护 [J].华

中建筑 ,2004(6):111-112.

[25] 周琦 , 傅舒兰 . 南京颐和路公馆区的历史与再生——从北京西路 60 号住宅的修缮说起 [J]. 新建筑 ,2008(1):88-91.

[26] 杨新华 , 丁波 . 1912—1949: 特殊时代的建筑成就 [J]. 中国文化遗产 ,2011(5):13-18,12.

[27] 于立凡 , 郑晓华 . 保存城市的历史记忆——以南京颐和路公馆区历史风貌保护规划为例 [J]. 城市规划 ,2004(2):81-84.

[28] 宋伟轩 , 徐旳 , 王丽晔 , 等 . 近代南京城市社会空间结构 —— 基于 1936 年南京城市人口调查 [J]. 地理学报 ,2011(6):771-784.

[29] 刘瀛璐 . 民国旧影颐和路 : 南京政府的精英社区 [J]. 国家人文历史 ,2015(3):104-109.

[30] 王能伟 . 南京的民国使馆建筑及其保护 [J]. 江苏地方志 ,2006(2):44-49.

[31] 卢漫 , 王刚 . 南京鼓楼区颐和路历史街区特色与保护价值 [J]. 江苏建筑 ,2007(4):1-3.

[32] 张群 . 南京民国建筑 [J]. 档案与建设 ,2011(4):54-58.

[33] 张年安 , 杨新华 . 南京民国建筑调查报告 [J]. 中国文化遗产 ,2011(5):34-46,6.

[34] 翁达来 . 南京民国建筑与街区保护利用状况评价 [J]. 城市问题 ,2011(10):49-52.

第十八章

[1] 卢海鸣 , 杨新华 . 南京民国建筑 [M]. 南京 : 南京大学出版社 , 2001.

[2] 陈真 , 姚洛 . 中国近代工业史资料第一辑 : 民族资本创办和经营的工业 [M]. 北京 : 生活·读书·新知三联书店 ,1957.

[3] 陈真 . 中国近代工业史资料第三辑 : 清政府、北洋政府和国民党官僚资本创办和垄断的工业 [M].1961.

[4] 南京市下关区地方志编撰委员会 . 下关区志 [M], 北京 : 方志出版社 ,2005.

[5] 《南京港史》编写委员会 . 南京港史 [M]. 北京 : 人民交通出版社 ,1989.

[6] 邱嘉昌 . 上海冷藏史 [M]. 上海 : 同济大学出版社 ,2006.

[7] 黄光域 . 外国在华工商企业辞典 [M]. 成都 : 四川人民出版社 ,1995.

[8] 王建国 . 后工业时代产业建筑遗产保护更新 [M]. 北京 : 中国建筑工业出版社 ,2008.

[9] 刘伯英 , 冯钟平 . 城市工业用地更新与工业遗产保护 [M]. 北京 : 中国建筑工业出版社 ,2009.

[10] 朱文一 , 刘伯英 . 中国工业建筑遗产调查、研究与保护（四）:2013 年中国第四届工业建筑遗产学术研讨会论文集 [M]. 北京 : 清华大学出版社 ,2014.

[11] MIRA W. The Emergence of Multinational Enterprise: American Buisiness Abroad from the Colonial Era to 1914[M]. Cabridge : Harvard University Press,1970.

[12] STEPHEN L C. Augustine Heard and Company, 1852-1862[M]. Cambridge : Harvard University Press,1971.

[13] LI G Z. Andersen,Meyer&Company Limited of China: its History, its Organization today[M]. Hongkong : Kelly and Walsh Limited,1931.

[14] FEVOUR E L. Western Enterprise in Late Ch'ing China: a Selective Survey of Jardine, Matheson, and Company's Operations1842-1895[M]. Cambrige : Harvard University Press,1968.

[15] EDGAR J. Industrial Architecture in Britain 1750-1939[M]. London : Batsford,1985.

[16] PHILIP J. Renzo Piano Building Workshop 1966-2005[M]. Berlin : TASCHEN,2005.

[17] MICHAE S. Twentieth Century Industrial Archaeology[M]. Abington : Taylor & Francis,2000.

[18] MICHAEL R. The Amateur Historian[D]. Birmingham : Birmingham University,1955.

[19] KENNETH P. Architecture Reborn: the Conversion and Reconstruction of Old Buildings(Master Pieces of Architecture)[M]. New York : New Line Books,2005.

[20] NEAVERSON P, PETER M. Industrial Archaeology: Principles and Practice[M]. Abingdon : Routledge,1998.

[21] 朱翔 . 南京英商和记洋行研究 [D]. 南京 : 南京师范大学 ,2013.

[22] 寇怀云 . 工业遗产技术价值保护研究 [D]. 上海 : 复旦大学 ,2007.

[23] 纪乃旺 . 和记洋行 [J]. 钟山风雨 ,2007(3):57.

[24] 殷乐鸣 . 巴金与和记洋行 [J]. 档案春秋 ,2015(2):65.

[25] 朱翔 . 南京沦陷前后的英商和记洋行难民区有关史实的考证 [J]. 黑龙江史志 ,2015(9):75-76.

[26] 唐文起 . 南京和记洋行 [J]. 史学月刊 ,1983(3):95-97.

[27] 郑越 , 张颀 . 世界遗产保护发展趋势下我国建筑遗产保护策略初探——基于 UNESCO 亚太文化遗产保护奖研究 [J]. 建筑学报 ,2015(5):33-37.

[28] 黄磊 , 彭义 , 魏春雨 . "体验" 视角下都市工业遗产建筑的环境意象重构 [J]. 建筑学报 ,2014(S2):143-147.

[29] 陈泳 . 近代工业街区的进化——从 "苏纶厂" 到 "苏纶场" [J]. 建筑学报 ,2015(7):98-103.

[30] 刘伯英 . 工业建筑遗产保护发展综述 [J]. 建筑学报 ,2012(1):12-17.

[31] 俞孔坚 , 方琬丽 . 中国工业遗产初探 [J]. 建筑学报 ,2006(8):12-15.

[32] 刘伯英 , 李匡 . 北京工业遗产评价办法初探 [J]. 建筑学报 ,2008(12):10-13.

[33] REYNER B. Fiat, the Phantom of Order(1964)[J] Arts in Society,1985.

第十九章

[1] 曹路室 . 记忆 1865[M]. 北京 : 方志出版社 , 2007.

[2] 《中国近代兵器工业档案史料》编委会 . 中国近代兵器工业档案史料 [M]. 北京 : 兵器工业出版社 , 1993.

[3] 大陆杂志社编辑委员会 . 明代清代史研究论集 [M]. 台北 : 大陆杂志社 ,1970.

[4] 南京市地方志编纂委员会 . 南京建筑志 [M]. 北京 : 方志出版社 , 1996.

[5] 蒋孟厚 . 工厂建筑 [M]. 上海 : 大东书局 , 1950.

[6] 罗尔纲 . 晚清兵志 [M]. 北京 : 中华书局 , 1999.

[7] 王培 . 晚清企业纪事 [M]. 北京 : 中国文史出版社 , 1997.

[8] 《中国近代兵器工业》编审委员会 . 中国近代兵器工业——清末至民国的兵器工业 [M]. 北京 : 国防工业出版社 , 1998.

[9] 江山华 . 南京旧影 : 老地图 1928[M]. 南京 : 南京出版社 , 2012.

[10] 钟翀 . 旧城胜景 : 日绘近代中国都市鸟瞰地图 [M]. 上海 : 上海书画出版社 , 2011.

[11] 黄光域 . 外国在华工商企业辞典 [M]. 成都 : 四川人民出版社 , 1995.

[12] （日）杉江房造 . 金陵胜观 [M]. 上海 : 上海虹口日本堂书店 , 1910.

[13] THOMSON J. Illustrations of China and its People[M]. London: Sampson Low, Marston, Low, and Searle, 1874.

[14] NORTHCOTT W H. A Treatise on Lathes and Turning: Simple, Mechanical, and Ornamental[M]. London:Longmans, Green, 1868.

[15] BOULGER D C. The Life of Sir Halliday Macartney[M]. London: Cambridge University Press, 2011.

[16] EDGAR J. Industrial Architecture in Britain: 1750-1939[M].London: Batsford, 1985.

[17] 王彦辉 . 传承与超越——晨光 1865 科技 • 创意产业园新建筑设计 [J]. 建筑与文化 ,2008(3):86-89.

[18] 王彦辉 , 刘强 . 金陵机器制造局旧址内近现代工业建筑遗存及其修缮再利用 [J]. 建筑与文化 ,2011(9):104-106.

[19] 夏明明 , 王彦辉 . 循 "境" 而 "形" ——晨光 1865 创意产业园 C 区规划及建筑设计 [J]. 建筑与文化 ,2011(12):88-89.

[20] 蔡晴 , 王昕 , 刘先觉 . 南京近代工业建筑遗产的现状与保护策略探讨——以金陵机器制造局为例 [J]. 现代城市研究 ,2004(7):16-19.

[21] 高晓明 , 王彦辉 . 现代语境下金陵制造局 "机器大厂" 历史价值的传承和转译 [J]. 建筑与文化 ,2013(1):82-83.

[22] 李芝也 , 王彦辉 . 旧工业建筑的更新策略——以 "晨光 1865 科技 • 创意产业园" 规划为例 [J]. 建筑与文化 ,2008(9):64-66.

[23] 王彦辉 . 城市产业类历史建筑的新生——以南京晨光机械厂旧址保护性改造再利用为例 [J]. 中国科学 (E 辑 : 技术科学),2009(5):855-862.

[24] 龚恺 , 黄玲玲 , 张嘉琦 , 等 . 南京工业建筑遗产现状分析与保护再利用研究 [J]. 北京规划建设 ,2011(1):43-48.

[25] 金戈 . 南京 1865 与近代工业遗产保护 [J]. 江苏地方志 ,2007(3):44-46.

[26] 毛小南 . 台湾军工企业一隅 [J]. 现代兵器 ,1996(3):39-40.

[27] 陈长河 . 金陵机器局始末 [J]. 江苏地方志 ,2002(2):31-33.

[28] 佚名 . 南京晨光集团公司 [J]. 档案与建设 ,2002(5):31-34.

[29] 王伟 , 梅正亮 . 跨越三个世纪的强国梦——档案史料中的金陵制造局 [J]. 中国档案 ,2011(5):82-85.

[30] 乐秀祺 . 金陵制造局在中国近代化进程中的作用 [J]. 上海师范大学学报 (哲学社会科学版),1989(4):62-65.

[31] 向玉成 . 中国近代军事工业布局的发展变化述论 [J]. 四川师范大学学报 (社会科学版),1997,24(2):137-145.

[32] 王承遇 , 李松基 , 陶瑛 , 等 . 玻璃的发展历程及未来趋势 (连载二)[J]. 玻璃 ,2010(5):3-12.

[33] 于菲 . 中国近现代工业遗产保护再利用研究——以南京晨光 1865 创意产业园为例 [D]. 南京 : 东南大学 , 2014.

[34] 陈程 . 金陵兵工厂旧址价值与再利用评价 [D]. 南京 : 东南大学 , 2014.

[35] 蒋文君 . 近代工业遗产的整体性保护再利用策略探讨——以金陵机器制造局为例 [D]. 南京 : 东南大学 , 2013.

第二十章

[1] COLQUHOUN A. Modern Architecture [M]. New York: Oxford University Press,2002.

[2] BRANDI C. Theory of Restoration [M]. Firenze: NARDINI, 2005.

[3] FITCH J M. Historic Preservation:Curatorial Management of the Built World [M]. Charlottesville University of Virginia Press, 1990.

[4] JOKILEHTO J. A History of Architectural Conservation [M]. Burlington: Elsevier Ltd., 1999.

[5] PRICE N S. Historical and Philosophical Issues in the Conservation of Cultural Heritage [M]. Los Angeles: The Getty Conservation Institute, 1990.

[6] PRUDON T H M. Preservation of Modern Architecture [M]. New Jersey: John Wiley & Sons, 2008.

[7] WEAVER M E. Conserving Buildings:a Guide to Techniques and Materials [M]. New Jersey: John Wiley & Sons, 1992.

[8] （意）阿尔多 • 罗西 . 城市建筑学 [M]. 黄士钧 , 译 . 北京 : 中国建筑工业出版社 ,2006.

[9] （美）亚历山大 • 纽曼 . 建筑物的结构修复——方法 • 细部 • 设计实例 [M]. 惠云玲 , 郝挺宇 , 等译 . 北京 : 中国建筑工业出版社 ,2008.

[10] （美）肯尼斯 • 弗兰姆普敦 . 现代建筑 : 一部批判的历史 [M]. 张钦楠 , 等译 . 北京 : 生活 • 读书 • 新知三联书店 ,2005.

[11] 肯尼思 • 鲍威尔 . 旧建筑的改建和重建 [M]. 于馨 , 杨智敏 , 司洋 , 译 . 大连 : 大连理工大学出版社 ,2001.

[12] （美）凯文 • 林奇 . 城市意象 [M]. 方益萍 , 何晓军 , 译 . 北京 : 华夏出版社 ,2001.

[13] 张松 . 历史城市保护学导论——文化遗产和历史环境保护的一种整体性方法 [M]. 上海 : 同济大学出版社 ,1999.

[14] 张凡 . 城市发展中的历史文化保护对策 [M]. 南京 : 东南大学出版社 ,2006.

[15] 张复合 . 中国近代建筑研究与保护 [M]. 北京 : 清华大学出版社 ,2000.

[16] （意）布鲁 • 诺塞维 . 现代建筑语言 [M]. 席云平 , 王虹 , 译 . 北京 : 中国建筑工业出版社 ,2005.

[17] 汪坦 ,（日）藤森照信 . 中国近代建筑总览 [M]. 北京 : 中国建筑工业出版社 ,1993.

[18] 刘先觉 , 王昕 . 江苏近代建筑 [M]. 南京 : 江苏科技出版社 ,2008.

[19] 卢海鸣 , 杨新华 . 南京民国建筑 [M]. 南京 : 南京大学出版社 ,2001.

[20] 江苏地区交通银行志编纂委员会 . 交通银行南京分行志 [M]. 南京 : 江苏人民出版社 ,1997.

[21] 赖德霖 . 近代哲匠录——中国近代重要建筑师、建筑事务所名录 [M]. 北京 : 中国水利水电出版社 ,2006.

[22] 交通银行 . 交通银行史画 [M]. 上海 : 上海书画出版社 ,2008.

[23] 交通银行总行 . 交通银行史料（全三卷）[M]. 北京 : 中国金融出版社 ,2006.

[24] 洪葭管 . 中央银行史料 1928.11—1945.5[M]. 北京 : 中国金融出版社 ,2006.

[25] 张启祥 . 交通银行研究（1907—1928）[D]. 上海 : 复旦大学 ,2006.

[26] 李昌宝 . 中国近代中央银行思想研究 [D]. 上海 : 复旦大学 ,2007.

[27] 林少宏 . 毕业于宾夕法尼亚大学的中国第一代建筑师 [D]. 上海 : 同济大学 ,2000.

[28] 许念飞 . 南京新街口街区形态发展变迁研究 [D]. 南京 : 南京大学 ,2004.

[29] 常青 . 历史建筑修复的 "真实性" 批判 [J]. 时代建筑 ,2009(3):118-121.

[30] 侯麦.“外滩18号”的前世今生 [J]. 室内设计与装修 ,2005(5):39-45.

[31] 侯建设.上海近代历史建筑保护修复技术 [J]. 时代建筑 ,2006(2):58-61.

[32] 杨秉德.关于中国近代建筑史时期民族形式建筑探索历程的整体研究 [J]. 新建筑 ,2005(1):48-51.

[33] 庄俊.青岛交通银行建筑始末记 [J]. 中国建筑 ,1934(3):3-9.

[34] 沈芳.城市中心区的形成与更新研究——以南京市新街口商业中心为例 [J]. 江苏建筑 ,2008(3):1-5.

[35] 季秋 ,周琦 ,方立新.南京中山东路 1 号保护修缮与建筑更新 [J]. 建筑与文化 ,2008(10):45-47.

作者简介

作者简介

（以本书出现的先后顺序）

周琦

周琦，美国伊利诺理工学院建筑学博士、东南大学建筑学院教授、博士生导师。主要从事近代建筑历史研究与遗产保护工作，在国内以城市为基础的研究与保护中处于领先地位，在过去二十多年里，分别主持修缮了近百项重要近代建筑遗址，包括原国民政府外交部、基督教圣保罗教堂、大华大戏院、下关滨江历史建筑、和记洋行建筑遗产等项目。发表了数十篇相关论文，代表性著作有《南京近现代建筑修缮技术指南》、论文集《回归建筑本源》等。同时致力于建筑创作及其理论的研究。2016 年因"人民日报社新大楼工程"获米兰设计奖建筑类金奖。

以下作者所写作有关章节，均为他们在东南大学建筑学院求学期间，由周琦教授指导完成的研究生论文的主要成果。

左静楠

东南大学博士研究生（2011—2017 年），1984 年生，2011 年获得东南大学建筑学硕士学位，专业为建筑设计及其理论，2011—2017 年于东南大学建筑学院攻读博士学位，2013—2015 年国家公派美国佐治亚理工学院联合培养博士研究生，代表作《彼得·卒姆托的材料观念及其影响下的建筑设计方法初探》，发表于《建筑师》2012 年第一期，现工作于河南省发展与改革委员会。

高钢

东南大学博士研究生（2010 年—），1981 年生，江苏扬州人，2004 年毕业于大连理工大学建筑与艺术学院建筑学专业，2007 年获得东南大学建筑学院建筑设计及其理论专业硕士学位，现为东南大学建筑学院在读博士研究生，主要研究领域为近代历史建筑保护修缮、既有建筑改扩建等。发表《建筑的复杂性与简单性：建筑空间与形式丰富性设计方法探讨》等多篇论文，参与编写《共同的遗产：上海现代建筑设计集团历史建筑保护工程实录》《中国建筑研究室口述史（1953—1965）》等书。

王荷池

东南大学博士研究生（2011—2018 年），1982 年生，2006 年获华中科技大学建筑学专业学士学位，2011 年获武汉理工大学环境艺术设计专业硕士学位，2011—2018 年于东南大学建筑学院攻读博士学位，研究方向为近代教育建筑研究、建筑遗产保护与利用研究等。在国内外期刊先后发表学术论文 6 篇，代表性论文有《南京近代教会中学的肇始：金陵中学历史建筑解析》，现任湖北工业大学土木与环境学院讲师。

陈劢

东南大学博士研究生（2012—2018 年），1986 年生，2010 年获山东建筑大学建筑学学士学位，2012 年获东南大学建筑学硕士学位，专业为建筑设计及其理论，2012—2018 年于东南大学建筑学院攻读博士学位，2014—2015 年国家公派美国得克萨斯大学奥斯汀分校联合培养博士。主要从事近现代建筑历史理论、建筑遗产保护与利用等方面的研究，以第一作者身份发表学术论文 6 篇，参加国内外学术会议 5 次，参与编著《中国近代建筑史（第一卷）》（2016）等，现为山东建筑大学建筑城规学院讲师。

张宇

东南大学硕士研究生（2012—2015 年），1988 年生，2012 年获大连理工大学建筑学学士学位，2012—2015 年于东南大学建筑学院攻读硕士学位，在学期间参与南京近代建筑调研与修缮工作，著《南京近代旅馆业建筑》论文，现工作于上海柏涛建筑设计咨询有限公司。

胡占芳

1984 年生，2011 年获东南大学工学硕士学位，专业为建筑历史与理论；2018 年获东南大学工学博士学位，专业为建筑遗产保护与管理。现任职于南京工业大学建筑学院。主要研究方向为中国近代居住建筑研究、中国传统建筑工匠技艺研究、建筑遗产保护与利用研究等，主持省部级课题 1 项、市厅级课题 1 项、行业协会课题 1 项、校级课题 1 项，在国内外期刊先后发表学术论文 9 篇。

陈亮

东南大学博士研究生（2011—2018 年），1985 年生，2011 年获东南大学工学硕士学位，2011—2018 年于东南大学建筑学院攻读博士学位，进行建筑历史与理论研究。代表性论文有《鹤湖新居：守望深圳客家》（2012 年）、《基于文化视角的历史研究与保护策略制定：以南京扬子饭店为例》（2015 年）、《记忆传承语境下"无身份"城市街区的更新尝试：上海 228 街坊保护与更新回顾》（2017 年）。

李蒙

东南大学博士研究生（2014 年—），1988 年生，2012 年获长沙理工大学建筑学学士学位，2014 年获东南大学建筑学硕士学位，2017—2018 年国家公派意大利罗马第一大学联合培养博士，现为东南大学建筑设计及其理论专业在读博士研究生。代表性论文有《南京下关火车站改造研究：南京近代铁路建筑保护方式探索》（2012 年）。

魏文浩

东南大学硕士研究生（2011—2014 年），1987 年生，2011 年获西安建筑科技大学建筑学学士学位，2011—2014 年于东南大学建筑学院攻读硕士学位，进行建筑历史与理论研究。代表性论文有《中国古代建筑中的微积分：浅谈傅熹年的模数研究》（2014 年）。

邱田

东南大学硕士研究生（2012—2014 年），1989 年生，2012 年获西安建筑科技大学建筑学学士学位，2012—2014 年于东南大学建筑学院攻读硕士学位，在学期间参与南京近代建筑调研与修缮工作，著《近代南京驻华使领馆建筑研究》论文，现工作于上海同济大学建筑设计研究院（集团）有限公司。

叶茂华

东南大学硕士研究生（2011—2014 年），1989 年生，2011 年获东南大学工学学士学位，2011—2014 年于东南大学建筑学院攻读硕士学位，代表性论文有《南京近代城市景观历史演变研究初探》（2014 年）、《基于用户体验角度的医院病房平面设计优化研究》（2015 年）。

张力

东南大学博士研究生（2011—2018 年），1984 年生，2007 年获天津大学建筑学专业学士学位，2010 年获东南大学建筑学硕士学位，2011—2018 年于东南大学建筑学院攻读博士学位。

2015—2016 年参加"公派罗马大学建筑系联合培养博士"项目。发表论文有《标志性建筑：人民日报社总部大楼》（2016 年）、《垂直的纪念碑与水平的公园：中西当代纪念物比较》（2016 年）、《南京和记洋行的历史及保护策略研究》（2016 年）、*Vertical Monument vs. Horizontal Landscape. Comparison of Chinese and Western Contemporary Memorials*（2017 年）等。

阮若辰

东南大学硕士研究生（2014—2017 年），1990 年生，2014 年获同济大学建筑学学士学位，2014—2017 年于东南大学建筑学院攻读硕士学位，在学期间参与编著《南京近现代建筑修缮技术指南》《形式与政治：建筑研究的一种方法》等著作，现工作于华东建筑设计研究总院。

卢婷

东南大学硕士研究生（2014—2017 年），1990 年生，2014 年获武汉大学建筑学学士学位，2014—2017 年于东南大学建筑学院攻读硕士学位，进行建筑历史理论与遗产保护研究。在学期间参与编著《南京近现代建筑修缮技术指南》《形式与政治：建筑研究的一种方法》等著作，现工作于广东保利房地产开发有限公司。

胡楠

东南大学硕士研究生（2013—2016 年），1990 年生，2012 年获重庆大学建筑学学士学位，2013—2016 年于东南大学建筑学院攻读硕士学位，进行建筑历史及理论研究。

赵姗姗

东南大学硕士研究生（2014—2017 年），1989 年生，2013 年获烟台大学建筑学学士学位，2014—2017 年于东南大学建筑学院攻读硕士学位，进行建筑历史理论与遗产保护研究。在学期间参与编著《南京近现代建筑修缮技术指南》《形式与政治：建筑研究的一种方法》等著作。现工作于北京城建设计发展集团。

孙昱晨

东南大学硕士研究生（2013—2016 年），1990 年生，2013 年获西南交通大学建筑学学士学位，2013—2016 年于东南大学建筑学院攻读硕士学位，著《南京和记洋行的历史及保护策略研究》论文。

许碧宇

东南大学硕士研究生（2013—2016 年），1990 年生，2013 年获东南大学建筑学学士学位，2013—2016 年于东南大学建筑学院攻读硕士学位。在学期间参与南京近代建筑研究与保护工作，发表论文《金陵机器制造局中近代工业建筑研究》。

韩艺宽

1989 年生，重庆大学助理研究员，东南大学–新加坡国立大学联合培养博士。主要研究方向为中国近代建筑史及近现代建筑遗产保护，曾参与周琦教授主持的多项科研项目与书籍编写，并在国内外期刊、会议等发表论文十余篇。代表论文有 *Research on detached housing construction technology in Nanjing during* 1930s（*International Journal of Architectural Heritage*，2020）、《城市公共空间中的政治——南京新街口广场建设（1930—1948）》（《建筑学报》，2020）等。

李莹韩

东南大学博士研究生（2017—2022 年），1990 年生，2014 年获武汉理工大学建筑学学士学位，2017 年获东南大学建筑学硕士学位，2022 年获东南大学工学博士学位，2019—2020 年期间，公派赴荷兰代尔夫特理工大学进行为期一年的联合培养。研究方向为建筑历史与理论，主要研究内容为近代历史建筑的保护修缮与再利用、南京近代建筑技术史，参与编写《南京近现代建筑修缮技术指南》，代表论文有 *Historical Study and Conservation Strategies of "Tianzihao" Colony (Nanjing, China)—Architectural Heritage of the French Catholic Missions in the Late 19th Century*（2021 年）等。

李宣范

东南大学硕士研究生（2016—2019 年），1993 年生，2016 年获青岛理工大学建筑学学士学位，2016—2019 年于东南大学建筑学院攻读硕士学位，在学期间参与下关大马路"天字号"住宅区、西白菜园历史风貌区、宁中里民国时期建筑风貌区等多个近现代文物建筑的保护与修缮设计项目。

胡蝶

东南大学硕士研究生（2016—2019 年），1993 年生，2016 年获上海大学工学学士学位，2016—2019 年于东南大学建筑学院攻读硕士学位，进行建筑历史理论与遗产保护研究。

朱力元

东南大学硕士研究生（2008—2010 年），1986 年生，2008 年获同济大学工学学士学位，专业为历史建筑保护工程；2008—2010 年于东南大学建筑学院攻读硕士学位。主要论文有《宋式与清式楼阁建筑平坐层比较：以独乐寺观音阁与曲阜奎文阁为例》《历史与未来之间的平衡点：世博会博物馆城市空间关系解析》等。现工作于华建集团华东建筑设计研究总院，参与完成上海世博会博物馆等工程。

王为

东南大学博士研究生（2007—2014 年），1984 年生，2007 年毕业于重庆大学建筑城规学院，获建筑学学士学位，2007 年起就读于东南大学建筑学院建筑历史与理论研究所，2014 年获工学博士学位。现为东南大学建筑学院建筑历史与理论研究所讲师，城市与建筑遗产保护教育部重点实验室（东南大学）成员，AS 建筑理论研究中心成员。研究方向包括：现代建筑史、全球建筑史、现代建筑理论、现代住宅史、美国现代建筑、南京近代建筑等。参与"建筑通史""建筑史论""住宅与都市""建筑设计基础"等课程的教学及相关研究，目前主要进行国家自然科学基金青年项目"基于批判理论的住宅现代生产研究"的相关研究工作。已于各类期刊、会议发表学术论文 10 余篇，并参与新版《建筑设计资料集》第 8 分册"历史建筑保护设计·近代建筑"一节的编写工作。

王真真

东南大学博士研究生（2012 年—），1985 年生，2012 年获南京工业大学工学硕士学位，专业为建筑设计及其理论，现为东南大学建筑学院建筑历史理论与遗产保护专业在读博士研究生。主要研究领域为中国近现代建筑与城市。关注的问题包括南京近现代建筑的保护修缮设计与历史理论研究、南京近代建筑技术史研究。

书稿整理、校对者：

潘梦瑶

东南大学博士研究生在读（2019 年—），1991 年生，2014 年获南京工业大学建筑学学士学位，2018 年获南京工业大学建筑学硕士学位，2019 年至今于东南大学建筑学院攻读博士学位，研究方向主要包括中国近代建筑史、近代建筑遗产保护、西方建筑理论等。在学期间参与整理、编写《近现代重要史迹及代表性建筑》（全国文物保护工程专业人员资格考试书目），参与撰写《近代建筑保护》词条，代表论文有《南京新街口第四象限城市设计及德基商业广场三期规划设计》《南京近代建筑彩画病害分析与保护研究》等。

姜翘楚

东南大学博士研究生在读（2019 年—），1992 年生，2016 年获哈尔滨工业大学建筑学学士学位，2019 年获东南大学建筑学专业硕士学位，2019 年至今于东南大学建筑学院攻读博士学位。在学期间参与整理、编写《近现代重要史迹及代表性建筑》（全国文物保护工程专业人员资格考试书目）。

张祺

东南大学硕士研究生（2017—2020 年），1994 年生，2017 年获东南大学建筑学学士学位，2020 年获东南大学建筑学硕士学位。发表论文有《与自然和历史环境相融合的新建筑设计方法探讨：以南京下关滨江历史风貌区 07-1 地块设计为例》《都市中的自然，自然下的 TOD：建筑与城市双重维度下的轨道交通综合体空间模式创新研究》等，现工作于启迪设计集团股份有限公司。

内容提要

本书是一部关于南京近代建筑历史研究的专著。与国内其他城市相比,南京近代建筑规模庞大、建筑类型多样、建筑遗存丰富。通过研究南京近代建筑历史,可以窥见中国近代建筑的发展脉络。

本书以大量南京近代建筑历史文献资料和1500多栋现存历史建筑的调研数据为基础,通过科学完整的价值判断体系研究,结合国内外最新史学观念,从人类学、社会学、考古学等角度,系统、完整地研究南京近代城市建筑遗产。针对南京近代城市和建筑发展的特点,按照不同建筑类型,结合各类案例进行分卷分章论述。本书主要内容包括:卷一,总述南京近代建筑史概况,论述南京城市规划、行政、教育、商业类建筑的发展,其中包含大量历史图纸与相关资料。卷二,论述居住、工业、交通、教堂、使领馆、城市公园、纪念性建筑的发展,并结合现代绘图手法与三维建模技术,重现历史场景,还原建筑构造。卷三,以案例的形式对南京现存各类型近代典型建筑进行详细论述,包括大量精细测绘图、模型及案例分析。

本书适合建筑、考古、历史、科技史、艺术史等相关领域研究者与爱好者参考阅读。

图书在版编目(CIP)数据

南京近代建筑史:全三卷/周琦等著. — 南京:
东南大学出版社,2022.7
ISBN 978 - 7 - 5641 - 9689 - 9

Ⅰ. ①南… Ⅱ. ①周… Ⅲ. ①建筑史－南京－近代
Ⅳ. ①TU-092.5

中国版本图书馆CIP数据核字(2021)第196797号

南京近代建筑史(卷三)
Nanjing Jindai Jianzhushi (Juan San)

著　　　者	周　琦　等	
责 任 编 辑	戴　丽　贺玮玮	
责 任 校 对	子雪莲	
书 籍 设 计	皮志伟	
责 任 印 制	周荣虎	
出 版 发 行	东南大学出版社	
社　　　址	南京市四牌楼2号(邮编:210096)	
网　　　址	http://www.seupress.com	
电 子 邮 箱	press@seupress.com	
经　　　销	全国各地新华书店	
印　　　刷	上海雅昌艺术印刷有限公司	
开　　　本	889 mm×1194 mm　1/16	
印　　　张	83(全三卷)	
字　　　数	1990千字(全三卷)	
版　　　次	2022年7月第1版	
印　　　次	2022年7月第1次印刷	
书　　　号	ISBN 978-7-5641-9689-9	
定　　　价	1200.00元(全三卷)	